MATLAB 开发实例系列图书

MATLAB 数值计算案例分析

刘寅立　王剑亮　陈　靖
刘衍琦　王光辉　史　峰　编著

北京航空航天大学出版社

内容简介

本书系统讲解了数值分析的方法与理论以及基于MATLAB软件的编程实现，全书共12章，内容包括MATLAB编程基础、数据插值、数据拟合、数值积分、常微分方程、线性方程组迭代解法、线性方程组的直接解法、非线性方程求解、偏微分方程数值解、数值优化、特征值和特征向量等。

本书以数值方法原理为主线，以MATLAB在数值分析中的应用为主要分析对象，在讲解数值分析算法的原理和基本思想的基础上，侧重于基于MATLAB软件的各种算法的实现。

本书适合高年级本科生、研究生以及相关研究人员使用。

图书在版编目(CIP)数据

MATLAB数值计算案例分析/刘寅立等编著. --北京
：北京航空航天大学出版社，2011.10
ISBN 978-7-5124-0547-9

Ⅰ. ①M… Ⅱ. ①刘… Ⅲ. ①计算机辅助计算—软件包，MATLAB Ⅳ. ①TP391.75

中国版本图书馆CIP数据核字(2011)第151115号

MATLAB数值计算案例分析

刘寅立　王剑亮　陈　靖　刘衍琦　王光辉　史　峰　编著

责任编辑　罗晓莉

*

北京航空航天大学出版社出版发行

北京市海淀区学院路37号(邮编100191)　http://www.buaapress.com.cn

发行部电话：(010)82317024　传真：(010)82328026

读者信箱：goodtextbook@126.com　邮购电话：(010)82316936

涿州市新华印刷有限公司印装　各地书店经销

*

开本：787 mm×1 092 mm　1/16　印张：14.75　字数：378千字

2011年10月第1版　2011年10月第1次印刷　印数：5 000册

ISBN 978-7-5124-0547-9　定价：30.00元

前　言

在科学和工程领域，科学计算是不可缺少的重要环节。然而，如高次代数方程求根，微分方程求解，复杂函数的积分，非线性最优化等，诸多问题的解析解或解析表达式要么无法给出，要么非常复杂而不便于计算，为解决这些问题，需要采用近似的计算方法——数值方法来求解这些问题。因此，数值分析是科学研究和工程计算领域的一门重要学科，研究的主要内容包括数据插值、拟合、数值积分、数值微分、微分方程求解、线性方程组、方程(组)求根、数值优化、特征值与特征向量等。

近年来，随着计算机技术的快速发展，使用计算机进行科学计算已经成为科学研究中不可缺少的环节。伴随着计算工具的进步，各种数值计算软件层出不穷，MATLAB 软件即为其中的佼佼者，该软件界面简洁，编程快捷，包含功能强大的函数和工具箱，特别适用于数学建模和科学计算，能够解决各种数值分析问题。

本书以数值分析理论为主线，以 MATLAB 在数值分析中的应用为主要内容，在介绍数值分析算法原理和基本思想的基础上，侧重于讲解基于 MATLAB 软件的各种算法的实现。全书共分为 12 章，分别讲解了 MATLAB 基础知识、数据插值、数据拟合，数值积分、常微分方程、线性方程组迭代解法、线性方程组的直接解法、非线性方程求解、偏微分方程数值解、数值优化、特征值和特征向量等。每章内容可以分为两个部分，讲解介绍数值分析的原理部分及数值分析方法的 MATLAB 实现。

本书适合高年级本科生、研究生以及相关研究人员使用。读者在阅读此书时，可以结合程序，一边运行程序，一边从书中寻找每段程序的功能以及原理，并且代入自己的数据和模型。

本书由刘寅立、王剑亮、陈靖、刘衍琦、王光辉和史峰编著，其中刘寅立完成第 7、8、10、12 章，王剑亮完成第 1、4、5、6 章，陈靖完成第 2、9 章，刘衍琦完成第 3、11 章，王光辉负责书中各例题的选取及程序的进一步调试工作，全书由史峰和刘寅立负责统稿。

本书在写作的过程中，得到了 MATLABSKY 论坛(www.matlabsky.com)的大力支持。MATLABSKY 论坛为本书开辟了读者交流版块，作者长期在线解答读者的各种疑问。我们相信，只有交流才会有进步，只有碰撞才会有火花。

感谢天津科技大学理学院，黑龙江科技学院计算机与信息工程学院，东方电子有限公司，华中科技大学机械学院的同事、同学们及笔者的家人们对编者工作的支持，尤其感谢谢中华老师对本书的关心与指导，在成书过程中，谢老师倾注了极大的热情并提出了宝贵的意见和建议。

由于作者水平有限，书中尚存缺点和遗漏之处，恳请读者提出宝贵的意见和建议，以便于我们完善和提高。

编　者

2011 年 3 月

目　录

第 1 章

MATLAB 编程基础

本章写作目的：①提供最核心的 MATLAB 基础知识；②结合实例对 MATLAB 用于数值计算中的难点和易错易混淆的问题进行讲解，力求清除读者阅读和编写 MATLAB 数值计算程序中的障碍；③指出 MATLAB 帮助文档中与数值计算关系最为紧密的内容。当读者对某些问题想进一步了解时，可以寻找帮助中相关章节的内容。作者鼓励读者查阅 MATLAB 自带的帮助文档，这是第一手的资料，是其他文档所不能替代的。本章主要内容分为以下四个部分。

第一部分　对 MATLAB 基本的矩阵操作函数，变量、脚本、函数等概念以及 MATLAB 的数据结构等内容进行了讲解。这部分是 MATLAB 的核心基础知识，包括 1.1,1.2 和 1.3 节内容。

第二部分　对 MATLAB 的一些操作技巧进行讲解，同时还给出了 ode23 函数的详细剖析，包括 1.4 和 1.5 节内容。

第三部分　在 1.6 节中作者给出了帮助文档的导航，指出了数值分析中所涉及的内容。

第四部分　在 1.7 节中，作者通过实例给出了一些编程中常见的错误分析。

1.1 矩阵的基本操作与基本运算

1.1.1 矩阵的基本操作

矩阵的基本操作包括创建矩阵，矩阵赋值以及矩阵数据索引等，如表 1-1 所列。

表 1-1　矩阵的基本操作

分类	功能	函数	示例
矩阵创建	直接指定矩阵元素	[,,],[; ;],[ ]	A=[1 2 3];A=[1;2;3]; A=[1,2,3;2,3,4];
	冒号操作符	:	A=1:0.1:10;
	等差数列	linspace	A=linspace(1,3,10);
矩阵赋值	整体赋值	B=A	A=[1,3,4],B=A;
	单个元素赋值	A(i,j)=x;	A(3,4) =5;
	多个元素赋值	A(i1:i2;j1:j2)=B;	A(1:2,[3,4,7])= zeros(2,3);
创建特殊矩阵	生成全 1 的矩阵	ones	A=ones(3);A=ones(1,3);
	生成单位矩阵	eye	A=eye(3);
	生成全 0 的矩阵	zeros	A=zeros(3);
	生成随机矩阵	rand	A=rand(3,4);
	给定对角元素生成矩阵	diag	diag(1:3);
	生成 3-D 图所需要数据以及多维数据	meshgrid,ndgrid	[xx,yy]=meshgrid(1:10,1:10); [xx,yy,zz]=ndgrid(1:10,1:10,1:10);

续表 1-1

分类	功能	函数	示例
删除矩阵元素	删除单个或者多个矩阵元素	[]	A=[],A(:,3)=[];
矩阵的连接	水平方向连接	horzcat,[A,B]	A=magic(3);B=zeros(3); C=horzcat(A,B)或 C=[A,B];
	垂直方向连接	vertcat,[A;B]	A=magic(3);B=zeros(3); C=vertcat(A,B)或 C=[A;B];
矩阵变形操作	转置	'或 transpose	B=A';
	旋转 90°	rot90	B=rot90(A,3);
	左右位置互换	fliplr	B=fliplr(A);
	上下位置互换	flipud	B=flipud(A);
	赋值矩阵	repmat	B=repmat(A,1,3);
	变为一维列向量	(:)	B=A(:);
	重新形成矩阵维数	reshape	A=reshape(B,3,3);
索引操作	单元素索引	A(i,j)	a=A(1,3);
	行索引	A(i,:)	b=A(1,:);
	列索引	A(:,j)	c=A(:,1);
	当成列向量索引单个元素	A(m)	d=A(7);
	逻辑矩阵索引	A(ind)	B=A(find(A)>3);
	列向量索引变为下标索引	ind2sub	[i,j]= ind2sub([3,3],7);
	下标索引变为列向量索引	sub2ind	ind1=sub2ind([3,3],1,3);

1.1.2 矩阵的基本运算

矩阵的基本运算包括常见的算符,初等函数以及线性代数运算等,如表 1-2 所列。

表 1-2 矩阵的基本运算

分类	功能	函数	实例
三角函数	正弦与反正弦	sin,asin	sin(pi),asin(0.5);
	余弦与反余弦	cos,acos	cos(pi),acos(0.5);
	正切与反正切	tan,atan	tan(pi),atan(0.5);
	余切与反余切	cot,acot	cot(pi),acot(0.5);
指数函数	以 e 为底的指数和对数	exp,log	exp(3),log(3);
	以 10 为底的对数	log10	log10(1);

续表1-2

分类	功能	函数	实例
复数函数	复数幅值	abs	abs(3+4i);
	复数实部	real	real(3+4i);
	复数虚部	imag	imag(3+4i);
常见算符	加与减	+,−	A+3,B−A;
	矩阵乘法	*	A * B;
	矩阵对应元素相乘	. *	A. * B;
	矩阵左除与右除	\与/	A\B,A/B;
	矩阵对应元素相除	.\与./	A.\B;
	矩阵乘方	^	A^3;
	矩阵对应元素的幂	.^	A.^3;
矩阵基本函数	矩阵对应元素的幂	exp	exp(i * pi);
	矩阵的指数函数	expm	expm(A);
	矩阵对应元素的对数	log	log([1 2;1 2]);
	矩阵的对数函数	logm	logm([3, 3;3 4]);
	矩阵的行列式	det	det(eye(3));
	矩阵的秩	rank	rank(eye(3));
	矩阵的特征值与特征向量	eig	[x,l]=eig(eye(3));
	矩阵的范数	norm	norm(eye(3));
	矩阵的条件数	cond	cond(hilb(5));
	矩阵的奇异值分解	svd	[u,v,w]=svd(rand(3,5));

值得读者注意的是,表1-1和表1-2只是对MATLAB常用基本操作和基本函数的讲解。更为全面的介绍,请读者查阅 help matlab\ops(算符及特殊符号),help matlab\elmat (基本的矩阵操作),help matlab\elfun (初等函数),help matlab\matfun(线性代数),help matlab\specfun(特殊函数),help matlab\funfun(泛函以及常微分函数)等内容。

1.1.3 *与.*和/与./的区别

“.*”的英文解释是 elementwise times,即按对应元素相乘,而“*”的英文解释是 matrix times,是矩阵乘法。输入命令 doc mtimes,可以打开帮助文档中对矩阵乘法的定义。

$$\boldsymbol{C}=\boldsymbol{A}*\boldsymbol{B} \tag{1.1}$$

$$\boldsymbol{C}(i,j)=\sum_{k=1}^{p}\boldsymbol{A}(i,k)\boldsymbol{B}(k,j) \tag{1.2}$$

式中,$\boldsymbol{A}$ 是大小为 $m\times p$ 的矩阵;$\boldsymbol{B}$ 是大小为 $p\times n$ 的矩阵;$\boldsymbol{C}$ 是大小为 $m\times n$ 的矩阵。矩阵 $\boldsymbol{C}$ 中每个元素等于 $\boldsymbol{A}(i,:)*\boldsymbol{B}(:,j)$,显然矩阵乘法要求 $\boldsymbol{A}$ 的列数和 $\boldsymbol{B}$ 的行数相等,对于式(1.2)即要求 p 相等。

1.1.4 使用find函数索引符合某些特定条件的矩阵元素

以 sinc 函数为例,使用 open sinc 命令可以打开 sinc 函数的代码,摘录如下。

```
function y = sinc(x)
 % SINC Sin(pi * x)/(pi * x) function.
i = find(x == 0);
x(i) =  1;          %  From LS: don't need this is /0 warning is off
y = sin(pi * x)./(pi * x);
y(i) = 1;
```

其中"i = find(x == 0)"中 x == 0 是逻辑判断,find 从逻辑判断矩阵 (x == 0 的返回值) 中找到"1"所在的位置索引,并赋给变量 i,然后令 x 中 i 位置的元素 x(i) = 1。从该例子中可以看到,结合逻辑判断和 find 函数可以很方便地找到满足某些条件(例如逻辑判断条件)的元素的位置,并对这些位置的元素进行相应地操作。

1.1.5 eps 函数与避免除以 0 的方法

eps 函数可以得到浮点数的相对精度,也就是相邻两数之间的最小距离。例如 1e20 与相邻数的距离是 16384。

```
>> eps(1e20)
ans =
      16384
```

用 eps 函数代替 0,可以避免除以 0,如以下的 mysinc 函数:

```
function y = mysinc(x)
 % SINC Sin(pi * x)/(pi * x) function.
i = find(x == 0);
x(i) =  eps(0) + x(i);        % 使用 eps(0)代替 0
y = sin(pi * x)./(pi * x);
```

作者自编的 mysinc 函数与系统函数 sinc 函数实现同样的功能。系统自带的 sinc 函数采用了另外一种策略,从以下的结果可以看出,两者结果一致。从而验证了使用 eps 函数策略的有效性。

```
>> x = [0:0.1:0.4,0]
x =
          0    0.1000    0.2000    0.3000    0.4000         0
>> mysinc(x)
ans =
    1.0000     0.9836    0.9355    0.8584    0.7568    1.0000
>> sinc(x)
ans =
1.0000     0.9836    0.9355    0.8584    0.7568    1.0000
```

1.2 MATLAB 的数据结构

算法+数据结构=程序(《Algorithms+Data Structures=Programs》——Niklaus Emil Wirth)

数据结构在编程中具有基础地位,任何操作都是基于数据的操作。数据是操作的对象和核心。MATLAB 的操作主要是矩阵操作，而矩阵运算对矩阵的维数有很多要求。因此在 MATLAB 中进行数据操作时，对数据的类型和数据的维数必须非常清楚，尤其是矩阵的维数。例如 det 函数，就要求操作数是方阵。

```
a =[1  2
    3  4
    5  6]
a =
    1     2
    3     4
    5     6
>> det(a)
??? Error using ==> det
Matrix must be square.
```

提示出错，矩阵必须是方阵(square array)。

矩阵与向量

MATLAB 中的数据是以矩阵为基础的，标量(scalar)和向量(vector)是特殊情形。标量是 1×1 的矩阵，而向量分列向量(大小为 $n\times1$)和行向量(大小为 $1\times n$)。

MATLAB 中几乎所有的数据都以矩阵(array 或 matrix，在 MATLAB 中这两个术语经常可以替换使用)的形式出现，这区别于其他的高级语言，例如 C++。这也是它被称为第四代语言(the 4th language)的原因之一。

字符串

字符串在编程中具有基础地位，文件的操作以及其他命令的构造等，都依赖于字符串，因此字符串在各种编程语言中都属于基础核心类。MATLAB 中字符串以单引号或者 string() 函数定义。注意是单引号不是双引号，有别于 C 语言。字符串在许多地方都有应用，如文件操作，符号计算，属性设置等。这里仅仅给出构造字符串用于保存文件一例。

```
>> A = 0:0.01:10;
>> datFileName = 'dataSin'
>> datFileName = [datFileName,num2str(1),'.mat']
datFileName =
dataSin
datFileName =
dataSin1.mat
>> saveFileStr = ['save(','''',datFileName,'''',',','''A''',')']
saveFileStr =
save('dataSin1.mat','A')
>> eval(saveFileStr)
>> clear
>> load dataSin1
>> plot(A,sin(A),'--k')
```

以上代码没有直接使用 save 函数保存数据，而是构造字符串并使用 eval 执行字符串来保存数据，采用这种方式就可以任意构造文件名，或者根据程序需要更改文件名，例如上面代码中的 num2str(1)，若 1 用变量 i 代替，则文件名就可以因 i 的不同而不同。这就是构造字符串的好处。代码中的 clear 清除了所有的变量，使用 load dataSin1 读取存储过的数据，然后使用 plot 作图，保存的数据如图 1-1 所示。

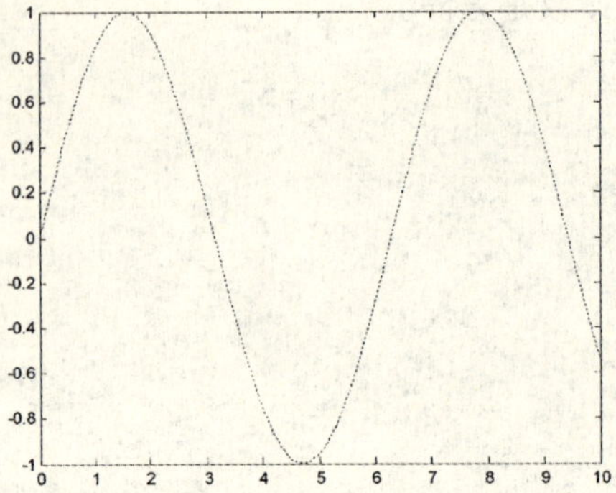

图 1-1　使用字符串读入文件画的正弦函数图

元胞数组

元胞数组因为存储内容长度任意，很适合处理复杂的字符串。向 MATLAB 导入数据以及做一些面向对象的操作，或者混合处理多种数据时，经常使用元胞数组。元胞数组的创建可以使用 cell 函数或者“{}”(大括号)，实际上“{}”是对 cell() 函数的重载。

元胞数组的元素索引是比较特殊的，要结合“()”“{}”使用。“()”返回元胞元素，而“{}”返回元胞元素的内容。有趣的是可以使用 cellplot 显示元胞数组的结构，详见以下程序注释部分。

```
>> A1 = diag([1,2])
A1 =
     1     0
     0     2
>> A2 = diag([3,4,5])
A2 =
     3     0     0
     0     4     0
     0     0     5
>> B1 = {A1,A2} % 使用“{}”创建元胞数组
B1 =
    [2x2 double]    [3x3 double]
>> B1(1) % 使用“()”索引元胞元素
ans =
    [2x2 double]
>> B1{1} % 使用“{}”索引元胞元素
ans =
     1     0
     0     2
>> cellplot(B1) % 画出元胞的结构示意图
```

元胞的结构示意图如图 1-2 所示。

建议使用 doc cell 命令查看具体的帮助。

结构数组

与元胞数组类似，结构数组也可以存储各种类型的数据。不同的是它使用域名来访问元

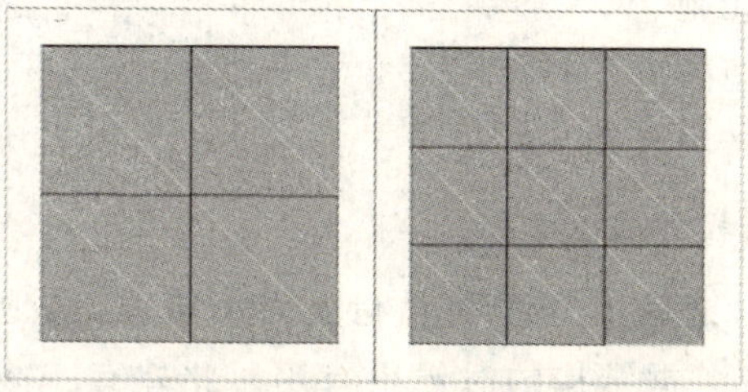

图 1-2 cellplot 所得到的 cell 结构图

素的内容，其构造使用 struct 函数或者“.”操作符，其元素内容的获取可以使用 getfield 函数或者“.”操作符。通常使用后者更为快捷。

结构数组的例子 optimset

MATLAB 的各种工具箱要用到很多的结构数组，下面以优化工具箱的 optimset 为例讲解如何利用结构数组来设置和获得算法中某些控制参数的属性。

```
>> options = optimset() % 获得默认的参数配置
                 Display: [ off | iter | iter - detailed | notify | notify - detailed | final |
final - detailed ]
             MaxFunEvals: [ positive scalar ]
                 MaxIter: [ positive scalar ]
                  TolFun: [ positive scalar ]
……
```

输入 optimset 命令得到很多的属性名，这些属性名都是结构 options 的域(fields)，也可以利用 optimset 函数对优化参数进行设置。

```
options = optimset('Display','iter','TolFun',1e-8)
options =
             Display: 'iter'
         MaxFunEvals: []
             MaxIter: []
              TolFun: 1.0000e-008
                TolX: []
```

可以看到结构 options 的 Display 属性和 TolFun 属性已经改变。也可以单独使用以下语法得到单个属性的值，这与 C++的语法是一致的。

```
>> options.Display
ans =
iter
```

另外值得注意的是结构和元胞以及一般的数值矩阵间的转换操作。一些相关的转换函数列表如下(函数中的“2”的英文是 two，和 to 同音，因此常作为转换函数的中间一个字符)。

cell2struct 元胞转换为结构

struct2cell 结构转为元胞

mat2cell　　矩阵转为元胞

cell2mat　　元胞转为矩阵

num2cell　　数值矩阵转为元胞

其他各种类型间的转换操作

char(X),char(C),可以把数值矩阵和元胞变为字符串,其他的还有 num2str,mat2str,double 等。这些函数在转换数据结构的时候很有用。此外有一些函数是用来查看数据结构的,像元胞数组一节已经举过例子的 cellplot;另一个比较有趣的是 spy 函数,可以用来查看稀疏矩阵(sparse matrix)的分布形式。

1.3 变量、脚本与函数

1.3.1 变 量

1. 变量类型

MATLAB 编程中的变量类型与其他高级语言如 C++等基本一致。主要包括局部变量、全局变量、永久变量等。

(1) 局部变量

局部变量是在函数中定义的变量,只对函数可见,因此不同函数中的变量不会相互干扰,同时也不会相互引用,即使同名也不会冲突,不同函数中的同名局部变量可以看成完全是无关的。

(2) 全局变量

全局变量是用 global 关键字声明的变量,注意在用到全局变量的所有 M 文件中都要对其进行声明。

(3) 永久变量(persistent variable)

类似 C++语言中的静态变量(static variable),和全局变量的区别是永久变量只在定义它的文件中是可见的,可以看成同文件中各函数共享的变量。

2. 变量的传递

MATLAB 中变量通过值传递的。

3. 使用变量的注意事项

① 变量名需要符合命名规范,不能以数字开头,变量名中不能含有空格,如

```
isvarname('sin cos')
ans =
     0
```

'sin cos'含有空格,因此不是合法的变量。

② 函数中的变量是局部的,与工作空间(workspace)中的变量无关,如果要在工作空间与函数之间传递值,必须通过输入参数传入。

③ 变量名必须避免与函数名和关键字同名,否则可能因为混淆而出错,如

```
sin = [1 2];
sin(3)
??? Index exceeds matrix dimensions.
```

需要 clear 掉 sin 变量，sin 函数才会重新生效。

```
>> clear sin
>> sin(3)
ans =
0.1411
```

④ 避免使用 i,j 作为变量，因为 i 和 j 默认为复数单位。

⑤ 除了 global 和 persistent 之外，MATLAB 不需要显式声明变量类型，变量的类型如果不声明，都是双精度的。

⑥ 赋值的时候，“=”右边的变量必须要存在，“=”左边的变量如果不存在将会创建，如果存在就会在赋值过程中被覆盖掉，即使维数不同也会被覆盖，这是非常危险的。但当“=”左边不是变量名，而是变量名的部分索引，右边与左边维数不同，赋值将会引起错误，这是最常见的一种错误，如 a(1:3)=1:10。

1.3.2 全局变量使用例子

首先，定义函数文件 file1.m。

```
function  file1
global a
a = clock;
```

其次，定义函数文件 file2.m。

```
function y = file2
global a
b = etime(clock,a);
y = b;
```

注意在 file1.m 和 file2.m 中都声明了 global a。调用 file1 和 file2。

```
>> file1 % 调用 file1,初始化 a
>> c = file2 % 调用 file2,进行第一次 etime 计算
c =
    8.1430
>> c = file2 % 再次调用 file2,进行第二次 etime 计算
c =
   10.4050
>> c = file2
c =
   12.6360
```

可以看到在上面代码中两次调用 file2，得到了两个不同的结果，a 被声明为全局变量可以

保持住 file1 调用时候的值。值得注意的是在工作空间(base workspace)中是看不到全局变量 a 的。在命令窗口中输入 a,会提示未定义。

```
>> a
??? Undefined function or variable 'a'.
```

1.3.3 局部变量不会被替代的例子

在下面程序中,首先,定义函数文件 local1,其中包含有主函数 local1 和子函数 local2 和 local3,并且在主函数 local1 中调用了子函数 local2 和 local3。子函数 local2 和主函数 local1 有同名变量 x1,其值不同。子函数 local3 和主函数 local1 有同名变量 x2,其值也不同。但是函数 local1,local2 和 local3 相互之间没有参数的传递。

```
function [x1,x2,x3] = local1
x1 = 1;
x2 = 2;
x3 = 3;
local2
local3
end

function local2
x1 = 5;
end
function local3
x2 = 10;
end
```

在命令窗口中输入 local1 调用主函数,主函数显然会调用子函数 local2 和 local3,但是因为局部变量互不可见,即使同名,也可以看做是不相关的或者看成是非同名变量。显然 local2 和 local3 函数中的赋值表达式不影响主函数中的同名变量 x1 和 x2。因此输出的结果是 local1中的赋值表达式的结果。

```
[x1,x2,x3] = local1
x1 =
     1
x2 =
     2
x3 =
     3
```

1.3.4 函数与脚本

MATLAB 中可以把需要反复执行的过程和函数写为 M 文件。MATLAB 的 M 文件分为两类:一类是不需要输入和输出参数的文件,即脚本文件(script),其变量定义在工作空间中;另外一类是函数(function),即函数文件。函数文件在使用的时候需要给输入和输出参数,其变量是局部变量,只对函数本身可见。函数文件比脚本文件要复杂一些,当然功能也全面一些。

1.3.5 函数的构成

下面以 bisection method 二分法为例，说明函数的基本构成。bisection 函数的代码如下：

```
function root = bisection(fname,a,b,delta)
% 二分法
%     fname  连续单变量函数函数名，代表函数 f(x)
%       a,b  定义区间 [a,b]，必须满足 f (a)f(b)< 0
%     delta  容差
%      root  返回的根
  fa = feval(fname,a);
  fb = feval(fname,b);
  if fa * fb > 0
    disp('Initial interval is not bracketing.')
        return
  end
  if nargin == 3
    delta = 0;
  end
  while abs(a - b) > delta + eps * max(abs(a),abs(b))
     mid = (a + b)/2;
     fmid = feval(fname,mid);
     if fa * fmid <= 0
            % [a,mid]间存在一个根.
        b   = mid;
               fb = fmid;
     else
            % [mid,b]间存在一个根.
        a   = mid;
               fa = fmid;
     end
  end
  root = (a + b)/2;
end
```

从以上的代码可以看出，函数的基本组成为：

① 以关键字 function 开始，以关键字 end 结尾，没有关键字 end，MATLAB 系统不会提示出错。但是建议有，尤其是有子函数时。

② 输出变量是 root，可以考虑加中括号，即[root]。单个变量时可以不加，如果是多个输出，需要使用[]。

③ 输入变量为(fname，a，b，delta)，与 C＋＋的函数定义一样需要用“()”(小括号)括起来。

④ 函数名称 bisection，建议最好与 M 文件名同名。文件名和函数名不允许有空格和非法字符，其注意事项可以参看 1.3.1 节变量名的注意事项。

⑤ 注释部分是以“%”开头的行，建议函数写注释，易于维护与使用。

脚本和函数的区别

① 形式上函数的第一句需要写为：function [out1，out2，...]＝myfun(in1，in2，...)。

② 在脚本中不可以定义子函数，在函数中可以定义子函数。

③ 变量域不同,脚本是和 workspace 共享,而函数采用传值的方式,所以变量只对函数内部可见,是局部变量。

1.3.6 函数的类型

MATLAB 的函数类型主要包括匿名函数(Anonymous Functions)、主函数和子函数(Primary and Subfunctions)、私有函数(Private Functions),嵌套函数(Nested Functions)以及 inline 函数。

匿名函数(Anonymous Functions)

匿名函数是 MATLAB 中通用函数的一种简化版本。一句话就可以定义一个函数。匿名函数只包含一个 MATLAB 表达式,可以有一个输出参数。可以在命令行、函数和脚本文件中定义它。使用匿名函数可以快速地创建简单的函数,调用格式如下:

```
f = @(arglist)expression
```

其中@作为匿名函数的标识符,紧接着是一对圆括号,圆括号中的 arglist 是输入参数,然后是表达式。

例如计算平方的匿名函数可以定义为:

```
sqr = @(x) x.^2;
```

其中 x 是形参,与使用的字母无关。事实上也可以定义为:

```
sqr1 = @(y) y.^2;
```

调用以上定义两个匿名函数:

```
a = sqr(5)
b = sqr1(5)
a =
    25
b =
    25
```

正如所期望的,这两个调用得到了同样的结果。注意以下程序中, sqr 和 sqr1 都是函数句柄(function_handle)。

```
>> whos sqr sqr1
  Name      Size            Bytes  Class             Attributes
  sqr       1x1                16  function_handle
  sqr1      1x1                16  function_handle
```

主函数和子函数(Primary and Subfunctions)

非匿名函数都需要使用 M 文件来定义。每个 M 文件都必须含有主函数,还可以同时含有零个或多个子函数。主函数可以从其他的文件调用,而子函数则只对定义它的文件可见。即只对主函数和同一个文件中的其他子函数可见。

私有函数(Private Functions)

私有函数是主函数的一种。定义在专门的以“private”为名字的子文件下(例如,“安装路径\toolbox\matlab\funfun\private”)。私有函数只对某一组函数可见,可以用于限制函数的可见性。MATLAB有许多的工具箱函数,读者也可以定义自己的函数,难免出现函数重名的情况,这就会发生同名函数冲突,有可能MATLAB调用函数的时候调用的不是读者所期望的函数。但是如果把函数定义为私有函数,就会被优先调用。因为MATLAB在调用函数时候,私有函数会优先于非私有函数。

嵌套函数(Nested Functions)

嵌套函数是在一个函数体内部定义另外一个函数(函数中再定义函数)。例如把函数B嵌套在函数A中,代码如下:

```
function x = A(p1, p2)
B(p2)
   function y = B(p3)
   end
end
```

嵌套函数与主函数共享变量空间,因此变量互相可见。这在某些需要共享参数时很有用,详见帮助文档的programming tips。

inline函数

inline与匿名函数类似,相当于把标识符“@”换成了“inline”,也可以快速定义函数,如:

```
>> g = inline('sin(x). * cos(y)','x','y')
g =
     Inline function:
     g(x,y) = sin(x). * cos(y)
```

调用上面定义的inline函数g

```
>> [X,Y] = meshgrid( - 2:.2:2, - 2:.2:2);
>> Z = g(X,Y);
>> surf(X,Y,Z)
```

inline函数g代表的sin(x).* cos(y)如图1-3所示。

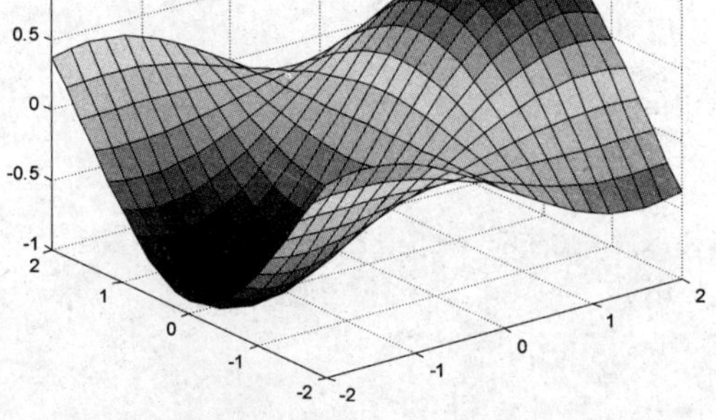

图1-3 inline函数sin(x).* cos(y)的图形

1.3.7 函数调用与函数句柄

MATLAB 工具箱中很多函数的使用，比如 ode45 需要传递一个函数给它，实际上是需要传一个函数句柄。打开 ode45 的帮助，前两种调用格式为

[T,Y]=solver(odefun,tspan,y0)

[T,Y]=solver(odefun,tspan,y0,options)

以上两种调用格式中的输入参数 odefun 即要传递的函数句柄。举例如下：

首先，定义一函数 rigid，并保存为文件 rigid. m：

```
function dy = rigid(t,y)
dy = zeros(3,1);
dy(1) = y(2) * y(3);
dy(2) = - y(1) * y(3);
dy(3) = - 0.51 * y(1) * y(2);
```

其次，调用函数 ode45，第一个输入参数为函数句柄@rigid：

```
options = odeset('RelTol',1e - 4,'AbsTol',[1e - 4 1e - 4 1e - 5]);
[T,Y] = ode45(@rigid,[0 12],[0 1 1],options);
```

求解后，便可以作图。

```
plot(T,Y(:,1),'-',T,Y(:,2),'-.',T,Y(:,3),'.')
```

1.3.8 可变参数函数调用

可变参数的函数调用有多种实现方式。本节使用嵌套函数（nested Function），利用其变量相互可见的特点（参看 1.3.6 节嵌套函数部分）。

定义 findzeropoly3 函数如下，poly3 作为嵌套的子函数，其中参数 b，c 是三次多项式的系数，作为函数的输入参数，可以变化，即参数可变。

```
function y = findzeropoly3(b, c, x0)

options = optimset('Display', 'off'); % Turn off Display
y = fzero(@poly3, x0, options);

    function y = poly3(x) % Compute the polynomial.
    y = x^3 + b * x + c;
    end
end
```

调用函数 findzeroply3，两种情况，b=1，c=1 以及 b=2，c=2，结果如下。

```
>> findzeropoly3(1,1,1)
ans =
    - 0.6823
>> findzeropoly3(2,2,1)
ans =
    - 0.7709
```

1.4 MATLAB技巧

1.4.1 MATLAB的函数重载

MATLAB大多数函数具有重载的调用方式(overload),即采用不同的输入参数个数和输出参数个数以及参数类型来控制同一个函数的不同形式的调用,这与C++中重载的概念类似。

例如sort函数的重载。

在工作空间(workspace)的命令行(command line)输入doc sort,会打开关于sort函数的帮助。摘抄原文如下:

sort

Sort array elements in ascending or descending order

Syntax

B=sort(A)　　　　第一种

B=sort(A,dim)　　　　第二种

B=sort(...,mode)　　　　第三种

[B,IX]=sort(A,...)　　　　第四种

可以看到sort有四种调用,其中第三种"="右边的省略号,是表示前面的第一种和第二种都可以加上dim这个输入参数。而第四种"="右边的省略项,表示对于前面三种情形,都可以用[B,IX]这样的输出参数。

那么扩展开来,第一种和第二种不变:

B=sort(A)

B=sort(A,dim)

第三种的省略号按第一种和第二种展开:

B=sort(A,mode)

B=sort(A,dim,mode)

第四种省略号按前面第一、第二、第三种展开(注意第三种已经展开成了两种,所以总共有四种):

[B,IX]=sort(A)

[B,IX]=sort(A,dim)

[B,IX]=sort(A,mode)

[B,IX]=sort(A,dim,mode)

那么总共就可以有以上八种扩展的调用方式。例如：

```
clear,clc
format compact   % 紧凑格式输出
>> A = [ 3 7 5
       0 4 2 ];
dim = 2;
mode = 'ascend';
>> B = sort(A)
B =
     0     4     2
     3     7     5
>> B = sort(A,dim)
B =
     3     5     7
     0     2     4
>> B = sort(A,mode)
B =
     0     4     2
     3     7     5
>> B = sort(A,dim,mode)
B =
     3     5     7
     0     2     4
>> [B,IX] = sort(A)
B =
     0     4     2
     3     7     5
IX =
     2     2     2
     1     1     1
>> [B,IX] = sort(A,dim)
B =
     3     5     7
     0     2     4
IX =
     1     3     2
     1     3     2
>> [B,IX] = sort(A,mode)
B =
     0     4     2
     3     7     5
IX =
     2     2     2
     1     1     1
>> [B,IX] = sort(A,dim,mode)
B =
     3     5     7
     0     2     4
```

```
IX =
     1     3     2
     1     3     2
```

1.4.2 冒号(:)操作符

输入命令 doc :或者 doc colon 打开冒号操作符的帮助文档,摘抄如下:

colon (:)

Create vectors, array subscripting, and for-loop iterators

显然它可以创建矢量,作为矩阵的下标索引,以及循环迭代子。而这些操作都是非常重要和常见的。例如创建向量

```
A = 1:5
A =
    1     2     3     4     5
```

对于下标索引功能,在表1-1中的“索引操作”一栏已有简要介绍,下面再次详述,以加深读者的理解。同时建议读者仔细阅读 doc colon 的帮助文档。因为这一操作非常重要,而且非常常见,也是经常出错的地方,同时也是向量化操作的一个技巧。取其要点解释如下:

A(:,j)得到第 j 列,“:”可以看做是 all,即所有的行。

A(i,:)得到第 i 行,“:”可以看做是 all,即所有的列。

A(:,:)全部的行,全部的列,等效于 A。

A(j:k)是 A(j), A(j+1),...,A(k)。

A(:,j:k)是 A(:,j), A(:,j+1),...,A(:,k),相当于取多个列了。

A(:,:,k)三维矩阵的第 k 页。

A(i,j,k,:)对于四维矩阵 A,向量包含 A(i,j,k,1), A(i,j,k,2), A(i,j,k,3)等。

A(:)把整个矩阵当成一列向量操作。这可以把一个矩阵变为一个向量,然后可以使用 reshape 函数把操作后的向量变回原来的维数(size)。这也是向量化操作的技巧之一,ind2sub 也是相关函数之一(参看表1-1相关函数介绍),建议读者查阅帮助中的这些函数。

1.4.3 Tab 键自动补全

在命令行输入头几个字母,再按 Tab 键,系统会给出自动补全函数候选名单。例如 lsq 开头的函数列表,如图1-4所示。

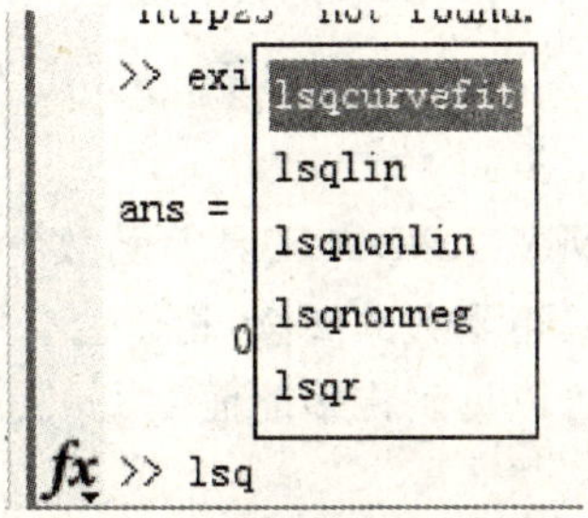

图1-4 Tab 键自动补全功能 (autocompletion)

1.4.4 上下箭头回调

重复输入已经输入过的命令,可以使用上下箭头回翻。

1.4.5 可变参数个数的函数的占位符

调用可变参数个数的函数,中间如果有某些参数不

需要输入,可以用[]做为占位符,例如 Fun(f,[],a,b)。

1.4.6 whos 查看

因为矩阵计算维数容易出错,所以经常要查看变量的维数,可以使用 whos。

```
>> A = ones(3,2);
>> whos
  Name      Size            Bytes  Class     Attributes
  A         3x2                48  double
```

1.4.7 whos 通配符的例子

使用通配符 * 可以得到以某些字母开头的变量的详细信息,如以下程序中的 whos A* 可以得到以 A 开头的所有变量的信息,当变量较多的时候尤为有用。

```
>> A = ones(3,2);
>> A1 = ones(3);
>> B = ones(4);
>> whos % 列出全部变量
  Name      Size            Bytes  Class     Attributes

  A         3x2                48  double
  A1        3x3                72  double
  B         4x4               128  double

>> whos A* % 使用 * 通配符,列出所有以 A 开头的变量
  Name      Size            Bytes  Class     Attributes
  A         3x2                48  double
  A1        3x3                72  double
```

1.4.8 程序调试

数值计算中,程序难免会出现逻辑错误和其他错误。查错的重要技巧就是调试。调试中,需先设置断点,程序会在设置断点的地方停下,然后可以查看任意中间变量的值。在编程中一个容易犯的错误就是数组的维数不对。

1.5 MATLAB 工具箱函数 ode23 剖析

MATLAB 的工具箱函数有很多,本节通过对有代表性的 ode23 函数的剖析帮助读者熟悉工具箱函数的阅读,相信也有益于加深读者对工具箱函数的理解。同时在该函数的导读中,读者可以见到许多前面 1.1～1.4 节所讲到的一些知识。

```
>> edit ode23
```

执行上述代码可以打开 ode23 的源代码。本节讲解它的构造,便于读者自己看代码,理解调用方法等(限于篇幅,代码仅节选关键部分,建议读者对照完整源代码阅读)。

```
function varargout = ode23(ode,tspan,y0,options,varargin)
% ODE23  Solve non-stiff differential equations, low order method.
%     [TOUT,YOUT] = ODE23(ODEFUN,TSPAN,Y0) with TSPAN = [T0 TFINAL] integrates ……
```

%开头的语句为注释部分，和 doc ode23 或者 help ode23 打开的帮助文档，基本一致。联系比较紧密的代码放在一块，每一块完成算法的一部分任务。

varargout 可变输出参数。建议读者查看该函数的帮助文档。

```
solver_name = 'ode23';
```

以下为检查部分(check)，用于增强程序容错能力，以及防止错误输入，这是程序的标准部分，一般的工具箱函数都有这部分。它用于检查用户输入，同时做函数重载的一些参数判断。由于用户参数输入错误发出的警告或者错误，基本上由这一段抛出。

```
% Check inputs
if nargin < 4
```

nargin 函数返回输入参数个数(number of input argument，n：number，arg：argument，in：input)：

```
   options = [];
   if nargin < 3
     y0 = [];
     if nargin < 2
       tspan = [];
       if nargin < 1
         error('MATLAB:ode23:NotEnoughInputs',...
               'Not enough input arguments.  See ODE23.');
       end
     end
   end
end
% Output 输出
FcnHandlesUsed   = isa(ode,'function_handle');
```

isa 类型判断函数，这句判断变量 ode 是否为函数句柄(function_handle)。

```
output_sol = (FcnHandlesUsed && (nargout == 1));      % sol = odeXX(...)
```

nargout，(number of output)输出参数的个数。

```
……
sol = []; f3d = [];
if output_sol
  sol.solver = solver_name;
……
end
```

sol 结构的定义，工具箱函数一般有很多的参数，经常使用结构(struct)来组织一些相关的参数和数据，显得层次清晰。而且这些参数多数为一类函数所共用，可以独立出来一起处理。

```
% Handle the output 处理输出
if nargout > 0
  outputFcn = odeget(options,'OutputFcn',[],'fast');
else
……
printstats = strcmp(odeget(options,'Stats','off','fast'),'on');
```

get 和 set 语法。很多的工具箱函数的属性设置，使用 get 和 set。get 相关的函数用于得到句柄和属性，而 set 用于设置属性。这里使用 odeget。

如果要判断是否为某个状态，可以用 strcmp(string compare(字符串比较))函数。

```
……
  % Incorporate the mass matrix into odeFcn and odeArgs.
  [odeFcn,odeArgs]
  odemassexplicit(FcnHandlesUsed,Mtype,odeFcn,odeArgs,Mfun,M);
  f0 = feval(odeFcn,t0,y0,odeArgs{:});
  nfevals = nfevals + 1;
end
```

feval 函数，在许多的工具箱函数的调用都会有这个函数的调用，因为 feval 允许使用函数句柄做为输入参数，可以实现更通用的函数调用。函数句柄可以由函数的输入参数得到。

feval 的最后一个输入参数为 odeArgs{:}，{}中用了“:”，从而把所有的剩余参数都包含进来了。在变输入长度的函数调用中经常使用的这个技巧，因为事先并不知道用户的函数还有多少个参数。

```
……
t = t0;
y = y0;
```

初始值，在数值计算中很多的算法都是需要初始值的，包括初始条件和初始猜测值。如常微分方程的初始条件和优化算法的起始猜测点等(start point 或者 guess point)。

```
% Allocate memory if we're generating output.
```

如果准备生成输出结果就需要预先分配内存。

```
nout = 0;
tout = []; yout = [];
if nargout > 0
  if output_sol
    chunk = min(max(100,50 * refine), refine + floor((2^11)/neq));
    tout = zeros(1,chunk,dataType);
    yout = zeros(neq,chunk,dataType);
```

虽然 MATLAB 不需要预先声明变量，但是如果是大的数组或者已知大小的数组，一般还是先初始化为好，因为可以提高效率，尤其是数组在循环中尺寸(size)会变化的情况下。

```
% THE MAIN LOOP 主循环,函数的算法主体部分.
done = false;
```

设置标记,done(是否计算完),对于迭代算法,一般要有标记状态的变量。

```
while ~done
```

~done,条件判断,“~”表示“非”。

```
……
% LOOP FOR ADVANCING ONE STEP. 循环推进一步
  nofailed = true;                          % no failed attempts
  while true
……
% Estimate the error.
```

误差估计,在数值计算中,误差估计是很重要的,一个良好的程序或者算法,一般会给出误差估计。同时误差也是终止收敛过程的一个判断标准。

```
    NNrejectStep = false;
    if normcontrol
      normynew = norm(ynew);
      errwt = max(max(normy,normynew),threshold);
……
     warning('MATLAB:ode23:IntegrationTolNotMet',['Failure at t = %e.
……
```

误差警告部分,当算法不能收敛,或者收敛比较差,应该给出警告(warning)。warning是一个标准的警告函数。

```
         if normcontrol
           normynew = norm(ynew);
         end
```

norm范数计算函数,范数常作为误差和精度判断的标准,因此在数值计算中会用到许多的范数计算。

```
         ……
         % Update the derivatives using the interpolating polynomial.
         taux = t + (te(end) - t) * A;
         [~,f(:,2:4)] = ntrp23(taux,t,y,[],[],h,f,idxNonNegative);
```

ntrp23是一个私有(private)函数。因为是一些底层的算法,所以一般不开放给用户,而是放在私有文件夹。它没有帮助文档。当碰到一个无法在帮助文档找到的函数名,就要注意它是否是私有函数或者子函数。

```
……
ntrp23(tspan(next),t,y,[],[],h,f,idxNonNegative)];
feval(outputFcn,tout_new,yout_new(outputs,:),'',outputArgs{:});
```

空的占位符[]，当某个参数不给定，但是又要给定它后面的参数的时，需要使用占位符。也就是说形参的位置是非常关键的。

```
        % If there were no failures compute a new h.
    if nofailed
        % Note that absh may shrink by 0.8, and that err may be 0.
temp = 1.25 * (err/rtol)^pow;
```

数值算法有收敛性问题，如果问题不收敛或遇到计算错误，经常要给出警告或者错误报告。因此有 failed 和 nofailed 这些状态标记变量。

```
    if NNreset_f4
        % Used f4 for unperturbed solution to interpolate.
        % Now reset f4 to move along constraint.
f(:,4) = feval(odeFcn,tnew,ynew,odeArgs{:});
```

再次使用 feval 函数计算函数值。

```
        nfevals = nfevals + 1;
    end
    f(:,1) = f(:,4);    % Already have f(tnew,ynew)
```

1.6 MATLAB 的帮助文档导航

MATLAB 有很多函数和工具箱，因此除了它自带的在线帮助文档外几乎没有其他的文档可以涵盖它所有的功能，而它的帮助文档也非常的规范和详尽。所以学会查阅帮助文档是熟练和精通 MATLAB 的必要途径。

MATLAB 的帮助文档分为三类，即三种颜色的书本图标。黄色的图标是基本模块以及工具箱帮助，蓝色的图标是 Simulink 的帮助文档，绿色的图标是涉及硬件代码的帮助文档。在数值分析中主要查看黄色图标的帮助文档，其中主要参考以下 5 个目录。

① MATLAB	基本的函数与功能模块
② Curve Fitting Toolbox	曲线拟合工具箱
③ Optimization Toolbox	优化工具箱
④ Partial Differential Equation Toolbox	偏微分工具箱
⑤ Symbolic Math Toolbox	符号数学工具箱

而在 MATLAB 条目下，这些部分尤其要注意。

MATLAB→Getting Started 是关于 MATLAB 基础的一些知识，建议初学者通读。

MATLAB→User's Guide 是用户指南。

MATLAB→User's Guide →Mathematics 是数学工具函数集合。

MATLAB→User's Guide →Data Analysis 是数据分析的工具函数集合。

MATLAB→User's Guide →Graphics 是图形工具函数集合。

MATLAB→User's Guide →3 - D Visualization 是三维图形函数工具函数集合。

MATLAB→User's Guide →External Interfaces 是外部接口工具函数集合。

MATLAB→User's Guide →Functions 是函数列表。

MATLAB→User's Guide →Examples 是例子。

MATLAB→User's Guide →Demos 是演示例子(更加生动和形象的例子)。

其中 Mathematics 中重点推荐的部分是

MATLAB→User's Guide→Mathematics→ Linear Algebra 线性代数

MATLAB→User's Guide→Mathematics→Interpolation 插值

MATLAB→User's Guide→Mathematics→Optimization 优化

MATLAB→User's Guide→Mathematics→Function Handles 函数句柄

MATLAB→User's Guide→Mathematics→Calculus 微积分

其中 Calculus 中重点推荐的部分是

MATLAB→User's Guide→Mathematics→Calculus→Ordinary Differential Equations 常微分方程

MATLAB→User's Guide→Mathematics→Calculus→Delay Differential Equations 延迟微分方程

MATLAB→User's Guide→Mathematics→Calculus→Boundary - Value Problems 边值问题

MATLAB→User's Guide→Mathematics→Calculus→Partial Differential Equations 偏微分方程

MATLAB→User's Guide→Mathematics→Calculus→Integration 积分

其他特别指出部分

MATLAB→User's Guide→Programming Fundamentals→Programming Tips 有关于编程的很多技巧。

MATLAB→User's Guide→Programming Fundamentals→Performance 有关于提高程序性能(速度和内存)效率的一些建议,包含程序性能分析工具和一些常用技巧,比如向量化(Vectorizing)编程的方法。

1.7 MATLAB 常见错误

1.7.1 常见写法错误

```
>> a = "a"
```

MATLAB 中的字符串是单引号,不像 C 语言的字符串是双引号。

```
>>''''
ans =
'
```

因为“'”是特殊字符,字符串如需输出单引号,需要两个单引号,即''。

```
>> char(39)
ans =
'
```

char(39)也可以输出单引号，作者偏向于使用 char(39)，因为更容易区分。

```
>> dir D:\Program Files
??? Error using ==> dir
Too many input arguments.
```

命令行语法中，目录中有空格，需要加引号，例如

```
>> dir 'D:\Program Files'
```

使用中文的标点符号做操作符会出错，例如下面使用了中文的括号，提示输入字符错误，这种错误初学者很难发现，建议读者编程时，采用英文标点。

```
>> sin(3)
??? sin(3)
       |
Error: The input character is not valid in MATLAB statements or expressions.
```

目录错误，目录一般不要含有有中文，例如

```
>> dir D:\我的
我的 not found.
```

当然 MATLAB2010 已经支持中文目录，然而还是不建议使用。

```
>> a =[1 2 3]
a =
     1     2     3
>> a(0)
??? Attempted to access a(0); index must be a positive integer or logical.
```

MATLAB 中的数组脚标从 1 开始，不像 C 语言从 0 开始。

1.7.2 字符串连接出错

```
>> a ='abc' % 三个字符
a =
abc
>> b ='abcd' % 四个字符
b =
abcd
>> [a;b] % 字符串垂直连接
??? Error using ==> vertcat
CAT arguments dimensions are not consistent.
```

提示矩阵维数不一致，需要同样的长度才可以连接。更正：

```
>> a = 'abc ' % 补空格四个字符
a =
abc
>> b = 'abcd' % 四个字符
b =
abcd
>> [a;b] % 正确连接
ans =
abc□
abcd
```

注意在字符串 a 的末尾作者添加了一个空格(方块□所在地方),也可以使用 strvcat,该函数会自动补齐空格。例如:

```
strvcat('abc','abcd')
ans =
abc
abcd
```

1.7.3 矩阵维数不同的例子

```
>> A = ones(2,3); % 矩阵 2x3
>> B = ones(3,2); % 矩阵 3x2
>> A,B
A =
     1     1     1
     1     1     1
B =
     1     1
     1     1
     1     1
>> A * B
ans =
     3     3
     3     3
>> A. * B
??? Error using ==> times
Matrix dimensions must agree
```

点乘(. *)需要两个矩阵维数一致,A,B 矩阵维数不同,所以报错。

```
A = ones(3,2); % 矩阵 3x2
B = ones(3,2); % 矩阵 3x2
A,B
A * B
A =
     1     1
     1     1
     1     1
B =
     1     1
```

```
        1     1
        1     1
??? Error using ==> mtimes
Inner matrix dimensions must agree.
```

与点乘不同，矩阵乘法要求前一矩阵的列和后一矩阵的行相等。

1.7.4 赋值出错

```
>> A = ones(3,2);
>> A(:,1) = [1 2]
??? Subscripted assignment dimension mismatch.
>> A(:,1) = [1 2 3]'
A =
        1     1
        2     1
        3     1
```

对矩阵的局部维赋值，需要赋值号(＝)两边的矩阵大小(size)完全一样，但是如果全矩阵赋值，维数不一样并不会提醒，而是直接被替换掉了。例如：

```
>> A = ones(3,2);
>> A = [1 2]
A =
        1     2
```

第 2 章

数值分析的基本概念

数值分析(numerical analysis)是数学的一个分支,是计算数学的主要部分,是研究用计算机求解数学计算问题的数值计算方法及其理论的学科。

2.1 数值分析的研究对象

数值分析研究的是用计算机求解各种数学问题的数值计算方法及其理论,利用计算机解决科学计算问题的步骤如图 2-1 所示。

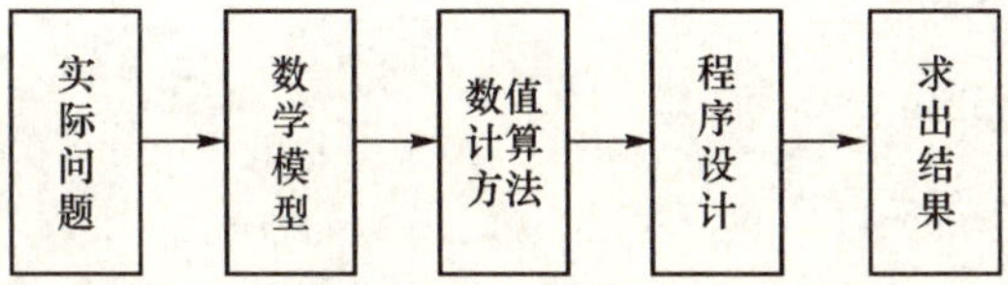

图 2-1 利用计算机解决科学计算问题的步骤

根据数学模型提出求解的数值计算方法,并通过程序设计、上机计算来完成求解,这是数值分析所研究的主要任务。数值分析的主要内容有插值法、函数逼近、曲线拟合、数值积分、数值微分、解线性方程组的直接方法、解线性方程组的迭代法、非线性方程求根、常微分方程的数值解法等。它们都是以数学问题为研究对象,但并不局限于数学理论本身,而是与计算机紧密结合,着重研究适合于在计算机上使用的实际可行、理论可靠、计算复杂性好的数值计算方法。也就是说,它们应具有如下特点。

一是面向计算机。根据计算机的特点提供切实可行的算法,算法只能由计算机可执行的四则运算和逻辑运算组成。

二是有可靠的理论分析。数值分析中的算法理论主要是连续系统的离散化及离散型方程的数值求解。需对误差、稳定性、收敛性、计算量、存储量等刻画计算方法的可靠性、准确性、效率以及使用的方便性进行分析。

三是要有良好的计算复杂性及数值试验,计算复杂性是算法好坏的标志,它包括时间复杂性(指计算时间多少)和空间复杂性(指占用存储单元多少)。对很多数值问题使用不同算法,其计算复杂性将会大不一样。当然,有很多数值方法不可能事先知道其计算量,故对所有数值方法除理论分析外,还必须通过数值试验检验算法的复杂性。

以计算$\sqrt{2}$算法为例,采用多种算法求解该值。

1. Babylonian 算法

取 $x_0 \approx \sqrt{2}$ 的猜测值,例如取 1,通过迭代

$$x_{n+1} = \frac{1}{2}\left(x_n + \frac{2}{x_n}\right)$$

即使用算术平均逼近几何平均，有

$$\sqrt{2}=\lim_{n\to\infty}x_n$$

MATLAB 源代码如下：

```
format long
x0 = 1;
xn = x0;
for n = 1:10
    xn = 1/2 * (xn + 2/xn)
end
```

程序运行结果如下：

```
xn =
   1.500000000000000
xn =
   1.416666666666667
xn =
   1.414215686274510
xn =
   1.414213562374690
xn =
   1.414213562373095
xn =
   1.414213562373095
xn =
   1.414213562373095
xn =
   1.414213562373095
xn =
   1.414213562373095
xn =
   1.414213562373095
```

从结果来看，Babylonian 算法只用迭代几步就可以得到非常精确的值。

2. 定点迭代算法(fixed point iteration)

显然，$\sqrt{2}$是代数方程 $x=(x^2-2)^2+x=f(x)$的一个根，通过迭代

$$x_{k+1}=f(x_k)$$

求根，取 $x_0=1.4$ 为初始值，迭代 10 000 000 次，MATLAB 程序如下：

```
clear,clc
format long
format compact
x0 = 1.4;
xn = x0;
for n = 1:10000000
    xn = (xn^2 - 2)^2 + xn;
end
xn
```

程序运行结果为

```
xn =
   1.41421354987285
```

实际上，$\sqrt{2}$的精确值为 1.41421356237310(精确到小数点后 14 位)。显然，其精确程度不如第一种方法。如果取 $x_0=1$ 为初始值，同样迭代 10 000 000 次，相应修改源代码，运行结果为

```
xn =
   Inf
```

这说明定点迭代算法对于该起始值并不收敛。可见定点迭代算法不但收敛较慢，而且具有对初值的敏感性。

3. 二分法(bisection)

把$\sqrt{2}$看成是非线性代数方程 $x^2-2=0$ 的解，利用二分法求方程的根，设定区间范围为[1,2]，设定精度为 10^{-10}，MATLAB 程序源代码如下：

```
%定义函数
f = @(x) x^2 - 2
% 定义端点
a = 1;
b = 2;
% 定义精度
d = 1e-10;

% 二分直到精度达到 d
while b - a >= d
    m = (a + b)/2;
    % midpoint between m and a
    if f(m) * f(a) < 0
        b = m;
        b;
    % midpoint between m and b
    else
        a = m;
        a;
    end
end
m
```

程序运行结果如下：

```
m =
          1.414213562326040
```

二分法可以设定求解精度，且过程一定是收敛的。

对于该问题的算法还可以采用 Newton 迭代法等方法。从本节内容可以看出，对于同一问题，不同方法的稳定性，对初值的敏感性，收敛速度等都有较大的差别。数值分析就是构造

求解方程解的稳定且收敛迅速的方法。

2.2 误差与有效数字

2.2.1 误差的产生及分类

从计算机解决科学计算问题的过程来看，数学模型通常是由实际问题抽象得到的，一般带有误差，这种误差被称为模型误差；而数学模型中包含的一些物理参数通常是通过观测和实验得到的，难免带有误差，这种误差被称为观测误差；求解数学模型所用的数值方法通常是一种近似方法，这种因方法产生的误差被称为截断误差或方法误差。

例如，利用 $\ln(x+1)$ 的 Tayor 公式计算 $\ln 2$。

$$\ln(x+1)=x-\frac{1}{2}x^2+\frac{1}{3}x^3-\frac{1}{4}x^4+\cdots$$

实际计算时只能截取有限项代数和计算，如取前 5 项：

$$\ln 2\approx 1-\frac{1}{2}+\frac{1}{3}-\frac{1}{4}+\frac{1}{5}$$

这里产生的误差（记作 R_5）为截断误差

$$R_5=-\frac{1}{6}+\frac{1}{7}-\frac{1}{8}+\cdots$$

由于计算机只能对有限位进行运算，在运算中像 $\sqrt{2}$，e，$\frac{1}{3}$ 等都要按舍入原则保留有限位，这时产生的误差称为舍入误差。

在数值分析中，主要考虑截断误差和舍入误差对计算结果的影响。

2.2.2 误差的相关概念

设 x 是某个量的准确值，$\tilde{x}$ 为其近似值，称 $e(\tilde{x})=x-\tilde{x}$ 为近似值 $\tilde{x}$ 的绝对误差。若

$$|e(\tilde{x})|=|x-\tilde{x}|\leqslant\delta(\tilde{x}) \tag{2.1}$$

则称 $\delta(\tilde{x})$ 为近似值 $\tilde{x}$ 的绝对误差限。

称 $e_r(\tilde{x})=\frac{x-\tilde{x}}{x}$ 为近似值 $\tilde{x}$ 的相对误差。由于精确值 x 在实际计算时很难得到，因此通常将 $e_r^*(\tilde{x})=\frac{x-\tilde{x}}{\tilde{x}}$ 称为近似值 $\tilde{x}$ 的相对误差。若

$$|e_r(\tilde{x})|=\left|\frac{x-\tilde{x}}{x}\right|\leqslant\delta_r(\tilde{x})\text{或}|e_r^*(\tilde{x})|=\left|\frac{x-\tilde{x}}{\tilde{x}}\right|\leqslant\delta_r(\tilde{x}) \tag{2.2}$$

则称 $\delta_r(\tilde{x})$ 为近似值 $\tilde{x}$ 的相对误差限。

工程上通常用

$$x=\tilde{x}\pm\delta(\tilde{x})\text{或}x=\tilde{x}[1\pm\delta_r(\tilde{x})] \tag{2.3}$$

表示准确值 x 的取值范围。

设实数 x 的近似值可表示为

$$\tilde{x}=\pm 10^k\cdot 0.a_1a_2\cdots a_n,$$

式中，每个 $a_i(i=1,2,\cdots,n)$ 都是 0，1，…，9 中的某一个数字，且 $a_1\neq 0$。如果 $\tilde{x}$ 的绝对误差满足

$$e(\tilde{x})=|x-\tilde{x}|\leqslant\frac{1}{2}\times 10^{k-n} \tag{2.4}$$

就称用 $\tilde{x}$ 近似 x 时具有 n 位有效数字，或者说 $\tilde{x}$ 准确到 n 位。

表 2-1 列出了圆周率的近似值、绝对误差限及有效数字。

表 2-1　圆周率的近似值、绝对误差限及有效数字

	$\tilde{x}$	$\delta(\tilde{x})$	有效数字 n/位
$x=3.141\,592\,6\cdots$	10.031 4	$0.001\,6<0.005=\frac{1}{2}\times 10^{-2}$	3
	10.031 416	$0.000\,008<0.000\,05=\frac{1}{2}\times 10^{-4}$	5
	10.031 415 9	$0.000\,003<0.000\,005=\frac{1}{2}\times 10^{-5}$	6

由式(2.4)可知，有效数字位越多，绝对误差便越小；如果近似值具有 n 位有效数字，则其相对误差

$$e_r^*(\tilde{x})=\left|\frac{x-\tilde{x}}{\tilde{x}}\right|\leqslant\frac{10^{-(n-1)}}{2a_1}$$

也就是说，如果 $\tilde{x}$ 具有 n 位有效数字，则 $\tilde{x}$ 的相对误差限是 10^{-n} 量级。

2.3　近似计算中的注意事项

为了减小舍入误差的影响，设计算法时应遵循如下原则。

① 避免两个相近的数相减。两个过于相近的数相减，相对误差会很大。这是因为二者前面的有效数字相同，相减以后有效数字位严重减少。例如计算

$$\sqrt{1+x}-\sqrt{x}$$

在 $x=1\,000$ 时的值(取 4 位有效数字)，直接计算

$$\sqrt{1+x}-\sqrt{x}=\sqrt{1+1000}-\sqrt{1000}\approx 31.64-31.62=0.02$$

通过变换

$$\sqrt{1+x}-\sqrt{x}=\frac{1}{\sqrt{1+x}+\sqrt{x}}$$

来进行计算，则有

$$\frac{1}{\sqrt{1+x}+\sqrt{x}}=\frac{1}{\sqrt{1+1000}+\sqrt{1000}}\approx 0.015\,81$$

第一个结果最后只有一位有效数字，损失了 3 位有效数字，从而绝对误差和相对误差都变得很大，严重影响了计算结果的精度；第二个结果中有 4 位有效数字，结果比较准确。

② 两个相差很大的数进行运算，要防止大数“吃掉”小数。调整运算次序可以避免这种情况发生。例如，$b\approx 10$，$a\approx c=10^{12}$，则有

$$(a-c)+b\approx 10,\quad (a+b)-c\approx 0$$

第二个算式在计算 $a+b$ 时，a 将 b“吃掉了”，从而影响运算结果。

再如，一元二次方程 $ax^2+bx+c=0$ 的一个根为

$$x_1=\frac{-b+\sqrt{b^2-4ac}}{2a} \tag{2.5}$$

另一个根为

$$x_2=\frac{-b-\sqrt{b^2-4ac}}{2a} \tag{2.6}$$

此外有韦达定理

$$x_1+x_2=-\frac{b}{a},\quad x_1x_2=\frac{c}{a}$$

根据韦达定理和根的表达式，可以得到第二个根式(2.6)的另一个表达式

$$x_2=\frac{\frac{c}{a}}{x_1}=\frac{\frac{c}{a}}{\frac{-b+\sqrt{b^2-4ac}}{2a}}=\frac{2c}{-b+\sqrt{b^2-4ac}} \tag{2.7}$$

下面程序演示了不同公式的不同结果。

输入两个构造的根 $x_1=10^7$，$x_2=10^{-7}$：

```
>> x1 = 10^7
x1 =
      10000000
>> x2 = 10^(-7)
x2 =
                                    1e-007
```

使用 poly 构造多项式系数：

```
>> p = poly([x1,x2])
p =
          1          -10000000.0000001                              1
```

记 a,b,c 为对应的系数：

```
>> a = p(1),b = p(2),c = p(3)
a =
      1
b =
              -10000000.0000001
c =
      1
```

使用 poly2str 得到字符表达式：

```
>> poly2str(p,'x')
ans =
   x^2 - 10000000 x + 1
```

使用求根公式即式(2.5)和式(2.6)：

```
>> xx1 = ( - b + sqrt(b^2 - 4 * a * c))/(2 * a)
xx1 =
    10000000
>> xx2 = ( - b - sqrt(b^2 - 4 * a * c))/(2 * a)
xx2 =
      9.96515154838562e - 008
```

按照式(2.6)求出第二个根显然精度不高。如果按式(2.7),则

```
>> xx2 = c/a/xx1
xx2 =
                    1e - 007
```

可以看到,式(2.7)得到了足够精度的解。原因在式(2.7)中,$-b$ 和 $\sqrt{b^2-4ac}$的值相差太近,相差太近的值相减,误差比较大。如下所示:

```
>> b
b =
        - 10000000.0000001
>> sqrt(b^2 - 4 * a * c)
ans =
    9999999.9999999
```

③ 避免被除数的绝对值远远小于除数绝对值的除法,也要避免绝对值过大的两个数之间的乘法。这样可能会导致结果上溢,增大原有的误差。

对于 $y=x_1\cdot x_2$,由于

$$|e(\tilde{y})|\approx|x_1|\cdot\varepsilon_2+|x_2|\cdot\varepsilon_1$$

当$|x_1|$或$|x_2|$增大时,$|e(\tilde{y})|$也随着增大。在进行乘法时,两数中如果有一个大数,则积的误差就有可能要放大很多。

对于 $y=\dfrac{x_1}{x_2}$,由于

$$|e(\tilde{y})|\approx\frac{1}{|x_2|}\cdot\varepsilon_1+\frac{|x_1|}{x_2^2}\cdot\varepsilon_2$$

当$|x_2|$很小时,$|e(\tilde{y})|$会很大。

例如, $\dfrac{2.718}{0.001}=2\,718.2$,当分母增加 0.000 1 时,变化虽然很小,但

$$\frac{2.718\,2}{0.001\,1}=247\,1.1$$

结果却变化很大。

在进行除法时,如果除数太小,计算结果对分母的扰动很敏感,商的误差会被放大很多,而分母通常是近似值,所以计算结果不可靠;另外,很小的数作除数有时还会造成计算机的溢出而停机,在算法设计时,要避免这类算法在计算公式中出现。

④ 简化计算步骤,减少运算次数。首先,若算法计算量太大,实际计算无法完成。

以求解 n 阶线性方程组的解为例,如果直接使用 Cramer 法则通过 n 阶的行列式定义来计算,

$$\text{乘法运算次数} > (n+1)n! = (n+1)!$$

当 $n=25$ 时，需要计算的乘除法次数约为 4.03×10^{26}，在每秒百亿次乘除运算计算机上求解时间为

$$\frac{26!}{10^{10}\times3\ 600\times24\times365}\approx13(\text{亿年})$$

而用 Gauss 消去法求解，其乘除法运算次数只需约 16 000 次，这说明选择算法的重要性。其次，即使是可行算法，则计算量越大累积的误差也越大。因此，算法的计算量越小越好。

2.4 数值算法的稳定性

一个算法，如果在执行的过程中，舍入误差可以在一定条件下得到控制，从而不影响算法得到可靠的结果，则称它是数值稳定的；否则，称之是不稳定的。如果算法对于输入数值的微小误差引起了结果的很大变化，则称算法是病态的；否则，称算法是良性的。

例如，计算积分 $I_n=\int_0^1 x^n e^{x-1}dx$，利用定积分的分部积分公式，有递推公式

$$I_n=1-nI_{n-1}\qquad(n=1,2,\cdots)\tag{2.8}$$

方法 1：取初值 I_0^* 如下

$$I_0=\int_0^1 e^{x-1}dx=1-e^{-1}\approx0.632\ 1=I_0^*$$

直接利用式(2.8)进行递推，当 $n=8$ 时，$I_8=-0.728\ 0<0$，结果显然不可信。实际上，由 $I_n=1-nI_{n-1}$ 和 $I_n^*=1-nI_{n-1}^*$ 可得

$$I_n-I_n^*=-n(I_n-I_{n-1}^*)=\cdots=(-1)^n n!(I_0-I_0^*)$$

当 $n=8$ 时，

$$|I_8-I_8^*|=8!|I_0-I_0^*|=40\ 320|I_0-I_0^*|$$

可见，随着计算步数的增加，误差迅速放大，使结果严重失真，算法是不稳定的。

方法 2：将式(2.8)变形为

$$I_{n-1}=\frac{1}{n}(1-I_n)\qquad(n=1,2,\cdots)\tag{2.9}$$

取 $n=8$，由 I_n 的表达式，$\frac{1}{9e}<I_8<\frac{1}{9}$，粗略估计 $I_8\approx\frac{1}{2}\left(\frac{1}{9}+\frac{1}{9e}\right)\approx0.075\ 99=I_8^*$，通过迭代式(2.9)推算得 $I_0^*=0.632\ 1$。这说明在保留四位有效数字的情况下，通过 I_8^* 推算 I_0^* 是很准确的。实际上，由 $I_{n-1}=\frac{1}{n}(1-I_n)$ 和 $I_{n-1}^*=\frac{1}{n}(1-I_n^*)$，可得

$$I_n-I_n^*=(-1)^{k-n}\frac{n!}{k!}(I_k-I_k^*),\quad n=k,k-1,\cdots,1,0$$

对于 $n=8$

$$|I_0-I_0^*|=\frac{1}{8!}|I_8-I_8^*|=\frac{1}{40\ 320}|I_8-I_8^*|$$

在这里，近似误差 $I_n-I_n^*$ 是可控制的，算法是数值稳定的。

2.5　机器精度

计算机使用二进制来表示数，而数字的存储位数是有限的，比如 32 位或者 64 位。由于其有限位长，所以数值不可能完全精确。在 MATLAB 中使用 eps 函数可以得到用浮点数表示的数值的相对精度(floating - point relative accuracy)。

大数吃掉小数就是由于机器精度问题而产生的，数值的精确度与计算机所能表示的有限位长有关。例如在 MATLAB 中考察 10^{20}：

```
eps(10^20)
ans =
        16384
```

也就是说，在软件中与 10^{20} 相邻的最小数的距离是 16384，其他小于这个间距的数是不存在的。或者说，在浮点数的表示里面(单精度和双精度)是表示不出来的。见下例：

```
>> 10^20 + 16384
ans =
     1.000000000000000e + 020
>> ans - 10^20
ans =
        16384
```

显然系统可以识别出这个差 16 384。现在取个小一点的数，如 16 000。

```
>> 10^20 + 16000
>> ans - 10^20
ans =
     1.000000000000000e + 020
ans =
        16384
```

结果仍然是 16 384。取个更小一点的数，如 8 000

```
>> 10^20 + 8000
>> ans - 10^20
ans =
     1.000000000000000e + 020
ans =
     0
```

ans＝0，表示 8000 被吃掉了。取个特殊的值，eps 的一半，即 8 192。

```
>> 10^20 + 8192
>> ans - 10^20
ans =
     1.000000000000000e + 020
ans =
     0
```

结果为 0,说明 8192 还是被吃掉了。取 eps 的一半加 1,即 8193。

```
>> 10^20 + 8193
>> ans - 10^20
ans =
     1.000000000000000e + 020
ans =
        16384
```

实际上,eps(10^20)的一半,即 8 192。

```
>> eps(10^20)/2
ans =
        8192
```

小于或者等于一半的数都被吃掉,大于一半的数,数据之差被当做 16 384,即 eps(10^20)。实际上,它的最小单位就是 eps(10^20),只有它的整数倍的数才会被完整地保留,而非整数倍的数都会有误差。并且浮点数并非等间隔分布,绝对值越大,数就越稀疏,绝对值越小,数越密,这就是大数吃小数的根源。

第3章 数据插值

数据插值是广泛应用于理论研究和工程实际的重要数值方法。人们通过观测所得到的数据都是离散的数据值，直接采用这些值进行理论分析和设计都极为不便，甚至是不可行的，因此需要找到与提供的数据值相符并且形式简单的插值函数；或者有时虽然函数表达式已知，但是非常复杂，不便于计算，也需要根据一些函数值找出既能反应原函数的特征，又便于计算的简单函数来近似代替原函数。本章讲解几种常用的差值方法及其公式。

3.1 插值与多项式插值

设函数 $y=f(x)$ 在区间 $[a,b]$ 上有定义，且已知在点 $a\leqslant x_0<x_1<\cdots<x_n\leqslant b$ 上的值 y_0，y_1，…，y_n，若存在简单函数 $P(x)$，有 $P(x_i)=y_i(i=0,1,\cdots,n)$ 成立，就称 $P(x)$ 为 $f(x)$ 的插值函数，点 $x_0,x_1,\cdots,x_n$ 称为插值节点，包含插值节点的区间 $[a,b]$ 称为插值区间，求插值函数 $P(x)$ 的方法称为插值法。

若插值函数 $P(x)$ 是次数不超过 n 的代数多项式，即

$$P_n(x)=\sum_{i=0}^{n}a_ix^i \tag{3.1}$$

其中 a_i 为实数，就称 $P(x)$ 为插值多项式，相应的插值法称为多项式插值；若 $P(x)$ 为分段的多项式，就称为分段插值；若 $P(x)$ 为三角多项式，就称为三角插值等。

多项式插值是最常用的插值方法，且该插值函数是一定存在的。关于多项式插值有如下的定理。

定理 1 给定曲线上 $n+1$ 个点 $(x_i,y_i)(i=0,1,\cdots,n)$，如果 x_i 互不相同，那么在次数不高于 n 的多项式中，存在唯一的多项式函数 $P_n(x)=\sum\limits_{i=0}^{n}a_ix^i$，使得 $P_n(x_i)=y_i$。

定理 2 设 $n+1$ 个节点 $x_0,x_1,\cdots,x_n$ 互异，则在次数不高于 $m+n+1$ 的代数多项式集合中，存在唯一多项式 $P_{m+n+1}(x)=\sum\limits_{i=0}^{m+n+1}a_ix^i$ 满足式(3.1)。

多项式插值中，最常见的是 Lagrange 插值、Aitken 插值、Newton 插值和 Hermite 插值等。高次插值会出现 Runge(龙格)现象，因此并不是次数越高越好，在很多时候使用的是分段低次插值。常见的分段低次插值有分段线性插值、分段三次 Hermite 插值、三次样条插值等。多元函数还需要讨论多维的插值，即多元多项式。MATLAB 软件自带了丰富的插值函数。

3.2 Lagrange 插值

3.2.1 Lagrange 插值的定义

设函数 $y=f(x)$ 在区间 $[a,b]$ 上有定义，且已知在点 $a\leqslant x_0<x_1<\cdots<x_n\leqslant b$ 上的值 y_0，

$y_1,\cdots,y_n$，构造插值多项式的基函数：

$$L_k(x)=\prod_{\substack{j=0\\j\neq k}}^{n}\frac{(x-x_j)}{(x_k-x_j)}=\frac{(x-x_0)(x-x_1)\cdots(x-x_{k-1})(x-x_{k+1})\cdots(x-x_n)}{(x_k-x_0)(x_k-x_1)\cdots(x_k-x_{k-1})(x_k-x_{k+1})\cdots(x_k-x_n)}$$

$$k=0,1,2,\cdots,n \tag{3.2}$$

显然，Lagrange(拉格朗日)插值多项式的基函数满足

$$L_i(x_j)=\delta_{ij}=\begin{cases}1, & i=j\\0, & i\neq j\end{cases}\quad (i,j=0,1,2,\cdots,n) \tag{3.3}$$

Lagrange 插值多项式为

$$L(x)=\sum_{k=0}^{n}L_x(x)x_k \tag{3.4}$$

式中，$L_x(x)$为插值多项式基函数；x_k 为插值点。

根据式(3.3)可得 Lagrange 插值多项式满足

$$L(x_k)=\sum_{j=0}^{n}L_j(x_k)y_j=L_k(x_k)y_k=y_k \quad (k=0,1,2,\cdots,n) \tag{3.5}$$

由微积分的相关定理可得 Lagrange 插值的余项

$$R_n(x)=\frac{f^{(n+1)}(\xi)}{(n+1)!}\prod_{i=0}^{n}(x-x_i) \quad (\xi\in[a,b]) \tag{3.6}$$

Lagrange 插值的截断误差限

$$|R_n(x)|\leqslant\frac{M}{(n+1)!}\prod_{i=0}^{n}|x-x_i| \tag{3.7}$$

式中，$M=\max\limits_{x\in[a,b]}|f^{(n+1)}(x)|$。

3.2.2 Lagrange 插值的 MATLAB 实现

根据 Lagrange 插值多项式(式(3.4))及余项(式(3.6))编写 MATLAB 程序实现 Lagrange 插值，并计算插值余项。

MATLAB 的 Lagrange 插值函数为 langrange()，其调用格式为

[y,R]=lagrange(X,Y,x,M)

其中，X 和 Y 为用户输入的满足 $y_i=f(x_i)$的一组(x,y)值，由用户确定 $M=\max\limits_{x\in[a,b]}|f^{(n+1)}(x)|$值，其中的 $n+1$ 即为 X 和 Y 的维数，函数返回的 y 即为插值函数在 x 点的值 $L(x)$，R 为 Lagrange 插值的截断误差限。

程序源代码如下：

```
function [y,R] = lagrange(X,Y,x,M)
n = length(X); m = length(x);
for i = 1:m
   z = x(i);s = 0.0;
   for k = 1:n
       p = 1.0; q1 = 1.0; c1 = 1.0;
       for j = 1:n
           if j~ = k
               p = p * (z - X(j))/(X(k) - X(j));
```

```
            end
            q1 = abs(q1 * (z - X(j)));
            c1 = c1 * j;
        end
        s = p * Y(k) + s;
    end
y(i) = s;
end
R = M * q1/c1;
```

例 3.1 已知 sin 30°＝0.5，sin 45°＝0.707 1，sin 60＝0.866 0，用 Lagrange 插值及其误差估计的 MATLAB 主程序求 sin 40°的近似值，并估计其误差。

在 MATLAB 工作窗口输入程序：

```
x = 2 * pi/9; M = 1;
X = [pi/6 ,pi/4, pi/3];
Y = [0.5,0.7071,0.8660];
[y,R] = lagranzi(X,Y,x,M)
```

程序运行后输出插值 y 及其误差限 R 为：

```
y =                          R =
      0.6434                        8.8610e-004
```

即 sin 40°≈0.643 4，误差限 $R\approx 8.861\,0\times 10^{-4}$。

在 MATLAB 软件中，可以采用函数 poly 和 poly2sym，根据 Lagrange 插值多项式定义把函数转换为 Lagrange 插值形式。其中，poly 函数的作用是用根构造多项式；poly2sym 函数的作用是根据系数向量得到对应的多项式。

例 3.2 求函数 $f(x)=\mathrm{e}^{-x}$ 在[0,1]上的线性插值多项式，并估计其误差。

输入程序：

```
X = [0,1]; Y = exp( - X) ,
l01 = poly(X(2))/( X(1) - X(2)),
l11 = poly(X(1))/( X(2) - X(1)), l0 = poly2sym (l01),
l1 = poly2sym (l11), P = l01 * Y(1) + l11 * Y(2), L = poly2sym (P),
```

程序运行后输出基函数 l_0、l_1 及其插值多项式的系数向量 P 和插值多项式 L：

```
P =
   - 0.6321     1.0000
L =
- 1423408956596761/2251799813685248 * x + 1
```

即函数 $f(x)=\mathrm{e}^{-x}$ 在[0,1]上的线性插值多项式为

$$L(x)=-\frac{1423408956596761}{2251799813685248}x+1\approx -0.632\,1+1.0000$$

输入程序：

```
M = 1;x = 0:0.001:1; R1 = M * max(abs((x - X(1)). * (x - X(2)))). /2
```

程序运行后输出误差限为

```
R1 = 0.1250
```

3.3 Newton 插值

在实际问题中,观测的数据可能会不断增加,如果用 Lagrange 插值公式构造插值多项式,那么每当增加数据时就要重新计算多项式的系数,由此增加许多不必要的计算工作量,而 Newton(牛顿)插值可以在一定程度上克服这个问题。

3.3.1 Newton 插值定义

把插值多项式 $P_n(x)$ 写成 Newton 插值多项式

$$P_n(x)=a_0+a_1(x-x_0)+a_2(x-x_0)(x-x_1)+\cdots+a_n(x-x_0)(x-x_1)\cdots(x-x_{n-1}) \tag{3.8}$$

式中,$a_0,a_1,\cdots,a_n$ 为系数,$x_0,x_1,\cdots,x_{n-1}$ 为插值点。

Newton 插值多项式系数的确定具有计算第 k 个系数只需用到前 k 对数据的特点:

$$a_0=P_n(x_0)=y_0,\quad a_1=\frac{P_n(x_1)-a_0}{x_1-x_0}=\frac{y_1-y_0}{x_1-x_0} \tag{3.9}$$

因此当数据增加时,不需要重新计算已有的多项式系数。例如,在已得到式(3.8)中插值多项式的情况下,当新增加一对数据(x_{n+1},y_{n+1})时,只需要在原有插值多项式的基础上增加 $a_{n+1}(x-x_0)(x-x_1)\cdots(x-x_n)$即可。

3.3.2 有限差商

Newton 插值多项式中系数 a_n 可以利用有限差商(finite divided difference)表示。函数 $f(x)$的有限差商如下:

在 x_i 的零阶有限差商为

$$f[x_i]=f(x_i)$$

在 x_i,x_j 点处的一阶有限差商为

$$f[x_i,x_j]=\frac{f[x_i]-f[x_j]}{x_i-x_j}$$

在 x_i,x_j,x_k 的二阶有限差商为

$$f[x_i,x_j,x_k,x_l]=\frac{f[x_i,x_j,x_k]-f[x_j,x_k,x_l]}{x_i-x_l}$$

n 阶有限差商依此类推。

通过上面有限差商的定义,Newton 插值多项式系数可表示为:

$$P_1(x)=f[x_0]+a_1(x-x_0)\Rightarrow P_n(x_1)=f[x_0]+a_1(x_1-x_0)\Rightarrow a_1=f[x_1,x_0]$$

$$P_2(x)=f[x_0]+f[x_1,x_0](x-x_0)+a_2(x-x_0)(x-x_1)$$

$$\Rightarrow\frac{f(x_2)-f[x_0]}{(x_2-x_0)}=f[x_1,x_0]+a_2(x_2-x_1)$$

$$\Rightarrow a_2=\frac{f[x_2,x_0]-f[x_1,x_0]}{(x_2-x_1)}=f[x_2,x_1,x_0]$$

$$P_3(x)=f[x_0]+f[x_1,x_0](x-x_0)+f[x_2,x_1,x_0](x-x_0)(x-x_1)+a_3(x-x_0)(x-x_1)(x-x_2)$$

$$\Rightarrow f[x_3,x_0]=f[x_1,x_0]+f[x_2,x_1,x_0](x_3-x_1)+a_3(x_3-x_1)(x_3-x_2)$$

$$\Rightarrow f[x_3,x_1,x_0]=f[x_2,x_1,x_0]+a_3(x_3-x_2)$$

$$\Rightarrow a_3=\frac{f[x_3,x_1,x_0]-f[x_2,x_1,x_0]}{(x_3-x_2)}=f[x_3,x_2,x_1,x_0]$$

类推有

$$a_n=\frac{f[x_3,x_1,x_0]-f[x_2,x_1,x_0]}{(x_3-x_2)}=f[x_n,x_{n-1},\cdots,x_0]$$

利用差商定义可得到计算 a_n 的递推算法。表 3-1 列出了各阶差商的关系表，每一列都可以由前一列计算出来。

表 3-1 递推计算差商表

$f(x_i)$	一阶差商	二阶差商	三阶差商	…
$\boxed{f(x_0)}$				
$f(x_1)$	$\boxed{f[x_0,x_1]}$			
$f(x_2)$	$f[x_1,x_2]$	$\boxed{f[x_0,x_1,x_2]}$		
$f(x_3)$	$f[x_2,x_3]$	$f[x_1,x_2,x_3]$	$\boxed{f[x_0,x_1,x_2,x_3]}$	
⋮				

3.3.3 Newton 插值的 MATLAB 实现

根据 Newton 插值法的思想，编写 Newton 插值算法的 MATLAB 程序。MATLAB 的 Newton 插值函数为 newcz()，其调用格式为 newcz(X,Y,x,M)。

其中各参数值及输出的[y,R]与 lagrange(X,Y,x,M)的完全相同。

程序源代码如下：

```
% Newton 插值算法
function [y,R] = newcz(X,Y,x,M)
n = length(X); m = length(x);
for t = 1:m
    z = x(t); A = zeros(n,n);A(:,1) = Y';
    s = 0.0; p = 1.0; q1 = 1.0; c1 = 1.0;
    for j = 2:n
        for i = j:n
            A(i,j) = (A(i,j-1) - A(i-1,j-1))/(X(i) - X(i-j+1));
        end
        q1 = abs(q1 * (z - X(j-1)));c1 = c1 * j;
    end
    C = A(n,n);q1 = abs(q1 * (z - X(n)));
    for k = (n-1):-1:1
        C = conv(C,poly(X(k)));d = length(C); C(d) = C(d) + A(k,k);
    end
    y(k) = polyval(C, z);
end
R = M * q1/c1;
```

其中,poly 函数的作用是用根构造多项式,参数 x 为向量,各个分量为多项式的所有根,poly(x)得到该多项式的各项系数;polyval(C,z)的作用是多项式求值,C 表示多项式,Z 表示自变量的值,如果 z 是向量,则输出各个分量所对应的多项式的值;conv 的作用是做多项式乘法。

例 3.3 已知 sin 30°=0.5,sin 45°=0.707 1,sin 60°=0.866 0,用 Newton 插值法求 sin 40°的近似值,并估计其误差。

在 MATLAB 中输入代码

```
x = 2 * pi/9;M = 1; X = [pi/6 ,pi/4, pi/3];
Y = [0.5,0.7071,0.8660]; [y,R] = newcz(X,Y,x,M)
```

程序运行结果如下:

```
y =
    0.6434
R =
   8.8610e - 004
```

即 sin 40°≈0.643 4,误差限 $R\approx 8.861\,0\times 10^{-4}$,与 Lagrange 插值和 Aitken 插值方法的结果完全相同。

3.4 Hermite 插值

在某些实际问题中,为了让插值函数更好地接近原函数,不但要求插值函数在节点上等于已知函数值,而且还要求其导数值也相等。例如,飞机外形曲线由几条不同的曲线衔接,此时要求衔接处足够光滑。这种使插值函数和被插值函数拟合程度更好的插值,称为 Hermite(埃尔米特)插值。

3.4.1 Hermite 插值定义

设在节点 $a\leqslant x_0<x_1<\cdots<x_n\leqslant b$ 上,$y_i=f(x_i)$,$m_i=f'(x_i)(i=0,1,\cdots,n)$,即各点的函数值及导数值均为已知,求满足

$$H(x_i)=y_i,\quad H'(x_i)=m_i(i=0,1,\cdots,n) \tag{3.10}$$

式(3.10)的插值多项式 $H(x)$ 给出了 $2n+2$ 个条件,可唯一确定一个次数不超过 $2n+1$ 的多项式,记为 $H_{2n+1}(x)=H(x)$ 即 Hermite 插值多项式。

$$H_{2n+1}(x)=c_0+c_1x+c_2x^2+\cdots+c_{2n+1}x^{2n+1} \tag{3.11}$$

式中,$c_0,c_1,\cdots,c_{2n+1}$ 为方程系数。

利用 Lagrange 插值基函数的思想,也可以通过构造 Hermite 插值而得到 Hermite 插值多项式。设有一组 $2n+1$ 次多项式 $\alpha_i(x)$ 及 $\beta_i(x)$ 满足

$$\begin{cases}\alpha_i(x_j)=\delta_{ij}, & \alpha_i'(x_j)=\delta_{ij}\\ \beta_i(x_j)=0, & \beta_i'(x_j)=\delta_{ij}\end{cases}\quad (i,j=0,1,\cdots,n) \tag{3.12}$$

则

$$H_{2n+1}(x)=\sum_{i=0}^{n}[\alpha_i(x)y_i+\beta_i(x)m_i] \tag{3.13}$$

满足插值条件(式(3.10)),由插值多项式的唯一性(定理2),式(3.13)与式(3.11)表示同一个多项式。称多项式 $\alpha_i(x)$ 和 $\beta_i(x)$ 为 Hermite 插值基函数,根据多项式零点的相关性质,结合该基函数的特点,引入前面的 Lagrange 插值基函数 $l_i(x)$,可得到 $\alpha_i(x)$ 和 $\beta_i(x)$

$$\alpha_i(x)=\left[1-2(x-x_i)\sum_{\substack{k=0\\k\neq i}}^{n}\frac{1}{x_i-x_k}\right]l_i^2(x)\qquad(i=0,1,\cdots,n) \tag{3.14}$$

$$\beta_i(x)=(x-x_i)l_i^2(x)\qquad(i=0,1,\cdots,n) \tag{3.15}$$

类似于 Lagrange 插值多项式的余项,可以证明,若 $f(x)$ 在 (a,b) 上有 $2n+2$ 次导数存在,则其插值余项

$$R(x)=f(x)-H_{2n+1}(x)=\frac{f^{(2n+2)}(\xi)}{(2n+2)!}\omega_{n+1}^2(x) \tag{3.16}$$

式中,$\xi\in(a,b)$ 与 x 的取值有关;$\omega_{n+1}(x)=\prod_{i=0}^{n}(x-x_i)$。

3.4.2 Hermite 插值的 MATLAB 实现

根据 Hermite 插值法的基本原理,可通过 MATLAB 实现该过程。MATLAB 的 Hermite 插值函数为 hermitel(),其调用格式为[Hc,Hk,wcgs,Cw]=hermite(X,Y,Y1)。

其中,函数 hermite()输入的 X 是各点的横坐标,Y 是各点对应的函数值,Y1 对应的是函数在插值点的导数值;输出的 Hc 是 Hermite 插值多项式的系数,Hk 为该插值多项式的表达式,wcgs 为插值余项的表达式,Cw 为 wcgs 的各项系数的近似值。程序源代码如下:

```
function [Hc, Hk,wcgs,Cw] = hermite (X,Y,Y1)
m = length(X); n = M1;s = 0; H = 0;q = 1;c1 = 1;
L = ones(m,m); G = ones(1,m);
for k = 1:n + 1
    V = 1;
    for i = 1:n + 1
        if k~ = i
            s = s + (1/(X(k) - X(i)));
            V = conv(V,poly(X(i)))/(X(k) - X(i));
        end
        h = poly(X(k));
        g = (1 - 2 * h * s);
        G = g * Y(k) + h * Y1(k);
    end
H = H + conv(G,conv(V,V));
b = poly(X(k));b2 = conv(b,b);
q = conv(q,b2); t = 2 * n + 2;
Hc = H;Hk = poly2sym (H);
Q = poly2sym(q);
end
for i = 1:t
      c1 = c1 * i;
end
syms M,wcgs = M * Q/c1; Cw = q/c1;
```

例 3.4 已知函数 $f(x)$ 在点 $x_0=\frac{\pi}{6}, x_1=\frac{\pi}{4}, x_2=\frac{\pi}{2}$ 处的函数值分别为 $f(x_0)=0.5000$，$f(x_1)=0.7071, f(x_2)=1.000$ 和导数值 $f'(x_0)=0.8660, f'(x_1)=0.7071, f'(x_0)=0.0000$，且 $|f^{(6)}(x)|\leqslant 1$，求函数 $f(x)$ 在点 x_0, x_1, x_2 处的五阶 Hermite 插值多项式 $H_5(x)$ 和误差公式，计算 $f(1.567)$ 并估计其误差。

解 ①在 MATLAB 工作窗口输入程序：

```
X = [pi/6,pi/4,pi/2];
Y = [0.5,0.7071,1];
Y1 = [0.8660,0.7071,0];
[Hc, Hk,wcgs,Cw] = hermite (X,Y,Y1)
```

程序运行结果如下：

```
Hc =
  1.0e + 003 *
    0.1912   - 0.9273    1.6903   - 1.4380    0.5751   - 0.0866
Hk =
6725828781679091/35184372088832 * x^5 - 4078286086775209/4398046511104 * x^4 + 7434035571017927/
4398046511104 * x^3 - 3162205449085973/2199023255552 * x^2 + 5058863928652835/8796093022208 * x -
6094057839958843/70368744177664
wcgs =
1/720 * M * (x^6 - 11/6 * x^5 * pi + 7446708432019761/562949953421312 * x^4 -
4363745503235773/281474976710656 * x^3 + 21569239021155/2199023255552 * x^2 - 7178073637328281/
2251799813685248 * x + 3758430567659515/9007199254740992)
Cw =
0.0014   - 0.0080    0.0184   - 0.0215    0.0136   - 0.0044    0.0006
```

根据插值结果，五阶 Hermite 插值多项式

$$H_k=\frac{6725828781679091}{35184372088832}x^5-\frac{4078286086775209}{4398046511104}x^4+\frac{7434035571017927}{4398046511104}x^3-\frac{3162205449085973}{2199023255552}x^2+\frac{5058863928652835}{8796093022208}x-\frac{6094057839958843}{70368744177664}$$

保留小数点后四位后的系数向量就是 H_k，即

$$H_k\approx(0.1912x^5-0.9273x^4+1.6903x^3-1.4380x^2+0.5751x-0.0866)\times 10^3$$

由结果的误差公式 wcgs 得其误差公式为

$$\text{wcgs}=\frac{M}{720}\left(x^6-\frac{11}{6}\pi x^5+\frac{7446708432019761}{562949953421312}x^4-\frac{4363745503235773}{281474976710656}x^3+\frac{21569239021155}{2199023255552}x^2-\frac{7178073637328281}{2251799813685248}x+\frac{3758430567659515}{9007199254740992}\right)$$

保留小数点后四位后的系数向量就是 C_w，并考虑到 $|f^{(6)}(x)|\leqslant 1=M$，误差公式为

$$R=(14x^6-80x^5+184x^4-215x^3+136x^2-44x+6)\times 10^{-4}$$

②在 MATLAB 工作窗口输入程序

```
x = 1.567;M = 1;
Hk = 6725828781679091/35184372088832 * x^5 -
4078286086775209/4398046511104 * x^4 + 7434035571017927/4398046511104 * x^3 -
3162205449085973/2199023255552 * x^2 + 5058863928652835/8796093022208 * x -
6094057839958843/70368744177664,
    wcgs = 1/720 * M * (x^6 - 11/6 * x^5 * pi + 7446708432019761/562949953421312 * x^4 -
4363745503235773/281474976710656 * x^3 + 21569239021155/2199023255552 * x^2 -
7178073637328281/2251799813685248 * x + 3758430567659515/9007199254740992)
```

程序运行结果如下：

```
Hk =
     2.5265
wcgs =
   1.3313e-008
```

$f(1.567)$的近似值 $H_k \approx 2.5265$ 及其误差 wcgs$\approx 1.331\,3\times10^{-8}$。

3.5 分段低次插值

3.5.1 高次插值的 Runge 现象

对 $f(x)$做插值多项式 $L_n(x)$，不一定 $L_n(x)$的次数越高逼近 $f(x)$的精度就越高。

例 3.5 设 $f(x)=\dfrac{1}{1+x^2}$，$x\in[-5,5]$，在$[-5,5]$上取 $n+1$ 个等距节点

$$x_k=-5+10\,\frac{k}{n}\qquad(k=0,1,\cdots,n)$$

构造 Lagrange 插值多项式

$$L_n(x)=\sum_{i=0}^{n}\frac{1}{1+x_i^2}L_i(x)$$

当 $n\to\infty$时，$L_n(x)$只在$|x|\leqslant 3.63$ 内收敛于 $f(x)$，而在这区间外是发散的。

3.5.2 分段低次 Lagrange 插值

高次插值的 Runge 现象表明，并不是插值的次数越高越好，实际应用中用得更多的是分段低次插值。分段低次 Lagrange 插值中最常用的是分段线性插值及分段三次插值。

给定 n 个插值节点 $x_0<x_1<\cdots<x_{n-1}$ 及其对应的函数值 $y_0,y_1,\cdots,y_{n-1}$。则可构造在每个区间段上的线性插值函数

$$y(x)=\begin{cases} y_0+\dfrac{x-x_0}{x_1-x_0}(y_1-y_0), & x\in[x_0,x_1] \\ y_1+\dfrac{x-x_1}{x_2-x_1}(y_2-y_1), & x\in[x_1,x_2] \\ \vdots & \vdots \\ y_{n-1}+\dfrac{x-x_{n-1}}{x_n-x_{n-1}}(y_n-y_{n-1}), & x\in[x_{n-1},x_n] \end{cases}\tag{3.17}$$

3.5.3 interp1 函数

MATLAB 的线性插值函数为 interp1，其调用格式为

```
yi = interp1(x,y,xi,'method')
```

其中 yi 为在被插值点 xi 处的插值结果，它们既可以为单点也可以为向量；向量 x 为已知的插值节点，向量 y 为已知的各 x 点处的值；'method'表示采用的插值方法，包括

'nearest'	最临近的插值；
'linear'	线性插值(默认)；
'spline'	三次样条插值(见下一节)；
'pchip'	分段三次插值；
'cubic'	同'pchip'。

函数的调用要求 x 的各个分量各不相同，并按升序排列，且各个被插值点必须位于 x 所限定的范围内，即该函数只能进行内插值。

例 3.6 计算 3.5.1 中的例题，将区间[−5,5]分成 10 段。

采用 interp1 函数进行分段插值，下面的代码返回各个区间中点处的分段线性插值的最大绝对误差和相对误差。程序源代码如下：

```
h = 1;x0 = -5:h:5;y0 = 1./(1 + x0.^2); xi = -5 + h/2:h:5;
fi = 1./(1 + xi.^2);
yi = interp1(x0,y0,xi,'linear');
Ri = abs((fi - yi)./fi);
e = max(abs(yi - fi))
er = max(Ri)
```

输出结果如下：

```
e =
    0.0500
er =
    0.1375
```

从结果可以看到，分段线性插值的最大绝对误差为 0.0500，最大相对误差为 13.75%。

将上面程序源代码的第三行改为

```
yi = interp1(x0,y0,xi,'pchip');
```

即可求出分段三次插值的情况，输出结果为：

```
e =
    0.0142
er =
    0.0461
```

从结果可以看到，分段线性插值的最大绝对误差为 0.014 2，最大相对误差为 4.61%。

3.6 三次样条插值

相对于分段低次 Hermite 插值，样条插值是用分段低次多项式去逼近函数，并且能满足对光滑性的要求，又无需给出每个节点处的导数值。它除了要求给出各个节点处的函数值之外，只需提供两个边界节点处的导数信息。三次样条插值实际上是由分段三次曲线拼接而成，在连续点即节点上，不仅函数自身是连续的，而且它的一阶和二阶导数也是连续的。三次样条插值不仅光滑性好，而且稳定性和收敛性都有保证，具有良好的逼近性质。

3.6.1 三次样条插值

样条函数的数学定义如下：

给定 n 个插值节点 $a \leqslant x_0 < x_1 < \cdots < x_{n-1} \leqslant b$ 及其对应的函数值 $y_0, y_1, \cdots, y_{n-1}$，分段三次多项式 $S(x) \in C^2[a,b]$，满足如下条件：

条件(1)：在每个区间 $[x_{k-1}, x_k]$，$k=0,1,2,\cdots,n$，是次数不超过三次的多项式；

条件(2)：$S(x_k)=y_k$，$k=0,1,2,\cdots,n$；

条件(3)：$S(x)$ 在区间 $[x_0, x_n]$ 上具有二阶连续导数。

则称 $S(x)$ 为满足插值条件的三次样条函数。

根据三次样条插值的要求，样条插值函数在每个小区间 $[x_{k-1}, x_k]$ $(k=0,1,2,\cdots,n)$ 上都是三次多项式，每个三次多项式有四个系数，总共需要确定 $4n$ 个系数。因此，需要 $4n$ 个条件才能保证唯一地确定满足要求的三次样条插值函数。

条件(2)给出了 $n+1$ 个条件：

$$S(x_k)=y_k \qquad (k=0,1,2,\cdots,n)$$

条件(3)要求 $S(x)$ 在区间 $[x_0, x_n]$ 上具有二阶连续导数。所以，插值函数在中间 $n-1$ 插值节点 $x_k(k=1,2,\cdots,n-1)$ 处，必须满足条件：

$$S(x_k-0)=S(x_k+0) \qquad (k=1,2,\cdots,n-1)$$

$$S'(x_k-0)=S'(x_k+0) \qquad (k=1,2,\cdots,n-1)$$

$$S''(x_k-0)=S''(x_k+0) \qquad (k=1,2,\cdots,n-1)$$

这样已有 $4n-2$ 个条件，还需要两个条件，才能保证对插值函数的唯一性要求。为此，通常在插值区间的端点处附加两个边界条件，一般来说有如下几种边界条件。

① 固定边界条件：给定端点的斜率

$$S'(x_0)=y'_0, S'(x_n)=y'_n$$

② 自由边界条件：给定端点的二阶导数

$$S''(x_0)=y''_0, S''(x_n)=y''_n$$

作为特例，$S''(x_0)=S''(x_n)=0$ 称为自然边界条件，满足自然边界条件的样条函数称为自然样条函数。

③ 周期边界条件：$y=f(x)$ 是以 $b-a$ 为周期的周期函数，则要求 $S(x)$ 也是周期函数，这时的边界条件可以写成

$$S(x_0-0)=S(x_n+0)$$
$$S'(x_0-0)=S'(x_n+0)$$
$$S''(x_0-0)=S''(x_n+0)$$

④ 非扭结边界条件(not - a - knot):第一个点的三次导数和第二点的三次导数一样;最后一个点的三次导数和倒数第一个点一样,即

$$S'''(x_0)=S'''(x_1),S'''(x_n)=S'''(x_{n-1})$$

在不给定边界条件的情况下,MATLAB 自带的函数使用的就是非扭结边界条件

3.6.2 三次样条函数

MATLAB 提供以下几种计算三次样条函数的命令。

① spline 函数或 pchip 函数,二者的用法相同,函数默认非扭结边界条件为其边界条件。

```
yi = spline(x,y,xi)
```

其意义等同于 yi=interp1(x,y,xi,'spline'),以 x,y 为已知节点,返回的 yi 是在 xi 点处的三次样条插值函数的值,xi 与 yi 可以是单点也可以是多维向量。

```
pp = spline(x,y)
```

返回的是一个结构体,结构体内含有各个分段点处的三次多项式的系数等内容。

②csape 函数为可输入边界条件的三次样条函数,命令格式是:

```
pp = csape(x,y,conds,valconds)
```

参数 x 为插值节点构成的向量,y 为插值节点函数值构成的向量;conds 为边界类型,向量 valconds 表示边界值。边界类型有

'complete'　　固定边界条件;
'not - a - knot'　　非扭结边界条件(默认);
'periodic'　　周期边界条件;
'second'　　自由边界条件;
'variational'　　自然边界条件。

例 3.6 已知 $y=f(x)$的 $x=[1,2,4,5]$,$y=[1,3,4,2]$,边界条件 $S''(x_1)=S''(x_4)=0$,求三次样条插值函数 $S(x)$并计算 $f(3)$和 $f(4.5)$的近似值。

题目给的是自然边界条件,直接利用 csape 命令即可,在命令窗口输入代码:

```
clear;clc;
x = [1 2 4 5];y = [1 3 4 2];
s = csape(x,y,'variation');
coefs = s.coefs
value = fnval(s,[3 4.5])
```

程序输出结果如下:

```
coefs =
   - 0.1250         0    2.1250    1.0000
   - 0.1250   - 0.3750   1.7500    3.0000
     0.3750   - 1.1250  - 1.2500   4.0000
value =
   4.2500   3.1406
```

从输出的结果看，三次样条插值函数在[1,2]区间上的表达式为

$$S(x)=-0.1250+2.1250x^2+1.0000x^3$$

例 3.7 已知函数 $y=\frac{1}{25x^2+1}$ 在[0,1]上的值，其中 $x=[0,0.25,0.5,0.75,1]$，求三次样条插值函数 $S(x)$，使满足 $S'(0)=0, S'(1)=-0.074$。

解 输入代码

```
clear;clc;
x = [0:0.25:1];
y = 1./(1 + 25 * x.^2);
s = csape(x,y,'complete',[0 - 0.074])
fnplt(s,'r')
s.coefs
```

结果显示为：

```
s =
     form: 'pp'
   breaks: [0 0.2500 0.5000 0.7500 1]
    coefs: [4x4 double]
   pieces: 4
    order: 4
      dim: 1
ans =
   37.8353  - 19.2149         0    1.0000
 - 12.5809    9.1616  - 2.5133    0.3902
    1.1811  - 0.2741  - 0.2915    0.1379
  - 0.9218    0.6118  - 0.2070    0.0664
```

第 4 章

数据拟合

数据拟合分为曲线拟合(curve fitting)、曲面拟合(surface fitting)以及样条拟合(spline fitting)等。数据拟合试图从散点数据中拟合出一个有规律的解析式,而该解析式的某些参数(系数)是不定的未知量。数据拟合的目的就是要根据散点数据在"最小误差"的意义下确定出解析式中这些不定参数。

例如,对于一条直线

$$ax+by+c=0 \tag{4.1}$$

式(4.1)中有 3 个未知数 a、b、c 需要求出,由数学知识知道,一条直线只要有两个点就可以确定。将式(4.1)改写成更熟悉的截距式直线方程

$$y=kx+b \tag{4.2}$$

对式(4.2),若已知两点(x_1,y_1)和(x_2,y_2),便可以求出 k 和 b。但是若有更多的点,比如实验数据往往有很多点,这些点由于有误差而并不一定在直线上,需要找一条直线离这些点"最近",这就是拟合。假设有 n 个点为(x_1,y_1),(x_2,y_2),…,(x_n,y_n),要拟合一条直线 $y=kx+b$,如图 4-1 所示。从图 4-1 可以看出,拟合有两个特点:

① 点数(已知数据数目)即方程的个数要大于待求参数的个数。

② 方程所代表的曲线、曲面等并不一定通过这些已知的点。

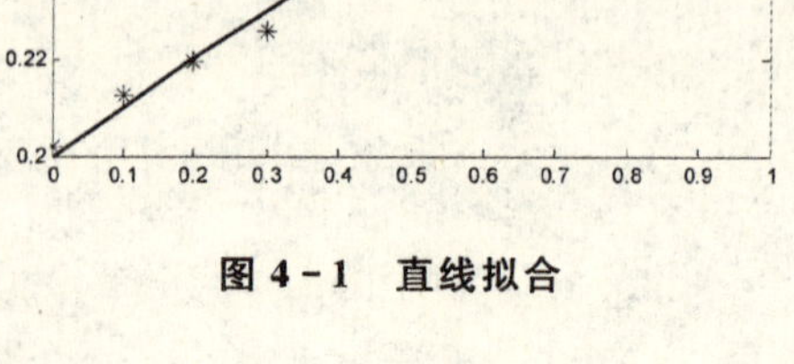

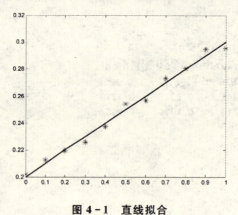

图 4-1 直线拟合

4.1 数据的曲线拟合

4.1.1 曲线拟合的误差

对于拟合问题,首先要描述误差。假设有一组实验或者观测数据含有 n 个点为(x_1,y_1),(x_2,y_2),…,(x_n,y_n),要拟合一条直线 $y=f(x)=kx+b$。由于实验数据是有误差的,假设理

想的模型是精确的，也就是 $f(x)$ 为精确值，实验误差为 e_i，那么可以得到精确值 $f(x_i)$，实验值 y_i 和误差 e_i 的关系为

$$f(x_i)=y_i+e_i \tag{4.3}$$

拟合的任务就是要找到一条曲线(对于式(4.2)是一条直线)离实验数据点 (x_i,y_i) 的误差最小。这可以归结为求最优线性逼近问题。对式(4.3)移项可得

$$e_i=f(x_i)-y_i,\qquad 1\leqslant i\leqslant n \tag{4.4}$$

式(4.4)表示单个点的误差。至于总的误差可以有不同的标准。下面给出平均误差和均方根误差的两种定义。

平均误差的定义

$$E(f)=\frac{1}{n}\sum_{i=1}^{i=n}|f(x_i)-y_i| \tag{4.5}$$

均方根误差的定义

$$E(f)=\left(\frac{1}{n}\sum_{i=1}^{i=n}|f(x_i)-y_i|^2\right)^{1/2} \tag{4.6}$$

实践中，均方根误差更为常用。最小二乘法正是基于均方根误差的。

4.1.2 曲线拟合的最小二乘法

最小二乘法是最小二乘意义下的数据拟合。对误差定义式(4.6)两边同时平方，并乘以 n，有

$$n(E(f))^2=\sum_{i=1}^{i=n}|f(x_i)-y_i|^2 \tag{4.7}$$

数据拟合就是要求得曲线 $f(x)$ 使得式(4.7)的误差最小。对直线来说，把式(4.2)代入式(4.7)，则误差 E 可以被看成是 k 和 b 的函数

$$E(k,b)=\sum_{i=1}^{i=n}(kx_i+b-y_i)^2=\sum_{i=1}^{n}d_i^2 \tag{4.8}$$

根据函数的极值条件，将式(4.8)两边分别对 k 和 b 求偏导数：

$$\frac{\partial E(k,b)}{\partial k}=\sum_{i=1}^{i=n}2(kx_i+b-y_i)x_i=2\sum_{i=1}^{i=n}(kx_i^2+bx_i-x_iy_i) \tag{4.9}$$

$$\frac{\partial E(k,b)}{\partial b}=\sum_{i=1}^{i=n}2(kx_i+b-y_i)=2\sum_{i=1}^{i=n}(kx_i+b-y_i) \tag{4.10}$$

令式(4.9)和式(4.10)这两个偏导数等于0，可以得到：

$$0=2\sum_{i=1}^{i=n}(kx_i^2+bx_i-x_iy_i)=k\sum_{i=1}^{n}x_i^2+b\sum_{i=1}^{n}x_i-\sum_{i=1}^{n}x_iy_i \tag{4.11}$$

$$0=\sum_{i=1}^{i=n}(kx_i+b-y_i)=k\sum_{i=1}^{n}x_i+nb-\sum_{i=1}^{n}y_i \tag{4.12}$$

重新排列式(4.11)和式(4.12)，可以得到两个更简洁的表达式：

$$\left(\sum_{i=1}^{n}x_i^2\right)k+\left(\sum_{i=1}^{n}x_i\right)b=\sum_{i=1}^{n}x_iy_i \tag{4.13}$$

$$\left(\sum_{i=1}^{n}x_i\right)k+nb=\sum_{i=1}^{n}y_i \tag{4.14}$$

式(4.13)和式(4.14)称为线性拟合问题的正规方程。其中 k 和 b 是未知量，而 k 和 b 前面的系数都是由已知的 x_i 和 y_i 等构成的。解式(4.13)和式(4.14)构成的线性方程组，便可以求得 k 和 b。当然，由于方程数多于未知数，式(4.14)是超定方程，得到的解是最小二乘意义下的解。在 MATLAB 中超定方程(4.14)的求解使用左除“\”算符即可。

4.2 多项式拟合

4.2.1 多项式曲线拟合

多项式拟合可以被看做直线拟合的推广。对于多项式

$$f(x)=c_1+c_2x+c_3x^2+c_4x^4+\cdots+c_nx^n \tag{4.15}$$

本节取二次抛物线拟合作为公式推导的对象，即

$$f(x)=ax^2+bx+c \tag{4.16}$$

由式(4.6)和式(4.16)有

$$E(a,b,c)=\sum_{i=1}^{i=n}(ax_i^2+bx_i+c-y_i)^2 \tag{4.17}$$

曲线拟合的目的就是要使得误差 $E(a,b,c)$ 最小，类似式(4.9)和式(4.10)，对式(4.17)求偏导数，得

$$\frac{\partial E(a,b,c)}{\partial a}=2\sum_{i=1}^{i=n}(ax_i^2+bx_i+c-y_i)(x_i^2) \tag{4.18}$$

$$\frac{\partial E(a,b,c)}{\partial b}=2\sum_{i=1}^{i=n}(ax_i^2+bx_i+c-y_i)(x_i) \tag{4.19}$$

$$\frac{\partial E(a,b,c)}{\partial c}=2\sum_{i=1}^{i=n}(ax_i^2+bx_i+c-y_i)(1) \tag{4.20}$$

令式(4.18)、式(4.19)和式(4.20)这三个偏导数为 0，并对方程右边各项进行重新排列，可以得到式(4.16)曲线拟合问题对应的正规方程为

$$\left(\sum_{i=1}^{n}x_i^4\right)a+\left(\sum_{i=1}^{n}x_i^3\right)b+\left(\sum_{i=1}^{n}x_i^2\right)c=\sum_{i=1}^{n}x_i^2y_i \tag{4.21}$$

$$\left(\sum_{i=1}^{n}x_i^3\right)a+\left(\sum_{i=1}^{n}x_i^2\right)b+\left(\sum_{i=1}^{n}x_i^1\right)c=\sum_{i=1}^{n}x_iy_i \tag{4.22}$$

$$\left(\sum_{i=1}^{n}x_i^2\right)a+\left(\sum_{i=1}^{n}x_i^1\right)b+\left(\sum_{i=1}^{n}1\right)c=\sum_{i=1}^{n}y_i \tag{4.23}$$

通过求解这个方程组就可以得到 a,b,c。其他更高阶的多项式可以依此类推。

4.2.2 多项式曲线拟合的 MATLAB 实现

多项式曲线拟合的代码如下：

```
% fit_polyfit.m
function c = fit_polyfit(x,y,m)
% 通用多项式曲线拟合
```

```
% x是横坐标数据 % y是纵坐标数据
% m是多项式阶次,比如2阶
% c是多项式系数
n = length(x);
b = zeros(1:m+1);
f = zeros(n,m+1);
for k = 1:m+1
   f(:,k) = x'.^(k-1); %f是x的幂,各阶次的幂,比m高一阶,一直到0阶
end
%求解超定方程
a = f'*f;
b = f'*y';
c = a\b;
c = flipud(c);
```

调用函数 fit_polyfit 拟合二次曲线的代码如下：

```
% call_fit_polyfit.m
a = 1;b = 2;c = 3;
x = -2:0.1:1;
y = a*x.^2+b*x+c;
figure
plot(x,y,'r')
hold on
yy = y + (rand(size(x)) - 0.5)*0.3;
plot(x,yy,'*')
cc = fit_polyfit(x,yy,2)
a = cc(1);b = cc(2);c = cc(3);
yfit = a*x.^2+b*x+c;
plot(x,yfit,'-kd')
legend('精确值','实验数据','拟合值')
cc =
    1.0095
    1.9888
    2.9817
```

拟合的效果如图 4-2 所示。

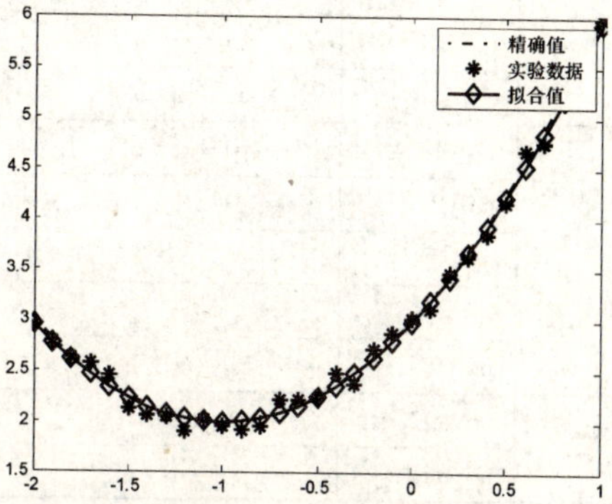

图 4-2　抛物线拟合

4.2.3 MATLAB 多项式曲线拟合应用的扩展

MATLAB 中有 Curve Fitting Toolbox(曲线拟合工具箱)。其中提供了图形界面的 cftool 工具。在工作空间输入 cflibhelp 可以得到预定义的拟合类型库(fittype)。拟合类型库分为曲线拟合和曲面拟合两大类,其中样条拟合包含在曲线拟合中。

曲线拟合的预定义类型如表 4-1 所列。

表 4-1 曲线拟合类型简表

分 类	描 述
Distribution	分布模型,如 Weibull 分布函数
Exponential	指数函数或指数函数之和
Fourier	最多 8 项的傅里叶级数
Gaussian	最多 8 项的高斯函数和
Power	幂函数或两个幂函数和
Rational	有理表达式,最多 5 项 5 阶
Sin	最多 8 项的正弦函数和
Spline	样条曲线
Interpolant	插值模型
Polynomial	最多 9 项的多项式

曲面拟合的预定义类型如表 4-2 所列。

表 4-2 曲面拟合类型简表

分 类	描 述
Interpolant	插值模型
Polynomial	最多 5 阶的多项式模型
Lowess	最小光滑模型

表 4-3 所列为常见的指数模型、多项式模型和幂函数模型曲线拟合各一例。先给出这三类模型在 MATLAB 中的模型名和相应的方程。

表 4-3 常见指数模型

模型类型	模型名	方 程
指数模型	exp1	Y = a * exp(b * x)
	exp2	Y = a * exp(b * x)+c * exp(d * x)
多项式模型	poly1	Y = p1 * x+p2
	poly2	Y = p1 * x^2+p2 * x+p3
	poly3	Y = p1 * x^3+p2 * x^2+…+p4
	⋮	⋮
	poly9	Y = p1 * x^9+p2 * x^8+…+p10
幂函数模型	power1	Y = a * x^b
	power2	Y = a * x^b+c

指数模型举例

代码如下：

```
% fit_fittool_exp_ex.m
a = 1;b = 2;
x = -1:0.1:2;
y = a * exp(b * x);
yy = y + (rand(size(x)) - 0.5) * 3;
plot(x,y,'r')
hold on
plot(x,yy,'*')
hy = fittype('exp1')
fit(x',yy',hy)
```

拟合结果为：

```
hy =
     General model Exp1:
     hy(a,b,x) = a * exp(b * x)
ans =
     General model Exp1:
     ans(x) = a * exp(b * x)
     Coefficients (with 95 % confidence bounds):
  a =   0.9996  (0.8702, 1.129)
  b =        2  (1.928, 2.071)
```

拟合的效果如图 4-3 所示。

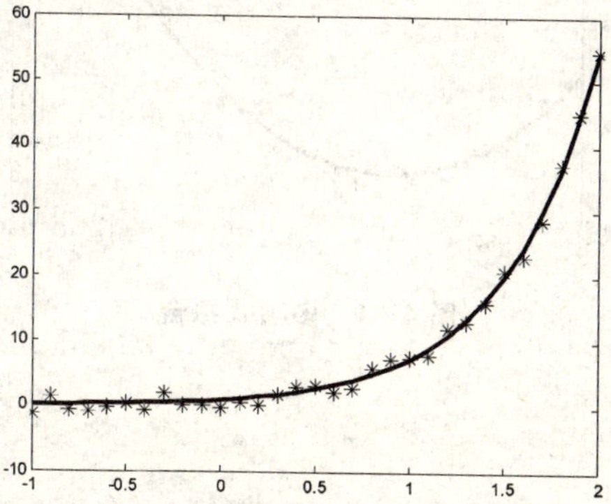

图 4-3　指数函数拟合

注意：代码中最后一句 fit(x',yy',hy)，对 x 和 y 变量都做了转置，因为 fit 函数要求输入的数据必须是列向量。从结果可以看到工具箱可以给出拟合参数在给定置信水平下的置信区间。

多项式模型举例

代码如下：

```
% fit_fittool_poly_ex.m
a = 1;b = 2;c = 3;
x = -2:0.1:1;
y = a*x.^2+b*x+c;
figure
plot(x,y,'r')
hold on
yy = y + (rand(size(x)) - 0.5) * 0.3;
plot(x,yy,'*')
fit(x',yy','poly2')
```

拟合结果为：

```
ans =
     Linear model Poly2:
     ans(x) = p1*x^2 + p2*x + p3
     Coefficients (with 95% confidence bounds):
       p1 =       1  (0.9576, 1.043)
       p2 =   1.986  (1.932, 2.041)
       p3 =   2.994  (2.952, 3.036)
```

拟合的效果如图 4-4 所示。

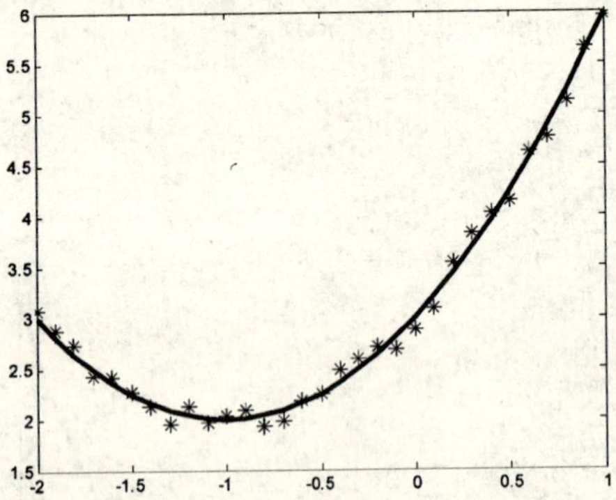

图 4-4 多项式拟合

幂函数模型举例

代码如下：

```
% fit_fittool_pow_ex.m
a = 1;b = 2;c = 3;
x = 1:0.1:3;
y = a*x.^b+c;
figure
plot(x,y,'r')
hold on
yy = y + (rand(size(x)) - 0.5) * 0.3;
plot(x,yy,'*')
fit(x',yy','power2')
```

拟合结果为：

```
ans =
     General model Power2:
     ans(x) = a*x^b+c
     Coefficients (with 95% confidence bounds):
       a =   0.9414  (0.7937, 1.089)
       b =    2.044  (1.917, 2.171)
       c =    3.103  (2.869, 3.338)
```

拟合的效果如图4-5所示。

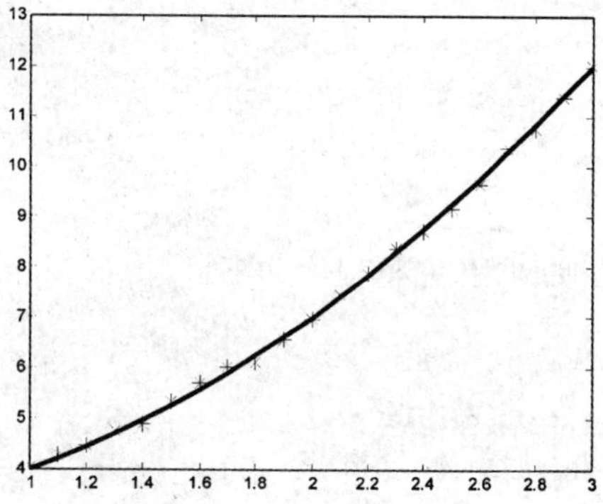

图4-5　幂函数拟合

4.3　圆拟合的例子讲解

圆拟合问题从数学上来说属于曲线拟合，从工程上来说属于参数识别，在公差测量等方面应用比较多。

4.3.1　圆拟合问题描述（使用最小二乘方法）

圆的解析方程为

$$(x-x_c)^2+(y-y_c)^2=r^2 \tag{4.24}$$

式中，x_c 和 y_c 是圆心坐标，r 是半径。

将式(4.24)展开为

$$x^2-2x_cx+x_c^2+y^2-2y_cy+y_c^2=r^2 \tag{4.25}$$

对式(4.25)移项可以得到

$$-2x_cx-2y_cy+x_c^2+y_c^2-r^2=-(x^2+y^2) \tag{4.26}$$

定义以下3个变量

$$\begin{aligned} a&=-2x_c \\ b&=-2y_c \\ c&=x_c^2+y_c^2-r^2 \end{aligned} \tag{4.27}$$

把式(4.27)代入式(4.26)，则有

$$ax+by+c=-(x^2+y^2) \tag{4.28}$$

显然,式(4.28)是一个简单的线性拟合。

4.3.2 圆拟合的 MATLAB 实现

根据式(4.28)可以构造如下最小二乘法代码:

```
% fit_circle_script.m
% 使用最小二乘法求解圆拟合参数中的 a,b,c
% 使用左除算符
abc = [x y ones(length(x),1)]\[-(x.^2 + y.^2)]; % 根据式(4.28),类似式(4.13)式(4.14)
a = abc(1); b = abc(2); c = abc(3);
% 根据式(4.26)
xc = -a/2;
yc = -b/2;
radius  =  sqrt((xc^2 + yc^2) - c);
```

将以上脚本写成函数以方便调用,完整程序如下:

```
% fit_ls_circle.m
function [radius,xc,yc] = fit_ls_circle(x,y)
% 使用最小二乘法求解圆拟合参数中的 a,b,c
% 使用左除算符
abc = [x y ones(length(x),1)]\[-(x.^2 + y.^2)]; % 根据式(4.28),类似式(4.13)式(4.14)
a = abc(1); b = abc(2); c = abc(3);
% 根据式(4.26)
xc = -a/2;
yc = -b/2;
radius  =  sqrt((xc^2 + yc^2) - c);
```

调用 fit_ls_circle 做整圆数据拟合举例,代码如下:

```
% call_fit_ls_circle_1.m
r = 3;
theta = 0:0.1:2*pi;
x = r*sin(theta) + 1;
y = r*cos(theta) + 10;
xr = rand(1,length(x));
yr = rand(1,length(y));
x = x + xr;
y = y + yr;
figure
plot(x,y,'*')
axis square
[radius xc yc] = fit_ls_circle(x',y')
theta = 0:0.01:2*pi;
% 使用拟合获得的参数画拟合得到的圆
Xfit = radius*cos(theta) + xc ;
```

```
Yfit = radius * sin(theta) + yc;
hold on
plot(Xfit, Yfit,'r');
axis square
plot(xc,yc)
hold off
legend('圆试验数据','拟合得到的圆')
title(' 整圆数据拟合')
```

拟合的效果如图 4-6 所示。

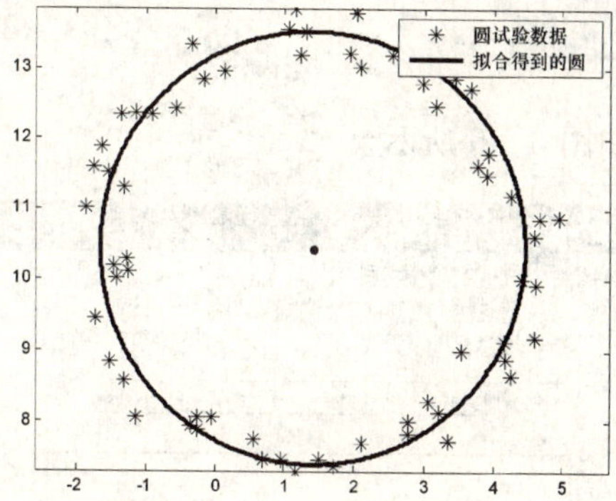

图 4-6　整圆数据拟合

调用 fit_ls_circle 做非完整圆数据拟合举例

在调用 fit_ls_circle 做整圆数据拟合的代码中加粗的“theta = 0：0.1：2 * pi;”改为“theta=0：0.1：pi;”(1/2 圆)或“theta=0:0.1:pi/2;”(1/4 圆)就可以得到 1/2 个圆和 1/4 个圆的数据拟合。拟合结果分别如图 4-7 和图 4-8 所示。

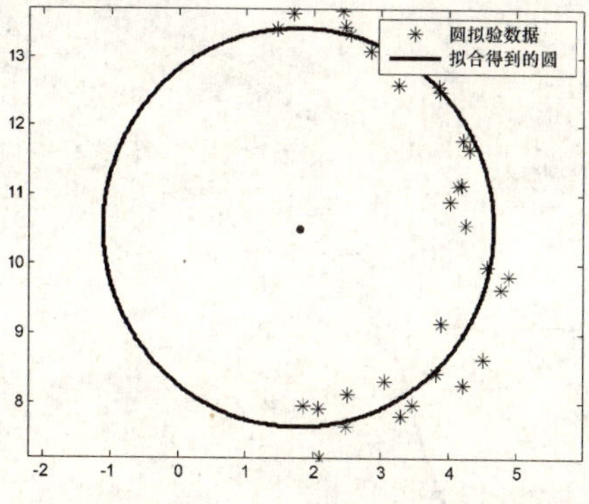

图 4-7　1/2 圆数据拟合

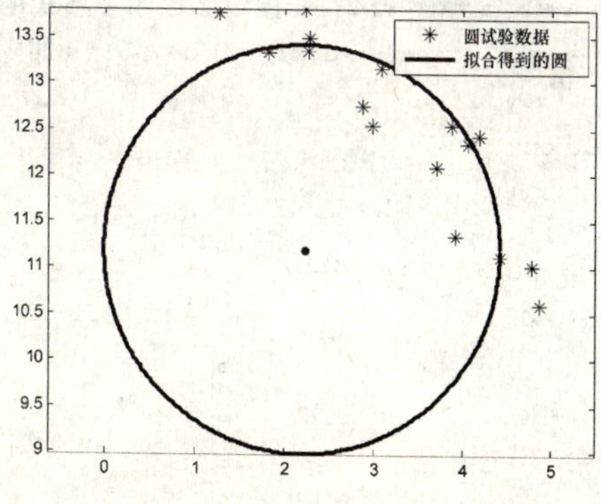

图 4-8　1/4 圆数据拟合

从以上的比较可以看出，当圆的数据不完整时，有可能失真，尤其当少于半个圆时，当然也与这些数据的波动大小有关，如果波动小一点，情况可能有所改善。

4.4 cftool 自定义拟合

cftool 是 MATLAB 用于曲线拟合的图形交互工具。拟合工具箱使用的基本思路是，准备拟合数据，选择拟合类型(拟合模型的定义)，进行数据拟合，后处理与分析。使用这个工具箱可以进行 4.2.3 节表 4-1 和表 4-2 中预定义模型的曲线拟合。更为强大的是可以使用 cftool 的模型函数自定义功能进行其他非预定义类型的曲线拟合。下面介绍采用自定义模型函数功能进行曲线拟合。

(1) 使用 cftool 命令打开曲线拟合工具箱

```
cftool
```

打开的曲线拟合工具箱如图 4-9 所示。

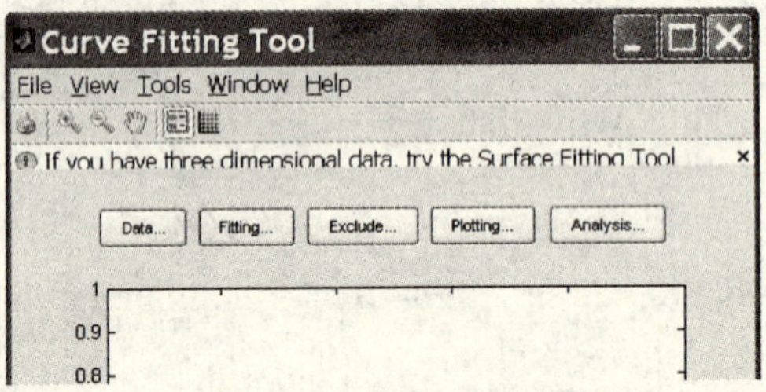

图 4-9 曲线拟合工具箱

(2) 构造随机数据用于拟合

```
a = 10,b = 4,c = 3
x =  - 2:0.1:2;
y = a * b.^x + c * x.^2; % 指数函数和多项式的和
yy = y + (rand(size(x)) - 0.5) * 6; % 加随机数据项
plot(x,y,'r')
hold on
plot(x,yy,'*')
```

结果如图 4-10 所示。

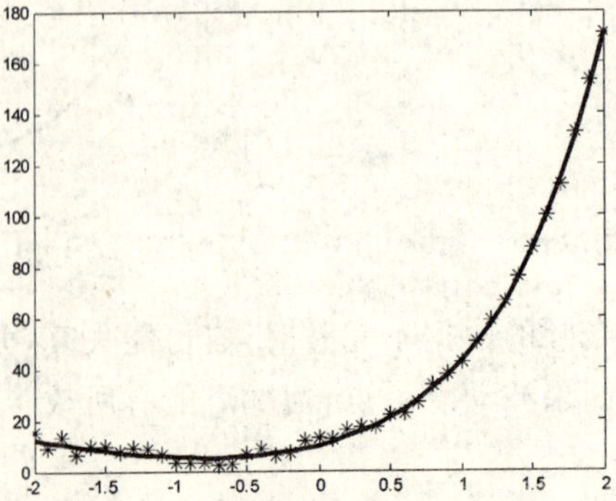

图 4-10 构造用于拟合的数据

(3) 在曲线拟合工具箱中创建数据集

在曲线拟合工具箱(图 4-9)中单击 Data... 按钮,弹出如图 4-11 所示的对话框,在数据“X Data”下拉列表中选择 x,在“Y Data”下拉列表中选择 yy,再单击 Create data set 按钮,得到数据集 yy vs. x。

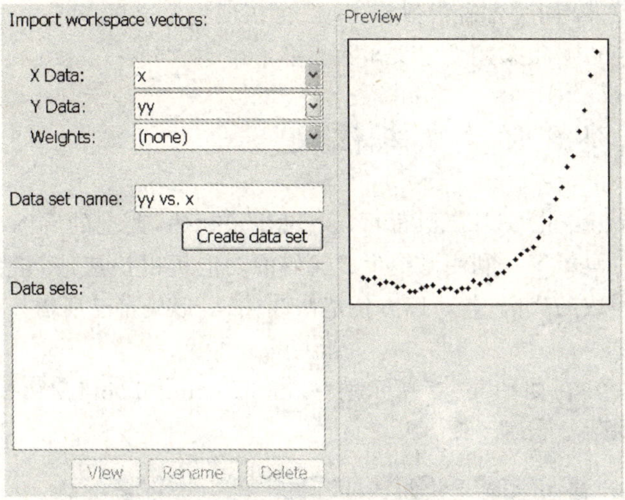

图 4-11　cftool 中创建数据集

(4) 在曲线拟合工具箱中创建自定义拟合类型

切换到图 4-9 所示的曲线拟合工具箱,单击 Fitting... 按钮,弹出“Fitting”窗口,在“Type of fit”下拉列表中选择“Custom Equations”,如图 4-12 所示。

再单击右边的“New”按钮,出现“New Custom Equation”窗口,如图 4-13。在“General Equations”选项卡的“Equation”文本框中填入 a ∗ b. ^x＋c ∗ x. ^2,在“StartPoint 字段”选用默认设置。

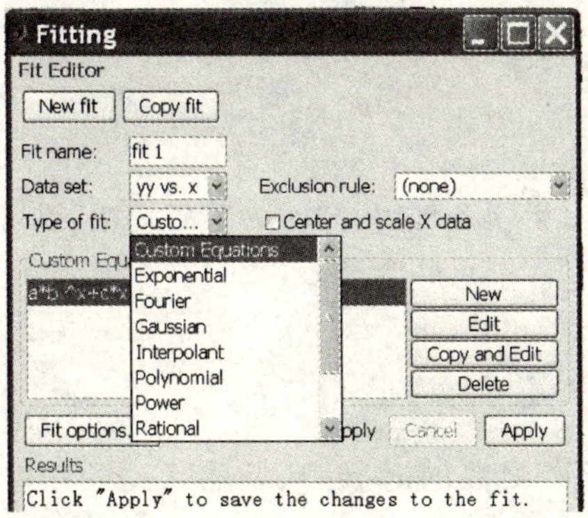

图 4-12　自定义方程

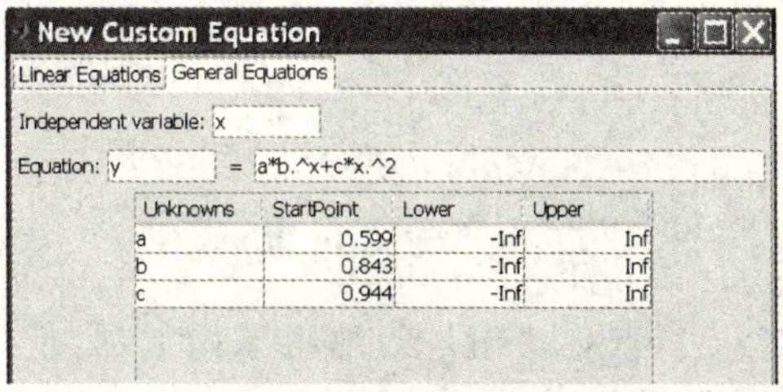

图 4-13　建立通用方程

(5) 进行拟合

关闭图 4-13 所示的窗口,回到图 4-12 所示的 Fitting 窗口,单击“Apply”按钮。在 Fitting 窗口 Results 中可以看到拟合结果:

Coefficients (with 95% confidence bounds):

```
a =        9.95  (9.379, 10.52)
b =       3.993  (3.865, 4.121)
c =       3.148  (2.706, 3.59)
```

对比构造时的值 a=10，b=4，c=3，得到了比较好的结果。需要注意的是方程 y = a＊b.^x+c＊x.^2，同时含有指数和多项式，在预先定义的“Type of fit”下拉列表中没有这样的函数模型，所以必须采用自定义函数模型。

4.5 cftool 代码自动生成与修改

MATLAB 中，有很多的 GUI 工具都可以自动生成代码，典型的有图形编辑器、曲线拟合工具箱、偏微分方程工具箱等。利用系统生成代码的功能可以快速地熟悉和使用系统自带的工具箱。同时，有了生成的代码，就可以方便地修改代码，形成自己所需要的代码。

1. 代码自动生成

接着 4.4 节的例子，在如图 4-9 所示的“Curve Fitting Tool”窗口中，选择菜单“File→Generate Code”。如图 4-14 所示。

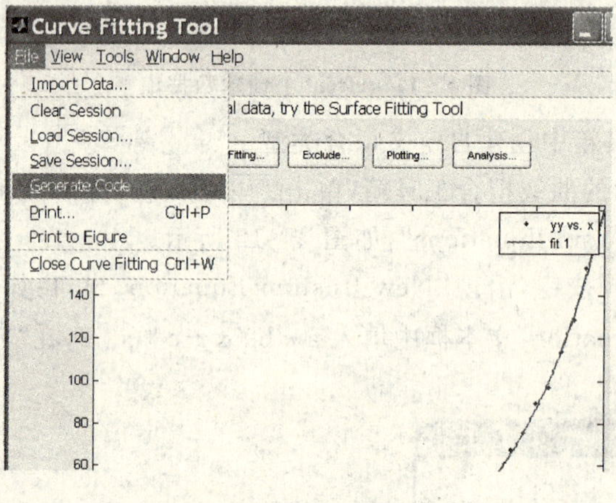

图 4-14　生成代码

得到的代码如下（作者直接在代码里写入注释，以便于读者理解，同时为节省篇幅，删除了部分语句）：

```
function createFit(x,yy)
```

（x,yy）是你要输入的两组原始数据，使用 createFit 函数的时候，只要输入这两组数据即可。

```
f_ = clf;
figure(f_);
set(f_,'Units','Pixels','Position',[494 176 680 491]);
% Line handles and text for the legend.
legh_ = [];
```

变量 legh_存储画图的句柄,以便用于图例(leg:legend 图例,h:handles 句柄)。

```
legt_ = {};
```

变量 legt_存储文本的句柄,以便用于图例(leg:legend 图例,t:text 句柄)。

```
% Limits of the x-axis.
xlim_ = [Inf -Inf];
% Axes for the plot.
ax_ = axes;
set(ax_,'Units','normalized','OuterPosition',[0 0 1 1]);
set(ax_,'Box','on');
axes(ax_);
hold on;
% --- Plot data that was originally in data set "yy vs. x"
x = x(:);
yy = yy(:);
```

数据如果不是列向量,变为列向量,这个操作比较重要。因为 cfit 和 fit 只接受列向量。

```
h_ = line(x,yy,'Parent',ax_,'Color',[0.333333 0 0.666667],...
    'LineStyle','none', 'LineWidth',1,...
'Marker','.', 'MarkerSize',12);
```

使用数据 x 和 xy 画线,图形句柄存储在变量 h_中。

```
xlim_(1) = min(xlim_(1),min(x));
xlim_(2) = max(xlim_(2),max(x));
legh_(end+1) = h_;
```

图形句柄 h_加在 legh_变量的末尾。

```
legt_{end+1} = 'yy vs. x';
```

原来 legh_和 legt_都是空的,所以在末尾(end+1)增加句柄。

```
% Nudge axis limits beyond data limits
if all(isfinite(xlim_))
    xlim_ = xlim_ + [-1 1] * 0.01 * diff(xlim_);
    set(ax_,'XLim',xlim_)
else
    set(ax_, 'XLim',[-2.04, 2.04]);
end

% --- Create fit "fit 1"
ok_ = isfinite(x) & isfinite(yy);
if ~all( ok_ )
```

```
    warning('GenerateMFile:IgnoringNansAndInfs',...
        'Ignoring NaNs and Infs in data.');
end
st_ = [0.94699999999999995 0.38500000000000001 0.83899999999999997 ];
```

变量 st_(start point) 存储起点的值。

```
ft_ = fittype('a*b.^x+c*x.^2',...
    'dependent',{'y'},'independent',{'x'},...
'coefficients',{'a','b','c'});
```

变量 ft_ (fittype)存储拟合类型,这句是自定义函数的关键句子,定义了自定义方程模型,后面的几个属性,分别是'dependent','independent','coeffients',即因变量、自变量、系数,其中系数就是要拟合的量。

```
 % Fit this model using new data
cf_ = fit(x(ok_),yy(ok_),ft_,'Startpoint',st_);
```

使用 fit 函数进行拟合,数据是 x 和 yy,拟合类型是 ft_,起点是 st_。

剩余的操作就是出图。可以看到,这里的 plot 是重载过了的 plot,因为它的输入参数是 cf_,即拟合的结果,还指定了'fit'的值为 0.95。即置信水平是 0.95。其他的为图形的精细控制,不再赘述。

```
h_ = plot(cf_,'fit',0.95);
set(h_(1),'Color',[1 0 0],...
    'LineStyle','-', 'LineWidth',2,...
    'Marker','none', 'MarkerSize',6);
% Turn off legend created by plot method.
legend off;
% Store line handle and fit name for legend.
legh_(end+1) = h_(1);
legt_{end+1} = 'fit 1';

% --- Finished fitting and plotting data. Clean up.
hold off;
% Display legend
leginfo_ = {'Orientation', 'vertical', 'Location', 'NorthEast'};
h_ = legend(ax_,legh_,legt_,leginfo_{:});
set(h_,'Interpreter','none');
% Remove labels from x- and y-axes.
xlabel(ax_,'');
ylabel(ax_,'');
```

2. 代码修改

主要修改 3 处,起点、拟合类型和作图,分别摘抄如下:

```
st_ = [0.94699999999999995 0.38500000000000001 0.83899999999999997 ];

ft_ = fittype('a * b.^x + c * x.^2',...
    'dependent',{'y'},'independent',{'x'},...
'coefficients',{'a', 'b', 'c'});

h_ = plot(cf_,'fit',0.95);
```

读者也可以根据自己的需要进行修改。

第 5 章 数值积分

很多数学问题以及其他学科的数学模型可以表示为微分形式。虽然微分问题可以用积分方法求解，但有时由于被积函数的复杂性，积分没有闭式的解（解析解）或者闭式解很难获得，就需要进行数值积分求得其近似解。例如，即使是简单的函数$\frac{\sin(x)}{x}$和 $\sin(x^2)$，也没有初等函数表示的原函数，必须通过数值积分的方法来求解。

5.1 数值积分的基本思想

5.1.1 数值求积的基本思想

根据积分中值定理，对连续函数 $f(x)$，在区间$[a,b]$中必定存在一个中间点 ξ，使

$$I = \int_a^b f(x)\mathrm{d}x = (b-a)f(\xi) \tag{5.1}$$

式(5.1)的几何解释如图 5-1 所示，即总是存在一个底边边长为$(b-a)$，高为 $f(\xi)$的矩形，其面积等于图 5-1 中由曲线 $f(\xi)$、x 轴以及 $x=a$ 和 $x=b$ 这 4 条线所围成的曲边梯形的面积 I，但 ξ 的具体位置一般是不确定的，只知道 ξ 一定存在，且在 a 和 b 之间。ξ 处的函数值 $f(\xi)$称为曲边梯形的平均高度。如果能对平均高度 $f(\xi)$给出一个近似算法，相应地就提供了一种数值求积方法。

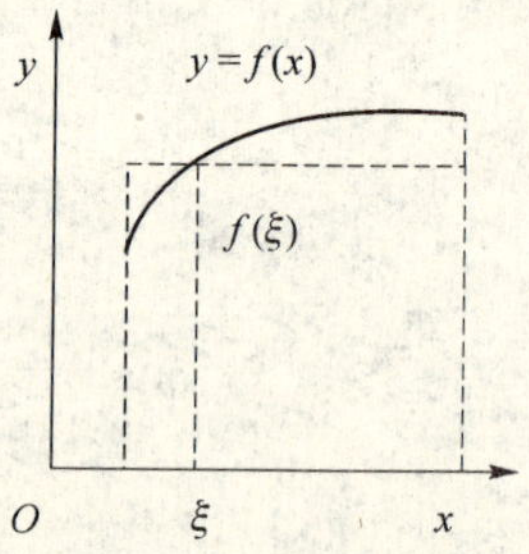

图 5-1　积分中值示意图

5.1.2 几种常见的数值积分公式

基于 5.1.1 节所述，下面给出 3 组对平均高度 $f(\xi)$的近似算法：

梯形公式

$$\int_a^b f(x)\mathrm{d}x \approx \frac{(b-a)}{2}[f(a)+f(b)] \tag{5.2}$$

矩形公式

$$\int_a^b f(x)\mathrm{d}x \approx (b-a)f\left(\frac{a+b}{2}\right) \tag{5.3}$$

Simpson(辛普森)公式

$$\int_a^b f(x)\mathrm{d}x \approx \frac{(b-a)}{6}\left[f(a)+4f\left(\frac{a+b}{2}\right)+f(b)\right] \tag{5.4}$$

观察式(5.2)、式(5.3)和式(5.4)，式中都只取了少数几个节点的值做加权平均，也就是

$a,b,\frac{a+b}{2}$三点，平均高度 $f(\xi)$分别为

$$\frac{[f(a)+f(b)]}{2}$$

$$f\left(\frac{a+b}{2}\right)$$

$$\frac{1}{6}\left[f(a)+4f\left(\frac{a+b}{2}\right)+f(b)\right]$$

这3组公式都是用节点处被积函数的函数值的加权线性组合来近似表示区间$[a,b]$上的平均高度 $f(\xi)$。推广这个结论，取 n 个节点的值，得到

$$\int_a^b f(x)\mathrm{d}x \approx \sum_{i=0}^{n} a_i f(x_i) \tag{5.5}$$

式中，x_i 为求积节点；a_i 为求积系数，也叫做 x_i 的权重。

式(5.5)有两个要点，即确定节点的分布位置和相应节点的权重(求积系数)。式(5.2)、式(5.3)、式(5.4)和通式(5.5)都是对一个小的区间$[a,b]$来说的，如果对一个大的区间的函数积分，可以把整个积分区域分成很多小段。也就是说，在每个小段上采用式(5.2)、式(5.3)、式(5.4)或通式(5.5)，然后再整体求和即可。这种方法就是5.3节要讲的复化求积公式。采用复化矩形公式的几何示意如图5-2所示，显然，它是图5-1的复化形式，因为它由许多个矩形来近似整个区间的函数积分。

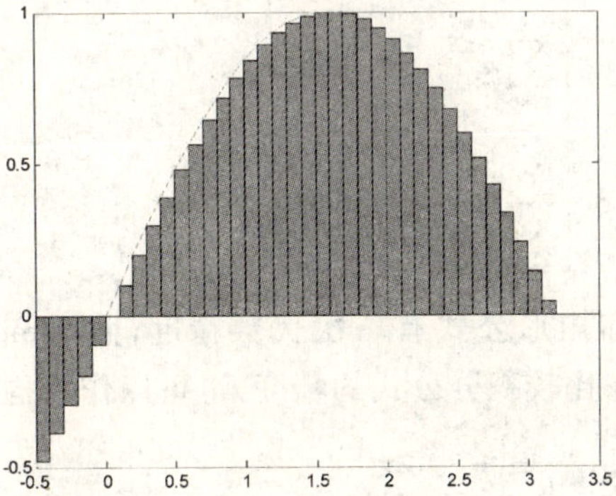

图5-2　积分矩形近似示意图

5.2　数值求积公式的构造

由式(5.5)可以看出，数值积分就是将积分化为被积函数$f(x)$在采样点上的值 $f(x_i)$的加权线性组合来逼近 $f(x)$在指定区间上的积分。如果是多元函数，相应的被积函数为 $f(x,y)$或者 $f(x,y,z)$等，积分区域也要做相应的修改。本章在公式推导上一律采用一元函数。

设区间$[a,b]$的划分为 $a=x_0<x_1<x_2<\cdots<x_n=b$，$f(x)$的积分可以写为

$$Q[f]=\sum_{i=0}^{n} w_i f(x_i) = w_0 f(x_0)+w_1 f(x_1)+\cdots+w_n f(x_n) \tag{5.6}$$

显然，这个求和只能是 n 项，不可能无穷项，所以有误差，误差关系式为

$$\int_a^b f(x)\mathrm{d}x = Q[f] + E[f] \tag{5.7}$$

在式(5.6)和式(5.7)中，$E[f]$为截断误差；$Q[f]$为面积公式；w_i 为权重；$\{x_i\}$是节点。

区间$[a,b]$可以任意分割，不过对于数值积分公式，由式(5.5)知节点的位置非常重要。有些积分公式中节点分布是等距的，有些不是。像梯形公式、Simpson 节点分布是等距的，而 Gauss - Legendre(高斯—勒让德)求积公式的节点分布是非等距的。此外还有自适应步长的公式。

5.2.1 代数精度

数值求积公式是近似积分，近似积分中一个重要的问题就是需要衡量积分近似公式的精度，最常用的精度估计标准是代数精度。下面给出代数精度的定义。

定义 5.1 某个求积公式，如果对于次数不超过 k 的多项式都能准确的成立，而对于 $k+1$ 次多项式不成立，那么就可以说该公式具有 k 次的代数精度。

定义 5.1 用多项式的积分来衡量一般连续被积函数的数值积分公式的精度。一般从操作上来说，只要积分公式对单项式 $1,x,\cdots,x_k$ 都能准确成立，就可以说该积分公式具有 k 次代数精度。如

$$\begin{cases} \sum\limits_{i=0}^{n} a_i = b-a \\ \sum\limits_{i=0}^{n} a_i x_i = \frac{1}{2}(b^2-a^2) \\ \vdots \\ \sum\limits_{i=0}^{n} a_i x_i^m = \frac{1}{m+1}(b^{m+1}-a^{m+1}) \end{cases} \tag{5.8}$$

很容易验证，梯形公式和矩形公式有一次代数精度，而 Simpson 公式有三次代数精度。代数精度的概念，既可以用来比较积分公式的精度，也可以作为构造积分公式的依据。

5.2.2 插值型求积公式

插值型求积公式的构造思路如图 5-3 所示，即用插值函数代替原被积函数进行积分。由于插值函数有良好的积分性质，可以很容易构造出积分公式。

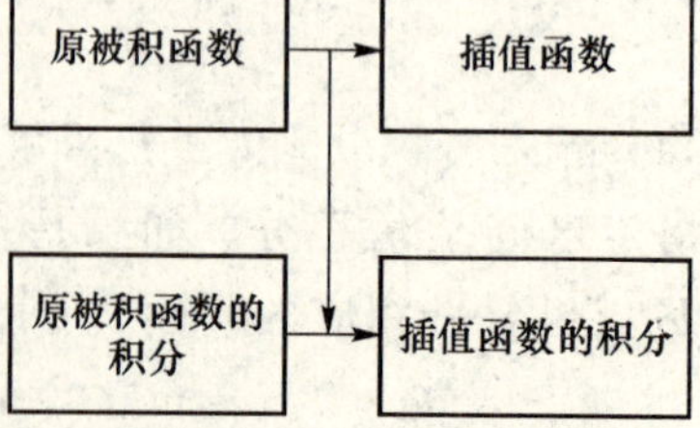

图 5-3 插值型求积公式构造思路

设 $f(x)$的节点 x_k 的值为 $f(x_k)(k=0,1,\cdots,n)$，利用这些节点做 Lagrange 插值，得到插

值多项式为

$$L_n(x) = \sum_{k=0}^{n} f(x_k) l_k(x) \tag{5.9}$$

其中

$$l_k = \prod_{\substack{j=0 \\ j\neq k}}^{n} \frac{x - x_j}{x_k - x_j} \tag{5.10}$$

在式(5.5)中令 $f(x)\approx L_n(x)$，用插值多项式代替原函数，得到积分的近似为

$$\int_a^b f(x)\mathrm{d}x \approx \int_a^b L_n(x)\mathrm{d}x = \sum_{k=0}^{n} a_k f(x_k) \tag{5.11}$$

式中，$a_k = \int_a^b l_k(x)\mathrm{d}x$。

例 5.1 对 $\int_0^3 f(x)\mathrm{d}x$ 构造一个三阶代数精度的公式。

在区间[0,3]中取节点为 0,1,2,3，根据式(5.5)在区间[0,3]中的插值型积分公式为

$$\int_0^3 f(x)\mathrm{d}x \approx a_0 f(0) + a_1 f(1) + a_2 f(2) + a_3 f(3) \tag{5.12}$$

求积系数 $a_i(i=0,1,2,3)$未知，需要求出，依据式(5.8)三阶代数精度的条件，当单项式为 1 时有

$$a_0 = \int_0^3 l_0(x)\mathrm{d}x = \int_0^3 \frac{(x-1)(x-2)(x-3)}{(0-1)(0-2(0-3))}\mathrm{d}x$$
$$= -\frac{1}{6}\int_0^3 (x^3 - 6x^2 + 11x - 6)\mathrm{d}x = \frac{3}{8} \tag{5.13}$$

同理，对单项式 x、x_2 和 x_3 根据式(5.8)，可以得到 $a_1=\frac{9}{8}$，$a_2=\frac{9}{8}$，$a_3=\frac{3}{8}$，将系数 a_0，a_1，a_2，a_3 的值代入式(5.12)得到积分 $\int_0^3 f(x)\mathrm{d}x$ 的一个具有三阶代数精度的数值积分公式。

$$\int_0^3 f(x)\mathrm{d}x \approx \frac{3}{8}f(0) + \frac{9}{8}f(1) + \frac{9}{8}f(2) + \frac{3}{8}f(3) \tag{5.14}$$

5.2.3 Newton - Cotes 求积公式

Newton - Cotes(牛顿—柯特斯)求积公式是插值型积分公式的一种应用。下面直接给出 Newton - Cotes 公式前面的三个公式。设等距节点间的间距为 h，则节点公式为 $x_k = x_0 + kh$，令 $f_k = f(x_k)$，则 Newton - Cotes 公式的前三个公式为：

梯形公式

$$\int_{x_0}^{x_1} f(x)\mathrm{d}x \approx \frac{h}{2}(f_0 + f_1) \tag{5.15}$$

Simpson's rule

$$\int_{x_0}^{x_2} f(x)\mathrm{d}x \approx \frac{h}{3}(f_0 + 4f_1 + f_2) \tag{5.16}$$

Boole's 公式

$$\int_{x_0}^{x_4} f(x)\mathrm{d}x \approx \frac{2h}{45}(7f_0 + 32f_1 + 12f_2 + 32f_3 + 7f_4) \tag{5.17}$$

另外，给出 Newton - cotes 公式的通项公式

$$I_n = (b-a)\sum_{k=0}^{n} C_k^{(n)} f(x_k) \tag{5.18}$$

式中，系数 $C_k^{(n)}$ 为

$$\begin{aligned} C_k^{(n)} &= \frac{1}{b-a}a_k = \frac{1}{b-a}\int_a^b l_k(x)\mathrm{d}x = \frac{1}{b-a}\int_a^b \prod_{\substack{j=0\\ j\neq k}}^{n} \frac{x-x_j}{x_k-x_j}\mathrm{d}x \\ &= \frac{(-1)^{n-k}}{n\cdot k!(n-k)!}\int_0^n \prod_{j=0}^{n}(t-j)\mathrm{d}t \end{aligned} \tag{5.19}$$

需要注意的是，当 $n\geqslant 8$ 时，Newton－Cotes 公式的系数是有正有负的，计算的时候不稳定，因此一般不建议采用高阶的 Newton－Cotes 公式。

5.3 复化积分公式

5.3.1 复化 Simpson 公式

复化公式有时候也称为组合公式，不同的课本可能采用不同的译法，对应的英文为 composite。例如复化 Simpson 公式，有的书中也叫组合 Simpson 公式(composite Simpson's rule)。

5.2.3 节讨论的 Newton－Cotes 公式是基于插值公式推导的。一般来说，增加式(5.18)中的阶数 n，可以提高代数精度，但是正如前面 5.2.3 节末尾所提到的，高阶的公式不一定稳定，也不一定收敛。那么，当区间比较大时，常见的做法是把区间 $[a,b]$ 分成许多的子区间，对每个子区间重复运用式(5.18)的积分公式，然后整体求和。该方法称为复化求积法，其推导得到的公式是复化求积公式。实际的应用中，一般都是采用复化求积公式。

5.3.2 复化求积公式及其 MATLAB 实现

首先看复化梯形公式，仅给出简要的推导。

给定被积函数 $f(x)$，取 5 个节点为 x_0, x_1, x_2, x_3, x_4，对于梯形公式每次只需要两个点，因此积分区间可以划分为四段，即 $[x_0,x_1]$，$[x_1,x_2]$，$[x_2,x_3]$，$[x_3,x_4]$。根据式(5.15)对每个小的积分区间采用梯形公式积分，再整体求和得到

$$\begin{aligned} \int_{x_0}^{x_4} f(x)\mathrm{d}x &= \int_{x_0}^{x_1} f(x)\mathrm{d}x + \int_{x_1}^{x_2} f(x)\mathrm{d}x + \int_{x_2}^{x_3} f(x)\mathrm{d}x + \int_{x_3}^{x_4} f(x)\mathrm{d}x \\ &\approx \frac{h}{2}(f_0+f_1) + \frac{h}{2}(f_1+f_2) + \frac{h}{2}(f_2+f_3) + \frac{h}{2}(f_3+f_4) \\ &= \frac{h}{2}(f_0+2f_1+2f_2+2f_3+f_4) \end{aligned} \tag{5.20}$$

而式(5.16)所示的 Simpson 公式因为每次用到三个点，所以整个区间分为两段 $[x_0,x_2]$，$[x_2,x_4]$，得到

$$\begin{aligned} \int_{x_0}^{x_4} f(x)\mathrm{d}x &= \int_{x_0}^{x_2} f(x)\mathrm{d}x + \int_{x_2}^{x_4} f(x)\mathrm{d}x \\ &\approx \frac{h}{3}(f_0+4f_1+f_4) + \frac{h}{3}(f_2+4f_3+f_4) \\ &= \frac{h}{3}(f_0+4f_1+2f_2+4f_3+f_4) \end{aligned} \tag{5.21}$$

复化梯形公式(5.20)的通式为

$$T(f,h) = \frac{h}{2}\sum_{k=1}^{n}(f(x_{k-1}) + f(x_k)) \tag{5.22}$$

式中，n 是子区间的个数。

式(5.22)的展开形式为

$$T(f,h)=\frac{h}{2}(f_0+2f_1+2f_2+\cdots+2f_{n-2}+2f_{n-1}+f_n) \tag{5.23}$$

注意式(5.23)等号右边首末两项的系数为1，其他系数为2，前面有总的系数$\frac{h}{2}$。

Simpson 公式(5.21)的通式为

$$S(f,h) = \frac{h}{3}\sum_{k=1}^{n}(f(x_{2k-2}) + 4f(x_{2k-1}) + f(x_{2k})) \tag{5.24}$$

式中，n 是子区间的个数。

$S(f,h)$的展开形式为

$$S(f,h)=\frac{h}{3}(f_0+4f_1+2f_2+4f_3+\cdots+2f_{2n-2}+4f_{2n-1}+f_{2n}) \tag{5.25}$$

式(5.25)等号右边首项、末项的系数为1，偶数项为4，奇数项为2，前面有总的系数$\frac{h}{3}$。

复化梯形公式的 MATLAB 代码如下：

```
% int_comp_trap.m
function s = int_comp_trap(f,a,b,n)
% 复化梯形求积方法
% f 是被积函数的函数句柄
% a,b 是积分区间,n 是积分区间的数目
%  s 复化梯形积分的和
%
% 如果 f 是 m 函数文件定义的,使用@符号
% 例如 s= int_comp_trap (@f,a,b,n).
% 如果 f 是匿名函数,f 为返回句柄,可以直接用 f
% 例如 s= int_comp_trap (f,a,b,n).
h = (b - a)/n; % 等分区间
s = 0; % 初始和为 0

for k = 1:(n - 1)
   x = a + h * k;
   s = s + f(x);
end
s = h * (f(a) + f(b))/2 + h * s; % 梯形积分公式(5.23)
```

利用复化梯形公式对正弦函数积分的代码如下：

```
%call_int_comp_trap.m
s = int_comp_trap(@sin,0,pi,200)
s =
   2.0000
```

复化 Simpson 公式的源代码如下：

```
% int_comp_simp.m
function s = int_comp_simp(f,a,b,n)
% 复化 Simpson 积分
% f 是被积函数的函数句柄
% a,b 是积分区间,n 是积分区间的数目
% 输出
% s 复化梯形积分的和
%
% 如果 f 是 m 函数文件定义的,使用@符号
% 例如 s = int_comp_simp (@f,a,b,n).
% 如果 f 是匿名函数,f 为返回句柄,可以直接用 f
% 例如 s = int_comp_simp (f,a,b,n).

h = (b - a)/(2 * n);
s1 = 0;
s2 = 0;

for k = 1:n
   x = a + h * (2 * k - 1);
   s1 = s1 + f(x);
end
for k = 1:(n - 1)
   x = a + h * 2 * k;
   s2 = s2 + f(x);
end
s = h * (f(a) + f(b) + 4 * s1 + 2 * s2)/3; % 辛普森积分公式(5.25)
```

利用复化梯形公式对正弦函数积分的代码如下:

```
% call_int_comp_simp.m
s = int_comp_simp(@sin,0,pi,200)
s =
    2.0000
```

5.3.3 MATLAB 的 trapz 函数

trapz 函数是系统自带的积分函数之一,采用复化梯形算法。trapz 函数的特点是不直接调用函数,而是用函数值进行计算,也就是输入参数中不包含 f。例如,计算

$$\int_0^{\pi} \sin(x)\,\mathrm{d}x \tag{5.26}$$

```
X = 0:pi/100:pi;
Y = sin(X);
Z = trapz(X,Y)
```

或者使用下面的调用方式

```
Z = pi/100 * trapz(Y)
```

注意 pi/100 就是 X 的步长。也可以使用非均匀步长,例如

```
X = sort(rand(1,101) * pi);
Y = sin(X);
Z = trapz(X,Y);
```

trapz 这个积分函数的好处是，可以对没有函数表达式的序列进行积分（比如没有解析函数表达式或者数据为测试数据等）。

5.4 Romberg 求积公式

5.4.1 数值积分公式误差分析

Romberg（龙贝格）求积算法涉及较多的误差分析。为了引入积分公式误差分析的基础知识，首先讨论梯形积分递推公式的误差（误差也叫余项）。由插值（多项式）余项定理，对于梯形公式的误差为

$$R(f) = \int_a^b \frac{f''(\xi)}{2!}(x-a)(x-b)\mathrm{d}x \tag{5.27}$$

对式(5.27)等号右边的部分提取出系数$\frac{f''(\xi)}{2!}$之后的部分进行积分

$$\int_a^b (x-a)(x-b)\mathrm{d}x = \frac{(a-b)^3}{6} \tag{5.28}$$

将式(5.28)代入式(5.27)，得到

$$R(f) = -\frac{(b-a)^3}{12}f''(\eta) \tag{5.29}$$

对于复化梯形积分公式式(5.22)，加上误差项 $R_n(f)$，有

$$I = \frac{h}{2}\sum_{k=0}^{n-1}(f(x_k)+f(x_{k+1}))+R_n(f) \tag{5.30}$$

式中，n 为细分的区间数，将每个小的区间看做 $h=b-a$，根据式(5.28)和式(5.30)有

$$R(f) = \sum_{k=0}^{n-1} -\frac{h^3}{12}f''(\eta_k) \tag{5.31}$$

式中，η_k（不是 η）为每一个小区间上的“中值”（中值定理）。对于 η_k 和 η，有如下大小关系：

$$n \min_{0\leqslant k\leqslant n-1} f''(\eta_k) \leqslant \sum_{n=0}^{n-1} f''(\eta_k) \leqslant n \max_{0\leqslant k\leqslant n-1} f''(\eta_k) \tag{5.32}$$

对式(5.32)的各项除以 n，得到

$$\min_{0\leqslant k\leqslant n-1} f''(\eta_k) \leqslant \frac{1}{n}\sum_{n=0}^{n-1} f''(\eta_k) \leqslant \max_{0\leqslant k\leqslant n-1} f''(\eta_k) \tag{5.33}$$

又假设 $f(x)\in C^2[a,b]$，根据式(5.33)，$\exists\, \eta\in(a,b)$，使得

$$f''(\eta) = \frac{1}{n}\sum_{n=0}^{n-1} f''(\eta_k) \tag{5.34}$$

成立。

从式(5.34)看出，每个小区间$[x_k,x_{k+1}]$上的中值 η_k 的代数平均可以用整个区间$[a,b]$上的中值 η 来代替。于是由式(5.31)和式(5.34)，复化梯形公式的余项可以写为

$$R(f) = \sum_{k=0}^{n-1} -\frac{h^3}{12}f''(\eta_k) = -\frac{b-a}{12}h^2 f''(\eta) \tag{5.35}$$

式中，$\frac{b-a}{n}=h$，则误差公式也可以写为

$$R(f)=I-T_n=-\frac{b-a}{12}\left(\frac{b-a}{n}\right)^2 f''(\eta) \tag{5.36}$$

5.4.2 Romberg 算法

如果要提高数值积分的精度，有两种最常见的思路：一种是采用高精度的积分公式，如把梯形公式换成 Simpson 公式；另一种是采用区间细化，如将区间逐次分半的办法。

对梯形公式，如果区间分半，则$\frac{b-a}{n}$变为$\frac{b-a}{2n}$，误差公式（式(5.36)）变为

$$R(f)=I-T_{2n}=-\frac{b-a}{12}\left(\frac{b-a}{2n}\right)^2 f''(\eta) \tag{5.37}$$

若区间比较小，则 $f''(x)$变化不大，可以假设 $f''(\zeta_1)\approx f''(\zeta_2)$，根据式(5.36)和式(5.37)有

$$\frac{I-T_n}{I-T_{2n}}\approx 4 \tag{5.38}$$

解出 I

$$I\approx T_{2n}+\frac{1}{3}(T_{2n}-T_n)=T_{2n}+\frac{1}{4-1}(T_{2n}-T_n) \tag{5.39}$$

如用 T_{2n}作为 I 的近似，那么积分的截断误差为

$$I-T_{2n}=\frac{1}{3}(T_{2n}-T_n) \tag{5.40}$$

从式(5.40)可以得到积分公式的一个误差估计。注意，式(5.40)是计算之后才知道的，而且不是解析式，公式中不含被积函数的直接相关信息，是一种事后误差估计。

根据复化梯形公式（式(5.22)），T_{2n}的详细表达式为

$$T_{2n} = \frac{b-a}{4n}\left[f(a)+2\sum_{k=1}^{2n-1} f\left(a+k\,\frac{b-a}{2n}\right)+f(b)\right] \tag{5.41}$$

仔细考察式(5.41)中 T_{2n}的计算，分点 $x_k=a+k\,\frac{b-a}{2n}$，$k=1,2,3,\cdots,2n-1$ 中，k 取偶数是以前的“老分点”，“新分点”k 的值是奇数。“老分点”是 T_n 中用过的，“新分点”才需要重新计算。分离“老分点”和“新分点”，得到

$$\begin{aligned}T_{2n} = {} & \frac{b-a}{4n}\left[f(a)+2\sum_{k=1}^{n-1} f\left(a+2k\,\frac{b-a}{2n}\right)+f(b)\right]+ \\ & \frac{b-a}{2n}\left[\sum_{k=1}^{n} f\left(a+(2k-1)\,\frac{b-a}{2n}\right)\right]\end{aligned} \tag{5.42}$$

式(5.42)可以写成下面的递推式

$$T_{2n} = \frac{1}{2}T_n+\frac{b-a}{2n}\left[\sum_{k=1}^{n} f\left(a+(2k-1)\,\frac{b-a}{2n}\right)\right] \tag{5.43}$$

由式(5.36)可知

$$T(h)=I+\frac{b-a}{12}h^2 f''(\eta) \tag{5.44}$$

式中，$h=\frac{b-a}{n}$。对式(5.44)中的 $T(h)$进行 Taylor(泰勒)展开

$$T(h)=I+\alpha_1 h^2+\alpha_2 h^4+\alpha_3 h^6+\cdots \tag{5.45}$$

若将式(5.45)中的区间分半，则 h 换为$\frac{h}{2}$，代入式(5.45)有

$$T\left(\frac{h}{2}\right)=I+\alpha_1 \frac{h^2}{4}+\alpha_2 \frac{h^4}{16}+\cdots \tag{5.46}$$

由式(5.45)和式(5.46)，消去 h 的二次项 h^2 得到

$$T_1(h)=\frac{4T\left(\frac{h}{2}\right)-T(h)}{3}=I+\beta_1 h^4+\beta_2 h^6+\cdots \tag{5.47}$$

其中的 $\beta_i(i=1,2,\cdots,n)$可以被证明为常数。由式(5.47)知道，这样构造出来的 $T_1(h)$的精度是 $O(h^4)$。

同样，若将式(5.47)中的区间分半，h 换为$\frac{h}{2}$，代入式(5.47)有

$$T_1\left(\frac{h}{2}\right)=I+\beta_1 \frac{h^4}{16}+\beta_2 h^6+\cdots \tag{5.48}$$

类似式(5.47)对 $T_1\left(\frac{h}{2}\right)$和 $T_1(h)$进行适当的线性组合(式(5.47)是对 $T(h/2)$和 $T(h)$进行线性组合)，可以得到

$$T_2(h)=\frac{16}{15}T_1\left(\frac{h}{2}\right)-\frac{1}{16}T_1(h) \tag{5.49}$$

这样就可以消去式(5.47)中含 h^4 的余项。依此类推，可以得到通式

$$T_m(h)=\frac{4^m}{4^m-1}T_{m-1}\left(\frac{h}{2}\right)-\frac{1}{4^m-1}T_{m-1}(h) \tag{5.50}$$

这说明每做一次这样的线性组合都可以提高 $O(h^2)$的精度。

经过 m 次的加速，其余项就是

$$T_m(h)=I+\delta_1 h^{2(m+1)}+\delta_2 h^{2(m+2)}+\cdots \tag{5.51}$$

这种方法叫 Richardson(理查森)外推加速方法。下面结合逐次二分和 Richardson 外推加速方法得到 Romberg 算法。令 $T_0^{(k)}$ 表示二分 k 后求得的梯形值，$T_m^{(k)}$ 表示序列$\{T_0^{(k)}\}$的 m 次加速值，则

$$T_m^{(k)}=\frac{4^m}{4^m-1}T_{m-1}^{(k+1)}-\frac{1}{4^m-1}T_m^{(k)} \tag{5.52}$$

式(5.52)也可以改写为

$$T(k,m)=T(k+1,m-1)+\frac{T(k+1,m-1)-T(k,m)}{4^m-1} \tag{5.53}$$

式(5.53)就是 Romberg 求积算法的核心公式。算法具体描述如下：

第一步 取 $k=0,h=b-a$，求 $T(0)=\frac{h}{2}[f(a)+f(b)]$，$1\rightarrow k$($k$ 是区间$[a,b]$的二分次数)。

第二步 求梯形积分值 $T_0\left(\frac{b-a}{2^k}\right)$，按式(5.54)计算 $T_0^{(k)}$

$$\begin{cases} T_1 = \dfrac{b-a}{2}[f(a)+f(b)] \\ T_{2^k} = \dfrac{1}{2}T_{2^{k-1}} + \dfrac{b-a}{2^k}\sum\limits_{i=1}^{2^{k-1}} f\left[a+(2i-1)\dfrac{b-a}{2^k}\right] \end{cases} \tag{5.54}$$

第三步　加速值计算，按式(5.53)或式(5.52)求表 5-1 所列的第 k 行其余各元素 $T_j^{(k-j)}$，$j=1,2,\cdots,k$。

第四步　若 $|T_k^{(0)} - T_{k-1}^{(0)}| < \varepsilon$，停止计算，输出结果；否则，$k \to k+1$，转第二步，继续计算。

表 5-1　Romberg 算法过程

k	h	$T_0^{(k)}$	$T_1^{(k)}$	$T_2^{(k)}$	$T_3^{(k)}$	…
0	$b-a$	$T_0^{(0)}$				
1	$\frac{b-a}{2}$	$T_0^{(1)}$ [1]	$T_1^{(0)}$			
2	$\frac{b-a}{4}$	$T_0^{(2)}$ [2]	$T_1^{(1)}$ [3]	$T_2^{(0)}$		
3	$\frac{b-a}{8}$	$T_0^{(3)}$ [4]	$T_1^{(2)}$ [5]	$T_2^{(1)}$ [6]	$T_3^{(0)}$	
4	$\frac{b-a}{16}$	$T_0^{(4)}$ [7]	$T_1^{(3)}$ [8]	$T_2^{(2)}$ [9]	$T_3^{(1)}$ [10]	$T_4^{(0)}$
⋮	⋮	⋮	⋮	⋮	⋮	⋱

5.4.3　Romberg 求积公式的 MATLAB 实现

根据 5.4.2Romberg 算法的过程可以编写如下的 int_romberg 函数

```
% int_romberg.m
function [T,quad,err,h] = int_romberg(f,a,b,n,tol)
% Romberg 积分公式
% f 被积函数
% a,b 是积分下限,积分上限
% romberg 表格中的行数
% tol 容差
% T 输出 Romberg 表格
% quad 积分值
% err 估计误差
% h 最小步长
M = 1;
h = b - a;
err = 1;
k = 0;
T = zeros(4,4);
T(1,1) = h * (f(a) + f(b))/2;

while((err>tol)&(k<n))|(k<4)
   k = k + 1;
   h = h/2;
   s = 0;
   for p = 1:M
```

```
            x = a + h * (2 * p - 1);
            s = s + f(x);
        end
        T(k + 1,1) = T(k,1)/2 + h * s;
        M = 2 * M;
        for kk = 1:k
            T(k + 1,kk + 1) = T(k + 1,kk) + (T(k + 1,kk) - T(k,kk))/(4^kk - 1);
        end
        err = abs(T(k,k) - T(k + 1,kk + 1));
    end

    quad = T(k + 1,k + 1);
```

调用 int_romberg 函数计算式(5.55)的被积函数的积分：

```
% call_int_romberg.m
[T,quad,err,h]= int_romberg(@power_32,0,1,4,1e-6)

T =
    0.5000         0         0         0         0
    0.4268    0.4024         0         0         0
    0.4070    0.4004    0.4003         0         0
    0.4018    0.4001    0.4001    0.4000         0
    0.4005    0.4000    0.4000    0.4000    0.4000
quad =
    0.4000
err =
   4.1033e-005
h =
    0.0625
```

被积函数 power_32 定义

$$f(x)=x^{3/2}$$

代码如下：

```
% power_32.m
function fun = power_32(x)
fun = x.^(3/2);
end
```

5.5 Gauss 求积公式

5.5.1 Gauss 积分公式

前面所讲积分公式的积分节点都是均匀分布的，本节所讲 Gauss(高斯)积分公式的积分节点并不均匀分布，限于篇幅，不详细介绍理论推导。高斯公式给出了最少分点最高精度的数值积分公式，在有限元、边界元等领域有广泛的应用。

Gauss 求积公式分为 Gauss - Legendre(高斯-勒让德)和 Gauss - Chebyshev(高斯-切比)

两大类,构造时分别采用 Legendre(勒让德)正交多项式和 Chebyshev 正交多项式。这两种正交多项式的权函数不同。

表 5-2 列出了 Gauss-Legendre 的 Gauss 点和加权系数。

表 5-2 Gauss-Legendre 的 Gauss 点和加权系数

节点数	x_k	A_k
2	−0.577 350 269 189 626	1.000 000 000 000 000
	0.577 350 269 189 626	1.000 000 000 000 000
3	−0.774 596 669 241 484	0.555 555 555 555 555
	0	0.888 888 888 888 889
	0.774 596 669 241 484	0.555 555 555 555 555
4	−0.861 136 311 594 053	0.347 854 845 137 454
	−0.339 981 043 584 856	0.652 145 154 862 546
	0.339 981 043 584 856	0.652 145 154 862 546
	0.861 136 311 594 053	0.347 854 845 137 454
5	−0.906 179 845 938 664	0.236 926 885 056 189
	−0.538 469 310 105 683	0.478 628 670 499 366
	0	0.568 888 888 888 889
	0.538 469 310 105 683	0.478 628 670 499 366
	0.906 179 845 938 664	0.236 926 885 056 189

5.5.2 Gauss-Legendre 求积公式的 MATLAB 实现及应用实例

Gauss 三点求积公式 MATLAB 实现:

```
% int_gauss_3p.m
function quad = int_gauss_3p(f,a,b)
% Gauss 三点求积公式
% f 被积函数
% a,b 是积分下限和积分上限
% quad 是积分值

% 如果 f 由 M 文件定义,
% 调用方式为 quad= int_gauss_3p (@f,a,b)
% 如果 f 是匿名函数
% 调用方式为 quad= int_gauss_3p (f,a,b)
A = [-0.774596669241484                    0    0.774596669241484];
W =[ 0.555555555555555    0.888888888888889    0.555555555555555];
N = length(A);
T = zeros(1,N);
T = ((a + b)/2) + ((b - a)/2) * A;
quad = ((b - a)/2) * sum(W. * f(T));
```

函数 int_gauss_3p 的使用:

```
int_gauss_3p(@power_32,0,1)
ans =
    0.399812411943790
```

其中，power_32 函数定义式(5.55)。

5.6 积分的运算选讲

5.6.1 二重积分

MATLAB 提供 dblquad 函数对矩形区域的函数进行积分。例如，对

$$\int_0^{\pi}\int_{\pi}^{2\pi} \sin(x) + x\cos(y)\,dx\,dy$$

进行积分的代码如下：

```
F = @(x,y)y * sin(x) + x * cos(y);
Q = dblquad(F,pi,2 * pi,0,pi);
```

5.6.2 三重积分

MATLAB 提供 triplequad 函数对矩形区域的函数进行积分。例如，对

$$\int_{-1}^{1}\int_0^{1}\int_0^{\pi} y\sin(x) + z\cos(x)\,dx\,dy\,dz$$

进行积分的代码如下：

```
F = @(x,y,z)y * sin(x) + z * cos(x);
Q = triplequad(F,0,pi,0,1, - 1,1);
```

5.6.3 变上限积分

因为 MATLAB 的积分函数随着版本的提高有较大改变，因此可能不同版本的函数不一样。本节采用 MATLAB 2010 版的函数。变上限积分只有二重以上的积分才需要，而 MATLAB 自带的函数支持变上限积分的是二重的 quad2d 函数。三重变上限积分需要采用其他方法。通常，变上限积分有以下几类方法。

1. 符号积分方法

基于符号积分的三重变上限积分举例：

```
syms x y z real % 声明 x y z 为实数域符号变量
int( int ( int(y * sin(x) + z * cos(x) ,x,0,y ),y,0,1 - z),z, - 1,1) % 进行三重积分
ans =
3 * cos(2) - sin(2) + 7/3
vpa(ans) % 变符号量为实数
ans =
0.17559539686622447694460877891 93
```

2. MATLAB 的 quad2d 函数

利用 quad2d 函数对

$$\int_0^{1}\int_0^{1-x} (1/\sqrt{x+y})(1+x+y)^2\,dy\,dx$$

进行二重变上限积分：

```
fun = @(x,y) 1./(sqrt(x + y) .* (1 + x + y).^2 )
ymax = @(x) 1 - x;
Q = quad2d(fun,0,1,0,ymax)
ans =
    0.2854
```

3. 采用不等式方法限制积分区域

采用不等式方法限制积分区域实现代码：

```
fun = @(x,y) 1./(sqrt(x + y) .* (1 + x + y).^2 ).*(y<1-x)
dblquad(fun,0,1,0,1)
ans =
0.2854
```

4. 采用第三方工具

NIT(numerical integration toolbox)中的 quad2dggen 函数内容如下：

```
function int = quad2dggen(fun,xlow,xhigh,ylow,yhigh,tol)
% usage:  int = quad2dggen('Fun','funxlow','funxhigh',ylow,yhigh)
% or
%          int = quad2dggen('Fun','funxlow','funxhigh',ylow,yhigh,tol)
%
% This function is similar to QUAD or QUAD8 for 2-dimensional integration
% over a general 2-dimensional region, but it uses a Gaussian quadrature
% integration scheme.
% The integral is like:
%               yhigh   funxhigh(y)
%       int = Int      Int        Fun(x,y)  dx  dy
%               ylow    funxlow(y)
%
%    int       -- value of the integral
%       Fun      -- Fun(x,y) (function to be integrated)
%       funxlow  -- funxlow(y)
%       funxhigh -- funxhigh(y)
%       ylow      -- lower y limit of integration
%       yhigh     -- upper y limit of integration
%       tol       -- tolerance parameter (optional)
% Note that if there are discontinuities the region of integration
% should be broken up into separate pieces.  And if there are singularities,
% a more appropriate integration quadrature should be used
% (such as the Gauss-Chebyshev for a specific type of singularity).

% This routine could be optimized.

if exist('tol')~=1,
  tol=1e-3;
elseif isempty(tol),
  tol=1e-3;
end
```

```
n = length(xlow);
nquad = 2 * ones(n,1);
int_old = gquad2dgen(fun,xlow,xhigh,ylow,yhigh,2,2);

converge = 'n';
for i = 1:7,
  int = gquad2dgen(fun,xlow,xhigh,ylow,yhigh,2^(i + 1),2^(i + 1));

  if abs(int_old - int) < abs(tol * int),
    converge = 'y';
    break;
  end
  int_old = int;
end

if converge == 'n',
  disp('Integral did not converge -- singularity likely')
end
```

因为该函数调用了 gquad2dgen 函数，而 gquad2dgen 函数调用了 grule2dgen，grule2dgen 再调用 grule 函数。所以如果需要使用该工具箱，读者最好把整个 NIT 工具箱都添加到搜索路径。示例如下：

```
cd nit % NIT 工具箱的路径，作者假设 NIT 工具箱在当前路径的 NIT 文件夹下
lx = @(y) 0 % 定义积分下限匿名函数
ux = @(y) 1 - y  % 定义积分上限匿名函数
fun = @(x,y) 1./(sqrt(x + y) .* (1 + x + y).^2 ) % 定义被积函数
quad2dggen(fun,lx,ux,0,1) % 调用 quad2dggen 对函数 fun 积分
lx =
    @(y)0
ux =
    @(y)1 - y
ans =
0.2854
```

注意，quad2dgen 函数是针对 $c(y) \leqslant x \leqslant d(y)$（$x$ 是变上限的量，而不是 y）实现的，本例因为被积函数 $(1/\sqrt{x+y})(1+x+y)^2$ 对于变量 x 和 y 是对称的，位置可以交换。若是被积函数不一样，对于被积函数要作相应的修改。

5.6.4 符号积分

符号积分结合 syms 和 int 函数即可实现，上面的例子中已经含有，这里再举一个例子。该例的方法也可以实现定积分和多重积分。

```
syms x real
int(sin(x) * cos(x) + exp(x))
ans =
sin(x)^2/2 + exp(x)
```

该例的方法也可以实现定积分和多重积分。

5.6.5 MATLAB 常见积分函数列表

表 5-3 列出了 MATLAB 常见积分函数，读者可以根据需要选用适当的函数。

表 5-3 MATLAB 积分函数

函 数	说 明
quad	自适应 Simpson 积分，对非光滑函数最为有效的低阶积分
quadl	适用于光滑函数，在高精度时比 quad 函数更有效
quadgk	对振荡的被积函数最有效，支持无限区间积分，允许积分区间端点有弱的奇异性
quadv	quad 积分函数的向量化版本
quad2d	平面区域二重积分，为通用二重积分，可以做变上、下限积分
dblquad	矩形区域二重积分
triplequad	长方体区域三重积分
trapz	非函数表达式梯形积分
int	符号函数积分

第 6 章 常微分方程

6.1 常微分方程分类及其表示形式

微分方程常用来描述物理变量随时间变化的规律，在数学、物理以及工程中有广泛的应用。微分方程分为常微分方程(ODE)和偏微分方程(PDE)，常微分方程是单变量微分方程，只对一个自变量求导，偏微分方程是对多个自变量求导的方程。本章只考虑常微分方程。常微分方程通常分为初值问题(IVP)，边值问题(BVP)和延迟微分方程(DDE)。本章主要讨论初值问题，略讲后两个问题。微分方程的求解最自然的想法就是通过积分来求解，目前主要可以借助符号计算和数值计算两类方法来求解。在 MATLAB 2007 之前的版本中，微分方程的符号求解是借助 Maple 内核来实现的，在之后的版本中借助于 MuPad 来实现，两者在语法上稍有差别。数值求解则是借助 MATLAB ODE SUITE 来实现。

6.1.1 MATLAB 关于 ODE 的函数帮助简介

由于 MATLAB 的发展非常迅速，每年都会有新的版本。而关于 ODE 函数的使用以及求解器的功能也会稍有变化。如果碰到不一致的地方，可能是版本不同。

MATLAB 2010 中 MATLAB ODE SUITE 的帮助文档在 MATLAB Help →User Guide →Mathematics→ Calculus→ Ordinary Differential Equations 以及 Delay Differential Equations 和 Boundary - Value Problems 3 个条目下。函数列表归于 MATLAB→Functions→Mathematics→Nonlinear Numerical Methods 下。

在常微分的求解中，首先要了解关于常微分方程的分类知识，国内大多数数值分析的教科书与 MATLAB 的分类方法稍有区别，本章先给出 MATLAB 中关于常微分方程的分类。值得注意的是在 MATLAB 中这些分类都是针对一阶的常微分方程或者常微分方程组的。MATLAB 的数值求解器只针对一阶常微分方程组，这与软件 Mathematic 以及 Maple 中稍有区别。

6.1.2 MATLAB ODE suite 中关于 ODE 的分类

MATLAB 的求解器可以求解式(6.1)、式(6.2)和式(6.3)所示的三类一阶的常微分方程或方程组。分别叙述如下：

第一类是显式的常微分方程或方程组(explicit ODEs)

$$y'(t)=f(t,y(t)) \tag{6.1}$$

这类方程式方程组的特点是等式右边不含 $y(t)$ 的导数项，$y(t)$ 的导数项只出现在等式的左边。

第二类是带质量矩阵的线性隐式的常微分方程或方程组(linearly implicit ODEs)

$$\mathrm{M(t,y)y'=F(t,y)} \tag{6.2}$$

这类方程或方程组的特点是等式左边的导数项还乘了质量矩阵 $M(t,y)$。

第三类是完全隐式的常微分方程或方程组(仅有求解器 ode15i 支持)

$$f(t,y,y')=0 \tag{6.3}$$

这类方程或方程组的特点是导数项 y' 没有显式给出。

6.2 典型常微分方程举例

在常微分方程的数值计算之中,是以一阶常微分方程作为基础的,常见的常微分数值求解器一般是一阶的,也有二阶的常微分方程求解器,但一般都包含在专用的求解包里,如结构振动求解代码中的二阶常微分方程组的求解器。在使用一阶求解器求二阶和高阶的常微分方程的数值解时,通常通过引入新的变量降阶为一阶的方程组来求解。

6.2.1 一阶常微分方程

一阶的常微分方程组可以写为

$$y'(x)=y(x) \tag{6.4}$$

$$y'(t)=y(t) \tag{6.5}$$

方程的自变量用 t 或 x 都可以,与所用字母是无关的,习惯上用 t 表示初值问题的自变量,x 表示边值问题的自变量,有时候也混合着用,本质上是一样的,但读者要注意区分初值问题和边值问题。

微分方程必须指定初始条件和区间,求解区间为

$$0\leqslant t\leqslant 5 \tag{6.6}$$

同时需要给定初始值(initial value)

$$t=0, y(0)=0 \tag{6.7}$$

式(6.7)也可以写作 $y(t)|_{t=0}=0$,这样写更清晰,但为求简便一般直接写成 $y(0)=0$ 的形式。

6.2.2 二阶常微分方程

单自由度弹簧振子是典型的二阶常微分方程。假设有一个集中质量为 M,阻尼是 c,刚度为 k 的弹簧振子,其常微分方程根据牛顿第二定理可以得到

$$M\ddot{x}+c\dot{x}+kx=0 \tag{6.8}$$

若是无阻尼的单自由度振动系统,则 $c=0$,式(6.8)简化为

$$M\ddot{x}+kx=0 \tag{6.9}$$

若假设 $M=1,k=1$,代入方程(6.9)得到

$$\ddot{x}+x=0 \tag{6.10}$$

使用 MATLAB 的符号求解功能,式(6.10)的通解为

$$C2\cos(t) + C3\sin(t) \tag{6.11}$$

求解代码如下:

```
dsolve('D2x + x = 0')
```

假设初始位移为1,初始速度为0,式(6.10)的定解为

$$\cos(t) \tag{6.12}$$

求解代码如下:

```
dsolve('D2x + x = 0','x(0) = 1','Dx(0) = 0')
```

6.2.3 高阶常微分方程

n 阶常微分方程的通用形式为

$$y^{(n)} = f(t, y, y', \cdots, y^{(n-1)}) \tag{6.13}$$

式(6.13)是显式的写法,也就是说最高阶导数写在等式左边,等式右边是 $t, y, y', \cdots, y^{(n-1)}$ 的函数表达式。通过引进新的变量

$$y_1 = y, y_2 = y', \cdots, y_n = y^{(n-1)} \tag{6.14}$$

可以把式(6.14)的 n 阶的常微分方程写成 n 个一阶常微分方程为

$$\begin{cases} y'_1 = y_2 \\ y'_2 = y_3 \\ \vdots \\ y'_n = f(t, y_1, y_2, \cdots, y_n) \end{cases} \tag{6.15}$$

6.2.4 边值问题

边值问题比较复杂,仅举 Sturm - Liouville 特征值问题(eigenvalue problem)的一个特例,该边值问题的方程为

$$y''(x) + y(x) = 0 \tag{6.16}$$

在区间 $0 \leqslant x \leqslant b$ 的两个端点指定两个边界条件

$$\begin{cases} y(0) = 0|_{x=0} \\ y(b) = 0|_{x=b} \end{cases} \tag{6.17}$$

式(6.16)和式(6.17)一起定义了一个边值问题,两端边界的值都给定为0。当区间 $0 \leqslant x \leqslant b$ 的右端点 b 为一般值时,该边值问题只有平凡解(trivial solutions),但是当 $b=2\pi$ 时,有非平凡解(non - trivia solutions),并且解有无限多个,解的形式为

$$y(x) = c\sin(x) \tag{6.18}$$

式中,c 为任意常数。

6.2.5 延迟微分方程

常微分方程(式(6.5))是没有延迟的,也就是 y 的值在 t 时刻的变化率($y'(t)$)等于 t 时刻的 y 本身($y(t)$)。如果把 $y(t)$ 看作输入,$y'(t)$ 看作输出,很多时候输入和输出之间是有延迟的,也就是说某个输入 y 要过一段时间才会起作用,比如1s之后才起作用,在方程上可以表示为

$$y'(t) = y(t-1) \tag{6.19}$$

式(6.19)是延迟时间为常数的延迟微分方程,与式(6.5)的非延迟常微分方程在求解上有

很大的差别。当 $t=0$，求 $y'(0)$的值，需要知道 $y(t-1)$也就是 $y(-1)$的值，但是 $t=-1$ 超出了初始值的范围 $0\leqslant t\leqslant 5$，该方程的求解不仅需要知道求解区间的函数值，而且需要知道方程求解区间之前的函数值。如果给定了 $-1\leqslant t\leqslant 0$ 内 $y(t)$的值，该问题才有唯一的解。

6.3 解的存在性、唯一性和适定性

6.3.1 初值问题的存在性与唯一性

初值问题的存在性和唯一性比边值问题要简单，即使是很简单的边值问题，其解也可能不唯一。本章主要讨论初值问题解的存在性和唯一性问题。

对于显式的一阶常微分方程

$$\begin{cases} y_1'(t)=f_1(t,y_1(t),y_2(t),\cdots,y_d(t)) \\ y_2'(t)=f_2(t,y_1(t),y_2(t),\cdots,y_d(t)) \\ \vdots \\ y_d'(t)=f_n(t,y_1(t),y_2(t),\cdots,y_d(t)) \end{cases} \tag{6.20}$$

式(6.20)可以写成向量形式。先把等式左边的 $\boldsymbol{y}(t)$写为向量形式，

$$\boldsymbol{y}(t)=\begin{pmatrix} y_1(t) \\ y_2(t) \\ \vdots \\ y_d(t) \end{pmatrix} \tag{6.21}$$

再把等式右边的 $\boldsymbol{f}(t,\boldsymbol{y}(t))$写为向量形式，

$$\boldsymbol{f}(t,\boldsymbol{y}(t))=\begin{pmatrix} f_1(t,\boldsymbol{y}(t)) \\ f_2(t,\boldsymbol{y}(t)) \\ \vdots \\ f_d(t,\boldsymbol{y}(t)) \end{pmatrix} \tag{6.22}$$

把式(6.21)和式(6.22)代入式(6.20)，得到式(6.20)的向量形式为

$$\boldsymbol{y}'(t)=\boldsymbol{f}(t,\boldsymbol{y}(t)) \tag{6.23}$$

式(6.20)的初值为

$$y_1(t_0)=c_1,y_2(t_0)=c_2,\cdots,y_d(t_0)=c_d \tag{6.24}$$

同样式(6.24)的初值也可以写成向量的形式，

$$\boldsymbol{y}(t_0)=\boldsymbol{c}=\begin{pmatrix} c_1 \\ c_2 \\ \vdots \\ c_d \end{pmatrix} \tag{6.25}$$

常微分方程组写成向量的形式，不仅可以简化书写，而且和 MATLAB 的语法兼容，在理论的推导上面也有很多的好处。

粗略地说，常微分方程组(式(6.23))中，对于(t,y)(包含初值点(t_0,c))在区域 R 中的每个点处，如果函数 $f(t,y)$是光滑的，那么由式(6.23)和式(6.25)所组成的初值问题便有解，而且解是唯一的。光滑的意思是不含间断点和奇异点。

下面给出常微分方程组(6.23)解的唯一性更严格的数学描述。对于一阶常微分方程初值问题

$$\begin{cases} y'(t)=f(t,y(t)), & a\leqslant t\leqslant b \\ y(a)=y_0 \end{cases} \tag{6.26}$$

如果 $f(t,y(t))$ 满足 Lipschitz 条件

$$|f(t,y(t))-f(t,\overline{y(t)})|\leqslant L|y-\bar{y}|,\quad t\in[a,b] \tag{6.27}$$

式中,L 是一有界常数,称为 Lipschitz 常数,那么这个微分方程的解存在且唯一。

6.3.2 MATLAB 中常微分方程的通用形式及其向量表示

在 6.1.2 节中已经简单介绍了 MATLAB 中的常微分方程分类,本节给出更详细的表述。在 MATLAB 中显式常微分的通用的形式是

$$y'(t)=f(t,y(t)) \tag{6.28}$$

MATLAB 可以接受更加通用的形式即带质量矩阵的常微分方程,

$$\boldsymbol{M}(t,y)y'=\boldsymbol{F}(t,y) \tag{6.29}$$

式中,$\boldsymbol{M}$ 是质量矩阵(mass matrix),通过对质量矩阵求逆,式(6.29)也可以写成式(6.30)的形式

$$f(t,y)=\boldsymbol{M}(t,y)^{-1}\boldsymbol{F}(t,y) \tag{6.30}$$

但是写成式(6.30)所示的形式,需要对质量矩阵 $\boldsymbol{M}$ 求逆,这在某些情况下是比较繁琐的。

无论是哪种形式,式(6.28)、式(6.29)以及式(6.30)都是一阶的方程组,对于高阶的系统,需要增加自变量来降阶。通常增加一个变量,可以使得新的方程比原来的方程低一阶,方程的个数相应增加一个。例如单摆的方程为

$$\theta''+\sin(\theta)=0 \tag{6.31}$$

显然,式(6.31)是一个二阶的方程,把它变成一阶的,需要增加一个新变量,令 $y_1(t)=\theta(t)$,同时增加一个新的变量 $y_2(t)=\theta'(t)$,原方程(6.31)由一个方程变为两个方程

$$\left.\begin{aligned} y_1'(t)&=\theta'(t)=y_2(t) \\ y_2'(t)&=\theta''(t)=-\sin(\theta(t))=-\sin(y_1(t)) \end{aligned}\right\} \tag{6.32}$$

把式(6.32)方程组的中间推导部分省略,只取等式的首末项便得到

$$\left.\begin{aligned} y_1'(t)&=y_2(t) \\ y_2'(t)&=-\sin(y_1(t)) \end{aligned}\right\} \tag{6.33}$$

另外式(6.33)需要给定两个初始条件,例如给定

$$\left.\begin{aligned} y(0)&=\theta(0)=0 \\ y_2(0)&=\theta'(0)=0 \end{aligned}\right\} \tag{6.34}$$

如果是边值问题,需要给定式(6.33)求解区间两端的边值,而不是指定式(6.34)第二式的导数值。

$$\left.\begin{aligned} y_1(0)&=\theta(0)=0 \\ y_1(b)&=\theta(b)=\pi \end{aligned}\right\} \tag{6.35}$$

6.3.3 刚性常微分方程

"刚性"(stiffness)在常微分方程数值求解里是一个比较难懂又比较重要的概念。刚性依赖于微分方程,初值条件和所采用的数值算法。一个问题是刚性的直观上来说是待求的函数

值在求解区间里变化非常缓慢，但是在求解区间中的某些地方变化又非常快。在这个变化很快的地方，必须采用非常小的步长以获得满足精度的解。刚性从某种意义上来说是个效率问题。如果不关心所花费的求解时间，可以采用足够小的步长，因此就不用关心问题是否为刚性。非刚性的求解器也可以求解刚性问题，只是需要更多的求解时间。

火焰传播问题提供了一个关于“刚性”的例子。该例子来源于 Larry Shampine。他是 MATLAB ODE suite 的一个作者。如果你点燃一根火柴，因为燃烧的内部消耗氧气的数量会与火焰球在表面可以获得的氧气量相平衡，它会保持火焰的大小基本不变。这个简单的模型写成微分方程是

$$\left.\begin{aligned}\dot{y}&=y^2-y^3\\ y(0)&=\delta\\ 0\leqslant t&\leqslant 2/\delta\end{aligned}\right\}\tag{6.36}$$

式中，δ 表示火球的尺寸，而 y^2 和 y^3 表示燃烧火焰的表面积和体积，关键参数是初始的半径 δ，δ 是个很小的数。计算时间取成与 δ 成反比。

先取半径 $\delta=0.01$

```
delta = 0.01;
F = @(t,y) y^2 - y^3';
opts = odeset('RelTol',1.e-4);
ode45(F,[0 2/delta],delta,opts);
```

为了看到刚性，减小半径为 $\delta=0.0001$

```
delta = 0.00001;
[t1,y1]= ode45(F,[0 2/delta],delta,opts);
subplot(2,1,1)
plot(t1,y1,'-','Marker','.')
subplot(2,1,2)
plot(t1,y1,'-','Marker','.')
xlim([0.999e5,1.005e5])
ylim([0.9997,1.0003]) %局部放大图
```

程序运行结果如图 6-1 所示。

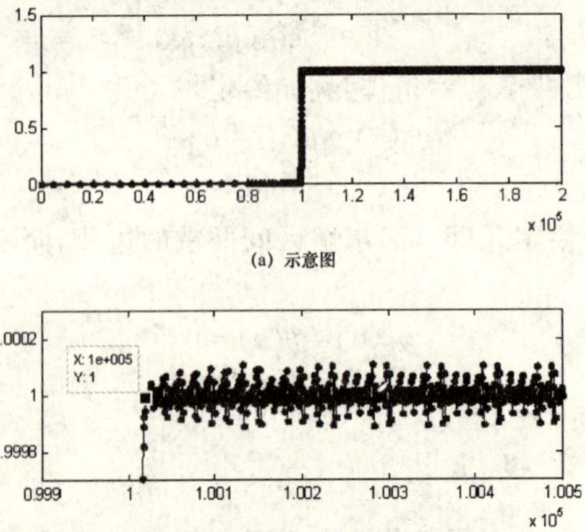

(a) 示意图

(b) 局部放大图

图 6-1　刚性方程求解结果示意图

图 6-1(b)是图 6-1(a)的局部放大(注意横坐标显示了放大的位置为 $0.999\times10^5\sim1.005\times10^5$)。很显然火焰传播问题起初并没有刚性,但是接近稳态即 y=1 时(如图 6-1(b)的 datatip 所指的纵坐标值),开始表现出刚性,求解非常的缓慢。解在这个地方会出现震荡。对于刚性问题,需要改变求解方法,采用专用的刚性求解器,可以采用更大的步长求解,因而求解速度更快,耗费的求解时间更少。ode45 不是刚性求解器,但是它也能求解式(6.36)的方程,只是速度慢,如果你减小误差选项,例如 odeset('RelTol',1.e-5)所需时间更长,效果会更加明显。

6.4　常微分方程的时域频域表示以及状态方程表示

6.4.1　时域与频域表示形式

单自由度振子的二阶常微分方程为

$$\ddot{x}+x=0 \tag{6.37}$$

式(6.37)为时域表示形式,对其两边做拉氏变换可以得到频域表示形式为(假设初始条件都是 0)

$$s^2X(s)+X(s)=0 \tag{6.38}$$

再举一个例子

$$\frac{\mathrm{d}^2}{\mathrm{d}t^2}x(t)+2\frac{\mathrm{d}}{\mathrm{d}t}x(t)+5x=3 \tag{6.39}$$

式(6.39)的频域表示形式可以使用 MuPad 符号工具箱的拉普拉斯变换得到。对式(6.39)等式的左边做拉氏变换

```
use(transform);
laplace((diff(x(t),t $ 2) + 2 * diff( x(t) , t) + 5 * x(t)),t,s);
```

s^2 transform::laplace$(x(t),t,s) - x'(0) - sx(0) - 2x(0) + 2s$ transform::laplace$(x(t),t,s) + 5$ transform::laplace$(x(t),t,s)$

```
subs( % ,transform::laplace(x(t),t,s) = X(s));
```

$5X(s) - x'(0) - 2x(0) - s\,x(0) + 2sX(s) + s^2X(s)$

```
collect( % ,s);
```

$X(s)s^2 + (2X(s) - x(0))s - x'(0) - 2x(0) + 5X(s)$

对方程(6.39)等式右边也做拉氏变换

```
laplace(3,t,s);
```

$\frac{3}{s}$

合并等式左边和等式右边的拉氏变换的结果,得到式(6.40),这就是式(6.39)的复数域

形式

```
sys1 := %2 = %1;
```

$$X(s)s^2+(2X(s)-x(0))s-x'(0)-2x(0)+5X(s)=\frac{3}{s}$$

$$s^2X(s)-D(x)(0)-sx(0)+2sX(s)-2x(0)+5\ \frac{x}{s}=\frac{3}{s} \tag{6.40}$$

```
subs(%,x(0) = 0,D(x)(0) = 0);
```

$$5X(s)+2sX(s)+X(s)s^2=\frac{3}{s}$$

以上两行代码中假设 $x(0)$,$D(x)(0)$都为 0,式(6.40)变为

$$s^2X(s)+2sX(s)+5\ \frac{x}{s}=\frac{3}{s} \tag{6.41}$$

求解式(6.41)的代数方程,得到 $X(s)$的解,

```
solve(%,X(s));
```

$$\begin{cases}\varnothing & \text{if } s^2+2s=-5\\ \left\{\frac{3}{s(s^2+2s+5)}\right\} & \text{if } s^2+2s\neq -5\end{cases}$$

$$X(s)=\frac{3}{s(s^2+2s+5)} \tag{6.42}$$

对(6.42)式进行逆拉氏变换就得到式(6.39)的时域解为

```
invlaplace(3/(s*(s^2 + 2*s + 5)),s,t);
```

$$\frac{3}{5}-\frac{3\left(\cos(2t)+\frac{\sin(2t)}{2}\right)}{5\mathrm{e}^2}$$

```
simplify(expand(%));
```

$$\frac{3}{5}-\frac{3\sin(2t)}{10\mathrm{e}^t}-\frac{3\cos(2t)}{5\mathrm{e}^t}$$

$$-3/5\mathrm{e}^{-t}\cos(2t)-3/10\mathrm{e}^{-t}\sin(2t)+3/5 \tag{6.43}$$

6.4.2 状态空间表示形式

对式(6.42)的传递函数形式可以借助控制工具箱的 tf 和 ss 函数转换成状态空间表示。首先,使用 tf 函数构造式(6.42)所示的传递函数模型,程序如下:

```
tf(3,[1 2 5 0])
Transfer function:
         3
---------------
s^3 + 2 s^2 + 5 s
```

其次，调用 ss 函数获得式(6.42)的状态空间表示为下面的 a,b,c,d 所示：

```
ss(ans)
a =
          x1      x2     x3
   x1    -2    -2.5      0
   x2     2       0      0
   x3     0       1      0
b =
        u1
   x1   1
   x2   0
   x3   0
c =
          x1   x2   x3
   y1     0     0  1.5
d =
        u1
   y1   0
```


6.5　单步多步和显式隐式概念

单步方法只用常微分方程数值序列前面一个点的信息(如 y_n，$f(t_n, y_n)$)来计算后一个点，例如计算(t_1, y_1)时候只用了初始点(t_0, y_0)。欧拉方法、休恩方法、泰勒方法以及著名的龙格-库塔方法，都是单步长的方法。所谓的信息是指的函数值，一阶导数值、二阶导数值及高阶导数值。一般地，用 y_k 来计算 y_{k+1}，例如以(t_0, y_0)计算(t_1, y_1)，(t_1, y_1)计算(t_2, y_2)，依此类推。如果不是只利用前一点的信息，而是利用前面多个点的信息，就是多步方法。多步方法的优点是可以确定局部截断误差(local truncation error)，并且可以包含一个校正项，用于在每一步计算中改善解的精度。该方法能确定步长是否小于能得到的 y_{k+1} 的精确值，同时又大到能够免除不必要的计算，也就是可以根据误差估计来估计步长从而采用自适应步长。

显式(explicit)、隐式(implicit)也是常见的两个概念。指的是所用差分格式是显式格式还是隐式格式。隐式差分格式，需要求解的 y_{k+1} 同时出现(包含)在差分格式的左边和右边，如式(6.44)，因此 y_{k+1} 不能直接的计算出来，需要联立方程组一起求解。显式格式和隐式格式的在性能上的区别主要在于稳定性，对于单步法有简单的结论，所有的显式单步法都是条件稳定的，所有的隐式单步法都是无条件稳定的。稳定性的概念实际上是步长大小的问题，条件稳定一般要求步长取在一定的范围之内，而隐式法的步长可以取得大一些。另一个区别是计算量，显式格式的计算量小，隐式格式的计算量大。

$$y_{k+1}=y_k+\frac{h}{2}(f(x_k,y_k)+f(x_{k+1},y_{k+1})) \tag{6.44}$$

6.6 常微分方程数值求解方法构造思想举例

本节以龙格-库塔方法为例从直观上介绍常微分数值求解算法的构造思想。到 6.7 节再详细分类叙述。

著名的龙格-库塔方法的主要公式为

$$\left.\begin{aligned}
&y_{k+1}=y_k+h\left(\frac{1}{6}k_1+\frac{2}{6}k_2+\frac{2}{6}k_3+\frac{1}{6}k_4\right)\\
&k_1=f(x_k,y_k)\\
&k_2=f(x_{k+1/2},y_k+\frac{h}{2}k_1)\\
&k_3=f(x_{k+1/2},y_k+\frac{h}{2}k_2)\\
&k_4=f(x_{k+1},y_k+hk_3)
\end{aligned}\right\} \tag{6.45}$$

式(6.45)可以采用泰勒公式展开或者差商代替微商来构造。下面直接从积分的意义上来理解，根据微积分基本定理，在一个小的步长$[x_n,x_{n+1}]$内，

$$y(x_{n+1})=y(x_n)+\int_{x_n}^{x_{n+1}}f(\xi,y)\mathrm{d}\xi \tag{6.46}$$

其中式(6.46)的最后一项可以写成

$$I_1=\int_{x_n}^{x_{n+1}}f(\xi,y)\mathrm{d}\xi \tag{6.47}$$

I_1 可以用不同的积分格式得到，例如采用左矩形格式，有

$$\int_{x_n}^{x_{n+1}}f(\xi,y)\mathrm{d}\xi=hf(x_n,y_n) \tag{6.48}$$

将式(6.48)代入式(6.46)得

$$y_{k+1}=y_k+hf(x_k,y_k) \tag{6.49}$$

式(6.49)就是欧拉公式，从式(6.49)中求出 f 为

$$f(x_k,y_k)=\frac{y_{k+1}-y_k}{h} \tag{6.50}$$

摘抄式(6.23)

$$f(t,y(t))=y'(t) \tag{6.51}$$

从式(6.51)知，$f(t,y(t))$等于 $y(t)$的导数 $y'(t)$。对比式(6.50)与式(6.51)，$f(x_k,y_k)$可以看成是等效导数 k^*，即

$$f(x_k,y_k)=k^* \tag{6.52}$$

把式(6.52)代入式(6.49)得到

$$y_{k+1}=y_k+hk^* \tag{6.53}$$

导数 $f(x_k,y_k)$用某种线性组合形式来表示，即 k^*。式(6.53)可以看作常微分方程单步法数值格式的通用形式，例如式(6.54)所示四阶的龙格-库塔格式来说

$$k^*=\left(\frac{1}{6}k_1+\frac{2}{6}k_2+\frac{2}{6}k_3+\frac{1}{6}k_4\right) \tag{6.54}$$

式中 k_1 为

$$k_1 = f(x_k, y_k) \tag{6.55}$$

k_2 由 k_1 向前推进半个步长而得到

$$k_2 = f\left(x_{k+1/2}, y_k + \frac{h}{2}k_1\right) \tag{6.56}$$

k_3、k_4 以此类推，最终的等效 k^* 由 k_1、k_2、k_3、k_4 的线性组合得到，具体的系数配置以及中间节点的位置，由泰勒公式展开和差分格式比较而得到，在此不再详述。

6.7　常微分方程数值解的基本原理

6.7.1　一阶常微分方程与一阶微分方程组

因为高阶的常微分方程可以化为一阶的常微分方程组，所以一阶的常微分方程组的数值解法是常微分方程组数值解的基础。同时一阶常微分数值解理论也最为成熟。本节只讨论可以写为显式形式的常微分方程组。常微分方程的数值求解，就是要对求解区间 $[a,b]$ 以及常微分方程 $y'(t)=f(t,y(t))$ 进行离散。

6.7.2　求解区间[a,b]的离散

对求解区间 $[a,b]$ 的离散，就是把连续的求解区间用有限数目的离散点来代替，或者说在 a 和 b 之间插入一系列的分点 $\{x_k\}$，即

$$a = x_0 < x_1 < \cdots < x_n < x_{n+1} < \cdots < x_N = b \tag{6.57}$$

记 $h_n = x_{n+1} - x_n (n=0,1,\cdots,N-1)$，称 h_n 为步长，这里取 $h_n = h$（常数），节点 $x_{n+1} = x_0 + nh(n=0,1,\cdots,N)$。也有变步长算法和自适应算法，本书不讨论。

6.7.3　微分方程的离散

将微分方程离散，一般采用下面的3种方法。

(1) 差商逼近法

使用适当的差商作为导数的近似。

(2) 数值积分法

数值积分法把初值问题化为积分方程来求解。为方便，重写式(6.26)给出的一阶初值问题为：

$$\begin{cases} y'(t) = f(t, y(t)), & a \leqslant t \leqslant b \\ y(a) = y_0 \end{cases} \tag{6.58}$$

式(6.58)中的 y 和 t 均可以看做是向量，因此式(6.58)可以同时包含一阶常微分方程和一阶常微分方程组。利用积分基本定理，在某个区间内有

$$y(x_m) - y(x_n) = \int_{x_n}^{x_m} f(x, y(x))\mathrm{d}x, \qquad (y(x_0) = y_0, \quad m > n) \tag{6.59}$$

等式的右边可以采用各种数值积分公式离散，从而获得原初值问题的离散差分格式。

(3) Taylor(泰勒)展开法

Taylor 展开法基本思想是构造一个关于真解及有关信息的含参量算子(局部截断误差),将算子中各项在某点处按 Taylor 展开式展开,合并同类项并舍去某些高阶余项,令同类项系数为零,得到原算子中的参数或者部分参数,由此获得一个关于数值解的差分方程。

6.7.4 Taylor 展开法

由于 Taylor 方法的重要性,本节单独讲解 Taglor 展开法。某些线性多步公式可以由数值积分方法构造,有些不可以,但是用 Taylor 公式展开总是可以的,因而 Taylor 公式更具一般性。本节使用 Taglor 展开法构造线性多步公式。首先给出一元函数 Taglor 公式,线性多步公式及线性多步公式的截断误差式。

一元函数的 Taylor 公式

$$f(x)=f(x_0)+f'(x_0)\Delta x+\frac{1}{2}f''(x_0)\Delta x^2+\cdots \tag{6.60}$$

式中,$\Delta x\equiv x-x_0$,$\Delta x^2\equiv(x-x_0)^2$

线性多步公式的通式

$$\begin{aligned} y_{n+1}&=\alpha_0 y_n+\alpha_1 y_{n-1}+\cdots\alpha_r y_{n-r}+h(\beta_{-1}f_{n+1}+\beta_0 f_n+\beta_1 f_{n-1}+\cdots+\beta_r f_{n-r}) \\ &=\sum_{k=0}^{r}\alpha_k y_{n-k}+h\sum_{k=-1}^{r}\beta_k f_{n-k} \end{aligned} \tag{6.61}$$

式(6.61)中若令 $\beta_{-1}=0$,得到的公式是显式多步法,如果 $\beta_{-1}\neq 0$,得到的公式是隐式多步法。由式(6.61)得到的显式多步法和隐式多步法公式关于 y_k 和 f_k 是线性的,所以统称为线性多步法。

式(6.61)的线性多步公式的截断误差为

$$T_{n+1}=y(x_{n+1})-\left[\sum_{k=0}^{r}\alpha_k y(x_{n-k})+h\sum_{k=-1}^{r}\beta_k y'(x_{n-k},y(x_{n-k}))\right] \tag{6.62}$$

现在需要确定式(6.61)差分格式的系数,即利用 Taylor 公式展开原理和 p 阶精度的约束条件,即截断误差 $T_{n+1}=O(h^{p+1})$ 来确定 α_k,β_k。对式(6.62)右端的各项在 x_n 点做 Taylor 展开,注意到,在等步长时

$$x_{n-k}=x_n+(-kh) \tag{6.63}$$

Taylor 公式对 Δx 的符号没有要求,只要是小量即可,取 $\Delta x=-kh$,把 $\Delta x=-kh$ 代入式(6.60),对 $y(x_{n-k})$在 x_n 点展开,

$$\begin{aligned} y(x_{n-k})&=y(x_n)+(-kh)y'(x_n)+\frac{(-kh)^2}{2}y''(x_n)+\cdots+\frac{(-kh)^p}{p!}y^{(p)}(x_n)+ \\ &\quad\frac{(-kh)^{p+1}}{(p+1)!}y^{(p+1)}(x_n)+O(h^{p+2})= \\ &\quad\sum_{j=1}^{p}\frac{(-kh)^j}{(j)!}y^{(j)}(x_n)+\frac{(-kh)^{p+1}}{(p+1)!}y^{(p+1)}(x_n)+O(h^{p+2}) \end{aligned} \tag{6.64}$$

仍取 $\Delta x=-kh$,根据式(6.60)对 $y'(x_{n-k})$在 x_n 点展开

$$y'(x_{n-k})=y'(x_n)+(-kh)y''(x_n)+\frac{(-kh)^2}{2}y'''(x_n)+\cdots+\frac{(-kh)^{p-1}}{(p-1)!}y^{(p)}(x_n)+$$

$$\frac{(-kh)^p}{(p)!}y^{(p+1)}(x_n)+O(h^{p+1})=$$

$$\sum_{j=1}^{p}\frac{(-kh)^{j-1}}{(j-1)!}y^{(j)}(x_n)+\frac{(-kh)^p}{(p)!}y^{(p+1)}(x_n)+O(h^{p+1}) \tag{6.65}$$

从式(6.62)可知，每个y'前都乘以了小量h，按展开同阶的原则，式(6.65)可以比式(6.64)少展开一阶。把式(6.64)和式(6.65)代入局部截断误差式(6.62)，按小量h的阶次来合并同阶次的量。令$\frac{(-kh)^j}{k!}=\frac{h^j}{k!}(-k)^j$，把公共项$\frac{h^j}{k!}$提出得到

$$T_{n+1}=\left(1-\sum_{k=0}^{r}\alpha_k\right)y(x_n)+\sum_{j=0}^{p}\frac{h^j}{k!}\left[1-\left(\sum_{k=1}^{r}(-k)^j\alpha_k+j\sum_{k=-1}^{r}(-k)^{j-1}\beta_k\right)\right]y^{(j)}(x_n)+$$
$$\frac{h^{p+1}}{(p+1)!}\left[1-\left(\sum_{k=1}^{r}(-k)^{p+1}\alpha_k+(p+1)\sum_{k=-1}^{r}(-k)^p\beta_k\right)\right]y^{(p+1)}(x_n)+O(h^{p+2}) \tag{6.66}$$

令式(6.66)中$y(x_n),h^1,h^2,\cdots,h^p$的系数为零，就得到关于$\alpha_k$和$\beta_k$的方程组

$$\begin{cases}\sum_{k=0}^{r}\alpha_k=1\\ \left(\sum_{k=1}^{r}(-k)^j\alpha_k+j\sum_{k=-1}^{r}(-k)^{j-1}\beta_k\right)=1, \quad j=1,2,\cdots,p\end{cases} \tag{6.67}$$

根据式(6.67)的约束方程，式(6.66)等号右边前面所有项都为零，只剩下最后两项属于局部截断误差

$$T_{n+1}=\frac{h^{p+1}}{(p+1)!}\left[1-\left(\sum_{k=1}^{r}(-k)^{p+1}\alpha_k+(p+1)\sum_{k=-1}^{r}(-k)^p\beta_k\right)\right]y^{(p+1)}(x_n)+O(h^{p+2}) \tag{6.68}$$

下面利用式(6.67)构造几个常用的4阶线性多步公式，取$r=3,p=4$时，式(6.61)可以写成

$$y_{n+1}=\alpha_0y_n+\alpha_1y_{n-1}+\alpha_2y_{n-2}+\alpha_3y_{n-3}+h(\beta_{-1}f_{n+1}+\beta_0f_n+\beta_1f_{n-1}+\beta_2f_{n-2}+\beta_3f_{n-3}) \tag{6.69}$$

式(6.62)可以写成

$$T_{n+1}=\frac{h^5}{(5)!}\left[1-\left(\sum_{k=1}^{3}(-k)^5\alpha_k+5\sum_{k=-1}^{3}(-k)^4\beta_k\right)\right]y^{(5)}(x_n)+O(h^6) \tag{6.70}$$

式(6.69)中有4个α_k和5个β_k，总共9个未知量，从式(6.67)的约束条件可以得到$1+p=5$个方程，还剩4个自由变量。由式(6.67)得到具体的约束方程为

$$\begin{cases}\alpha_0+\alpha_1+\alpha_2+\alpha_3=1\\ -\alpha_1-2\alpha_2-3\alpha_3+\beta_{-1}+\beta_0+\beta_1+\beta_2+\beta_3=1\\ \alpha_1+4\alpha_2+9\alpha_3+2\beta_{-1}-2\beta_1-4\beta_2-6\beta_3=1\\ -\alpha_1-8\alpha_2-27\alpha_3+3\beta_{-1}+3\beta_1+12\beta_2+27\beta_3=1\\ \alpha_1+16\alpha_2+81\alpha_3+4\beta_{-1}-4\beta_1-32\beta_2-108\beta_3=1\end{cases} \tag{6.71}$$

人为取$\alpha_0=\alpha_1=\alpha_2=\beta_1=0$，解式(6.71)可得$\alpha_3=1,\beta_0=\frac{8}{3},\beta_1=-\frac{4}{3},\beta_2=\frac{8}{3},\beta_3=0$。这就得到了米尔尼(Milne)4步4阶显式公式

$$y_{n+1}=y_{n-3}+\frac{4h}{3}(2f_n-f_{n-1}+2f_{n-2}) \tag{6.72}$$

式(6.72)的局部截断误差是

$$T_{n+1}=\frac{14}{45}h^5 y^{(5)}(\xi_n),\qquad \xi_n\in(x_{n-3},x_{n+1}) \tag{6.73}$$

若取 $\alpha_1=\alpha_3=\beta_2=\beta_3=0$,解式(6.71)的方程组可得 Hamming(哈明)3 步 4 阶隐式公式

$$y_{n+1}=\frac{1}{8}(9y_n-y_{n-2})+\frac{3h}{8}(f_{n+1}+2f_n-f_{n-1}) \tag{6.74}$$

其局部截断误差是

$$T_{n+1}=-\frac{1}{40}h^5 y^{(5)}(\xi_n),\qquad \xi_n\in(x_{n-2},x_{n+1}) \tag{6.75}$$

若取 $\alpha_0=\alpha_2=\alpha_3=\beta_3=0$,解式(6.71)的方程组可得 Simpson 隐式公式

$$y_{n+1}=y_{n-1}+\frac{h}{3}(f_{n+1}+4f_n+f_{n-1}) \tag{6.76}$$

其局部截断误差是

$$T_{n+1}=\frac{1}{90}h^5 y^{(5)}(\xi_n),\qquad \xi_n\in(x_{n-1},x_{n+1}) \tag{6.77}$$

若取 $\alpha_1=\alpha_2=\alpha_3=\beta_{-1}=0$,解式(6.71)的方程组可得 4 步 4 阶显式 Adams 公式。

若取 $\alpha_1=\alpha_2=\alpha_3=\beta_3=0$,解式(6.71)的方程组可得 4 步 4 阶隐式 Adams 公式。

线性多步公式与同阶的单步公式相比,不需要反复的计算函数 $f(x,y)$的值,计算的工作量大为减少,但是线性多步方法需要知道前面若干个数值解才可以工作,所以开头的几个值需要用同阶的单步方法求得。这就是线性多步方法的启动过程。

对于式(6.67)的符号求解,以式(6.74)哈明 3 步 4 阶隐式公式为例,代码如下:

```
>> mupad
f11: = sum(a[r],r = 0..3) = 1;
j: = 1;f21: = sum((-r)^j * a[r],r = 1..3) + j * sum((-r)^(j-1) * b[r],r = -1..3) = 1;
j: = 2;f22: = sum((-r)^j * a[r],r = 1..3) + j * sum((-r)^(j-1) * b[r],r = -1..3) = 1;
j: = 3;f23: = sum((-r)^j * a[r],r = 1..3) + j * sum((-r)^(j-1) * b[r],r = -1..3) = 1;
j: = 4;f24: = sum((-r)^j * a[r],r = 1..3) + j * sum((-r)^(j-1) * b[r],r = -1..3) = 1;
f11;f21;f22;f23;f24;
a[1]: = 0;a[3]: = 0;b[2]: = 0;b[3]: = 0;
solve({f11,f21,f22,f23,f24});
```

以上代码的结果输出为如下所示,首先是如式(6.71)所示的五个方程

$$a_0+a_1+a_2+a_3=1$$
$$b_0-2a_2-3a_3-a_1+b_{-1}+b_2+b_3=1$$
$$a_1+4a_2+9a_3+2b_{-1}-2b_1-4b_2-6b_3=1$$
$$3b_{-1}-8a_2-27a_3-a_1+3b_1+12b_2+27b_3=1$$
$$a_1+16a_2+81a_3+4b_{-1}-4b_1-32b_2-108b_3=1$$

其次求得的系数如下所示,正与式(6.74)的系数相等。

$$\left\{\left[a_0=\frac{9}{8},a_2=-\frac{1}{8},b_0=\frac{3}{4},b_{-1}=\frac{3}{8},b_1=-\frac{3}{8}\right]\right\}$$

其他如式(6.72)、式(6.76)等公式以及本节中未给出的许多线性多步公式都可以仿照上

述过程求解，不再赘述。

6.7.5　常微分方程数值求解的欧拉方法

欧拉方法比较简单。求解区间为$[a,b]$的一阶初值问题（如式(6.58)）。根据式(6.60)的 Taylor 公式，选用 t 作为自变量，对函数 $y(t)$ 在点 t_0 展开得到

$$y(t)=y(t_0)+y'(t_0)(t-t_0)+\frac{1}{2}y''(c_1)(t-t_0)^2 \tag{6.78}$$

将 $y'(t_0)=f(t_0,y(t_0))$ 和 $h=t_1-t_0$ 代入式(6.78)，得到 $y(t_1)$ 的表达式为

$$y(t_1)=y(t_0)+hf(t_0,y(t_0))+\frac{1}{2}y''(c_1)h^2 \tag{6.79}$$

式中，c_1 是介于 t_0 和 t 之间的某个值。如果步长 h 足够小，那么可以忽略 2 次项（即含 h^2 的最后一项），得到

$$y(t_1)=y(t_0)+hf(t_0,y(t_0)) \tag{6.80}$$

式(6.80)就是常微分方程的欧拉近似公式。重复以上过程，就能得到函数 $y=y(t)$ 的一个逼近序列。得到欧拉差分公式的通式为

$$\left.\begin{aligned} &t_{k+1}=t_k+h \\ &y_{k+1}=y_k+hf(t_k,y_k), \qquad k=0,1,\cdots,N-1 \end{aligned}\right\} \tag{6.81}$$

6.7.6　欧拉方法的 MATLAB 实现

依据式(6.81)，欧拉公式的求解代码 ode_euler 函数如下。需要注意的是代码中 k 不像式(6.81)所示从 0 开始，而是从 1 开始，因为 MATLAB 的数组的索引指标必须从 1 开始。

```
%ode_euler.m
function [t,y] = ode_euler(f,a,b,ya,M)
% f 函数
% a 和 b 求解区域的端点
% ya 是初始条件 y(a)
% M 求解步数
% f 如果是文件,调用 [t,y] = euler(@f,a,b,ya,M).
% f 如果是匿名函数,调用[t,y] = euler(f,a,b,ya,M).
h = (b - a)/M;
T = zeros(1,M + 1);
Y = zeros(1,M + 1);
T = a:h:b;
Y(1) = ya;
for k = 1:M
    Y(k + 1) = Y(k) + h * f(T(k),Y(k));
end
t = T';
y = Y';
```

先定义一个常微分方程作为求解对象，为简便起见，定义非常简单的正弦函数作为被积函数，方程为

$$y'(t)=-\sin(t) \tag{6.82}$$

当初始条件为 y(0)=1 时,式(6.82)的解析解为

$$y(t)=\cos(t) \tag{6.83}$$

式(6.82)的常微分方程的代码可以写为如下 ode_sin 函数:

```
% ode_sin.m
function dydt = ode_sin(t,y)
dydt = -sin(t);
```

调用 ode_euler 求解式(6.82)所定义的方程,代码如下:

```
% call_ode_euler.m
[t,y] = ode_euler(@ode_sin,0,4 * pi,1,200);
figure,plot(t,y),title('欧拉方法示例');
```

用以上的欧拉方法求得的数值解如图 6-2 所示。

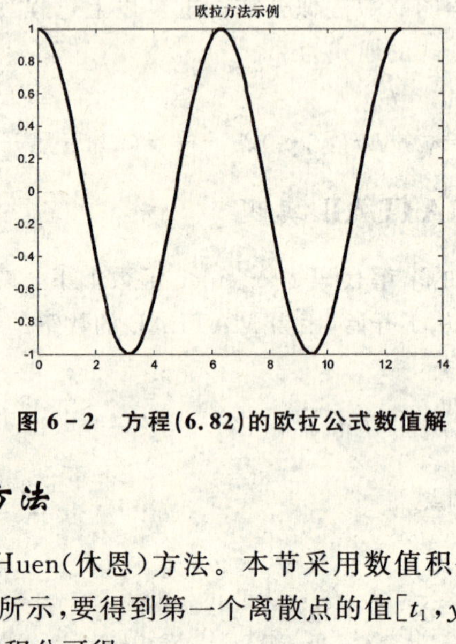

图 6-2 方程(6.82)的欧拉公式数值解

6.7.7 改进的欧拉方法

改进的欧拉方法,又称 Huen(休恩)方法。本节采用数值积分法来得到休恩方法的差分公式。初值问题如式(6.58)所示,要得到第一个离散点的值$[t_1,y_1]$,采用微积分基本定理,对$y'(t)$在第一个小区间$[t_0,t_1]$积分可得

$$\int_{t_0}^{t_1} f(t,y(t))\mathrm{d}t = \int_{t_0}^{t_1} y'(t)\mathrm{d}t = y(t_1)-y(t_0) \tag{6.84}$$

对式(6.84)首末两项所代表的等式移项有

$$y(t_1) = y(t_0) + \int_{t_0}^{t_1} f(t,y(t))\mathrm{d}t \tag{6.85}$$

式(6.85)中,最后一项是定积分,$f(t,y(t))$已知,可以通过数值积分得到,如果采用步长$h=t_1-t_0$ 的梯形公式,结果为

$$y(t_1)\approx y(t_0)+\frac{h}{2}(f(t_0,y(t_0)))+f(t_1,y(t_1))) \tag{6.86}$$

注意到等式右边也含有待求的 $y(t_1)$,这是一个隐式公式,进一步求解,需要给定 $y(t_1)$一个估计值或者猜测值,6.7.5 节的欧拉方法刚好可以给出一个估计值,把式(6.81)的欧拉公式得到的值代入式(6.86),就得到了改进的欧拉公式。

$$y(t_1)=y(t_0)+\frac{h}{2}(f(t_0,y(t_0)))+f(t_1,y_0+hf(t_0,y_0)) \tag{6.87}$$

重复这个过程,可以得到待解函数 $y=y(t)$ 的一系列离散点的值,在式(6.87)里,欧拉方法作为预报步,而采用梯形公式作为校正步。因此休恩方法的一般步骤分为两步:

① 预报步(predictor),根据式(6.81)得

$$p_{(k+1)}=y_k+hf(t_k,y_k),\qquad t_{k+1}=t_k+h \tag{6.88}$$

② 校正步(corrector),根据式(6.87)和式(6.88)得

$$y_{k+1}=y_k+\frac{h}{2}(f(t_k,y_k))+f(t_{k+1},p_{k+1}) \tag{6.89}$$

6.7.8 改进的欧拉方法的MATLAB实现

根据式(6.88)和式(6.89),可以写出休恩公式的代码为

```
% ode_heun.m
function [t,y] = ode_heun(f,a,b,ya,M)
% 休恩公式求解常微分方程
% f 函数
% a 和 b 求解区域的端点
% ya 是初始条件 y(a)
% M 求解步数
% f 如果是文件,调用 [t,y] = ode_heun(@f,a,b,ya,M).
% f 如果是匿名函数,调用[t,y] = ode_heun(f,a,b,ya,M).
h = (b - a)/M;
T = zeros(1,M + 1);
Y = zeros(1,M + 1);
T = a:h:b;
Y(1) = ya;
for j = 1:M
   k1 = f(T(j),Y(j));
   k2 = f(T(j + 1),Y(j) + h * k1);
   Y(j + 1) = Y(j) + (h/2) * (k1 + k2);
end
t = T';
y = Y';
```

调用 ode_heun 求解常微分方程(6.82),得到的结果和图 6-2 一样。

```
% call_ode_heun.m
[t,y] = ode_heun(@ode_sin,0,4 * pi,1,200);
figure,plot(t,y),title('休恩方法示例');
```

6.7.9 四阶龙格-库塔公式的MATLAB实现

6.6.1 节的式(6.45)给出了四阶龙格-库塔公式。相应的MATLAB代码如下:

```
%ode_rk4.m
function [t,y] = ode_rk4(f,a,b,ya,M)
% 四阶龙格-库塔方法
% f 函数
% a 和 b 求解区域的端点
% ya 是初始条件 y(a)
% M 求解步数
% f 如果是文件,调用 [t,y] = ode_rk4 (@f,a,b,ya,M).
% f 如果是匿名函数,调用[t,y] = ode_rk4 (f,a,b,ya,M).
h = (b - a)/M;
T = zeros(1,M + 1);
Y = zeros(1,M + 1);
T = a:h:b;
Y(1) = ya;
for j = 1:M
   k1 = h * f(T(j),Y(j));
   k2 = h * f(T(j) + h/2,Y(j) + k1/2);
   k3 = h * f(T(j) + h/2,Y(j) + k2/2);
   k4 = h * f(T(j) + h,Y(j) + k3);
   Y(j + 1) = Y(j) + (k1 + 2 * k2 + 2 * k3 + k4)/6;
end
t = T';
y = Y';
```

调用 ode_rk4 求解常微分方程(6.82),得到的结果和图 6-2 一样。

```
% call_ode_rk4.m
[t,y] = ode_rk4(@ode_sin,0,4 * pi,1,200);
figure,plot(t,y),title('龙格库塔方法示例');
ylim([-1,1])
```

6.7.10 Adams 预测-校正公式

类似改进的欧拉公式(参看式(6.88)和式(6.89)),将 4 步 4 阶显式的 Adams 公式作为预测公式,3 步 4 阶的隐式 Adams 公式作为校正步,可以构成 Adams 预报-校正公式,

(1) 预报步

$$y_{n+1}^{p}=y_n+\frac{h}{24}(55f_n-59f_{n-1}+37f_{n-2}-9f_{n-3}) \tag{6.90}$$

(2) 校正步

$$y_{n+1}=y_n+\frac{h}{24}(9f(x_{n+1},y_{n+1}^{p})+19f_n-5f_{n-1}+f_{n-2}) \tag{6.91}$$

具体的 MATLAB 代码如下所示。值得注意的是,Adams 预测校正公式是线性多步公式,前几个值需要用单步法计算得到,在下面的 ode_adams_pc 函数中包含了对子函数 rk4 的调用,用于构造启动 Adams 预测校正公式的前 4 个值。

```
% ode_adams_pc.m
function [t,y] = ode_adams_pc(f,tspan,y0,N)
% 使用 adams 方法求解  y'(t) = f(t,y(t))
% f 待求函数
% tspan = [t0,tf]
% y0 是初始条件 y(t0)
% N 求解步数
% f 如果是文件,调用 [t,y] = ode_adams_pc (@f,a,b,ya,M).
% f 如果是匿名函数,调用[t,y] = ode_adams_pc (f,a,b,ya,M).

if nargin < 4 | N <= 0, N = 100; end % 默认最大迭代步数 100
y0 = y0(:)'; % y0 转为行向量
h = (tspan(2) - tspan(1))/N; % 时间不长

tspan0 = tspan(1) + [0 3] * h;
[t,y] = rk4(f,tspan0,y0,3); % 前四步使用龙格-库塔方法计算
t = [t(1:3)' t(4):h:tspan(2)]';
for k = 1:4, F(k,:) = feval(f,t(k),y(k,:)); end
h24 = h/24; h241 = h24 * [1 -5 19 9]; h249 = h24 * [-9 37 -59 55];
for k = 4:N
    p1 = y(k,:) + h249 * F; % 预测步
    y(k + 1,:) = y(k,:) + h241 * [F(2:4,:);feval(f,t(k + 1),p1) ]; % 校正步
    F = [F(2:4,:);feval(f,t(k + 1),y(k + 1,:))]; % 更新函数值
end
end
function [t,y] = rk4(f,tspan,y0,N) % 龙格-库塔子函数
y(1,:) = y0(:)';
h = (tspan(2) - tspan(1))/N; t = tspan(1) + [0:N]' * h;
for k = 1:N
    f1 = h * feval(f,t(k),y(k,:)); f1 = f1(:)';
    f2 = h * feval(f,t(k) + h/2,y(k,:) + f1/2); f2 = f2(:)';
    f3 = h * feval(f,t(k) + h/2,y(k,:) + f2/2); f3 = f3(:)';
    f4 = h * feval(f,t(k) + h,y(k,:) + f3); f4 = f4(:)';
    y(k + 1,:) = y(k,:) + (f1 + 2 * (f2 + f3) + f4)/6;
end
end
```

调用 ode_adams_pc 求解常微分方程(6.82),输出结果如图 6-3 所示,图中对 ode_adams_pc 函数和系统自带的 ode45 函数得到的结果进行了对比。

```
% call_ode_adams_pc.m
[t,y] = ode45(@ode_sin,[0,20],1);
plot(t,y,'or')
[t,y] = ode_adams_pc(@ode_sin,[0,20],1,50);
hold on
plot(t,y,'-')
hold off
title('ode45 方法和改进的 Adams 预测校正方法比较');
legend('ode45','Adams');
xlim([0,25])
```

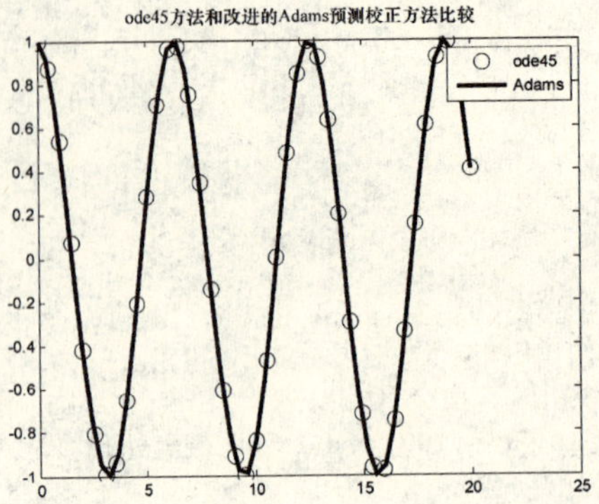

图 6-3　Adams 预测校正方法与 ode45 方法的对比

6.8　常微分方程工具箱

6.8.1　总体介绍

常微分方程工具箱主要包含 4 类函数，即求解器函数，求解器选项设置函数，结果输出函数以及解的扩展函数。如表 6-1 所列。

表 6-1　常微分工具箱主要函数

分　类	函　数	描　述
常微分方程求解器	ode45	非刚性微分方程，中阶方法（4 或者 5 阶）
	ode23	非刚性微分方程，低阶方法（2～3 阶）
	ode113	非刚性微分方程，变阶方法（1～13 阶）
	ode15s	刚性微分方程和微分代数方程，变阶方法（1～5 阶）
	ode23s	刚性微分方程，低阶方法（2～3 阶）
	ode23t	中等刚性微分方程和微分代数方程（DAE），梯形公式
	ode23tb	刚性微分方程，低阶方法
	ode15i	完全隐式的微分方程（1～5 阶）
常微分方程选项处理	odeset	创建或者改变常微分方程选项参数（options）
	odeget	得到常微分方程选项参数（options）
常微分方程输出函数	odeplot	时间序列图
	odephas2	二维相平面图
	odephas3	三维相平面图
	odeprint	输出到命令窗口
求值和解的扩展	deval	使用常微分求解器结果输出计算数值解
	odextend	常微分方程初值问题解的扩展

6.8.2 各个求解器的特点与比较

不同的微分方程性态不同，或存在刚性，或存在弱奇异等，需要针对不同的特点选用不同的方法。表 6-2 列出了常微分工具箱不同求解器的特点与应用场合。

表 6-2 常微分工具箱求解器比较

求解器	刚 性	算 法	应用场合
ode45	非刚性	单步，4～5 阶龙格-库塔	首选，大多数场合
ode23	非刚性	单步，2～3 阶龙格-库塔	精度较低场合
ode113	非刚性	多步，1～13 阶 Adams 算法	若 ode45 计算时间场，尝试 ode113
ode15s	刚性	多步，Gear's 反向数值积分	存在质量矩阵时
ode23s	刚性	单步，2 阶 Rosenbrock 算法	低精度或存在质量矩阵时
ode23t	中等刚性	梯形算法	中等刚性问题
ode23tb	刚性	梯形-反向数值微分两阶段算法	低精度或存在质量矩阵时
ode15i	完全隐式	可以求解完全隐式的常微分方程	完全隐式方程

6.8.3 使用 odefile.m 模板求解常微分方程

使用命令 edit odefile.m 可以打开 odefile.m 文件，该文件是 MATLAB 提供的一个“模板”文件，可以帮助读者理解和编写常微分方程 M 文件。作者替换了部分原文件的英文注释。读者求解常微分方程时，可以模仿 odefile.m 写出自己的常微分方程 M 文件。odefile.m 的代码如下：

```
%ODEFILE  ODE 语法文件
%求解常微分方程时，首先需要写一个 ODE 文件来包含你要定义的微分方程.
%该文件将作为在 ODE 求解器的第一个输入参数，在这里称作 'ODEFILE'.
%你也可以取其它任何文件名.
% 注意，下面的内容是 MATLAB v5 的 ODE 文件模板.
% 默认，ODE 求解器求解形式为 dy/dt = F(t,y)的初值问题
% t 是自变量，y 是一个矢量形式的因变量
% 求解器反复调用 F = ODEFILE(T,Y)，参数 T 是标量，Y 是列向量
% 输出的 F 是一个和 Y 同样长度的列向量.
% 必须注意的是 ODEFILE 必须接收 T 和 Y，即使它并不一定使用它.
% 一个最简单的 ODEFILE 可以写成如下的形式
%
%function F = odefile(t,y)
%F = < 这里插入一个关于 t 或同时关于 t 与 y 的函数 >;
%
% 像用户指南里所描述，ODE 的求解器可以在 ODEFILE 里添加附加的参数信息，
% 在这种更加通用的情形，ODEFILE 需要相应额外的参数，可以写成如下的形式
% ODEFILE(T,Y,FLAG,P1,P2,...)
% T 和 Y 是积分变量，FLAG 是小写的字符串，指明 ODEFILE 返回信息的类型.
% P1,P2,... 任意附加的参数
% 当前支持的 flags 如下
```

```
%
%    FLAGS        返回值
%    "(空)     - F(t,y)
%    'init'     - 默认的 TSPAN, Y0 and OPTIONS
%    'jacobian' - 雅克比矩阵 J(t,y) = dF/dy
%    'jpattern' - 反应雅克比矩阵稀疏性的模式图
%    'mass'     - 质量矩阵 M, M(t), or M(t,y), 用于求解 M * y' = F(t,y)
%    'events'   - 越零检测位置信息(zero - crossing location)
%
% 注意:下面的模板用于扩展的 ODE("扩展"是指 MATLAB v6 版本的 ODE)
% 使用两个附加参数的模板,这个模板使用了子函数功能.
% 必须注意到下面的模板包含了比较多的内容,一般是不需要这么多附加内容的.
% 例如'jacobian'信息是用于解析计算雅克比矩阵的时候才用.
% 'jpattern'信息用于数值的生成雅克比矩阵
%
% function varargout = odefile(t,y,flag,p1,p2)
% odefile 是"父"函数,f,init,jacobian,jpattern,mass,events 是"子"函数
% varargout 是 MATLAB 的可变长度输出参数
% switch flag % 使用 switch 判断 flag 的类型,调用相应的子函数
% case "                                  % 返回 dy/dt = f(t,y)
%   varargout{1} = f(t,y,p1,p2);
% case 'init'                              % 返回默认的 [tspan,y0,options]
%   [varargout{1:3}] = init(p1,p2);
% case 'jacobian'                          % 返回雅克比矩阵 df/dy
%   varargout{1} = jacobian(t,y,p1,p2);
%   case 'jpattern'                 % 返回稀疏性模式矩阵 5
%   varargout{1} = jpattern(t,y,p1,p2);
% case 'mass      '                        % 返回质量矩阵
%   varargout{1} = mass(t,y,p1,p2);
% case 'events'                     % 返回事件 [value,isterminal,direction]
%   [varargout{1:3}] = events(t,y,p1,p2);
% otherwise
%   error(['Unknown flag " flag ".']);
% end
%
% % ------------------------------------
% 对应的"子"函数定义
% function dydt = f(t,y,p1,p2)
% dydt = < 这里插入关于 t 和/或 y 的函数,还可以添加附加参数 p1, and p2>
%
% % ------------------------------------
%
% function [tspan,y0,options] = init(p1,p2)
% tspan = < 这里插入 tspan >;
% y0 = < 这里插入 y0 >;
% options = < 这里插入 options = odeset(...) 或者 []>;
%
% % ------------------------------------
%
% function dfdy = jacobian(t,y,p1,p2)
```

```
% dfdy = < 这里插入雅克比矩阵 >;
%
% % ------------------------------------
%
% function S = jpattern(t,y,p1,p2)
% S = < 这里插入雅克比矩阵稀疏模式 >;
%
% % ------------------------------------
%
% function M = mass(t,y,p1,p2)
% M = <这里插入质量矩阵 >;
%
% % ------------------------------------
%
% function [value,isterminal,direction] = events(t,y,p1,p2)
% value = < 这里插入事件函数向量>
% isterminal = < 这里插入逻辑向量>;
% direction = < 这里插入方向向量>;
```

6.8.4 odefile.m 模板使用

定义 odefile,这里改名字为 vdp1.m。

```
% vdp1.m
function [out1,out2,out3] = vdp1(t,y,flag)
if nargin < 3 | isempty(flag)
  out1 = [y(1).*(1-y(2).^2)-y(2); y(1)];
else
  switch(flag)
    case 'init'                          % Return tspan, y0, and options.
      out1 = [0 20];
      out2 = [2; 0];
      out3 = [];
  otherwise
    error(['Unknown request "' flag '".']);
  end
end
```

调用 ode45 求解器求解 vdp1,结果如图 6－4 所示。

```
[t,y] = ode45('vdp1',[0 20],[2; 0]);
plot(t,y(:,1),'-',t,y(:,2),'-.')
```

若严格地按 odefile.m 的模板写,vdp1.m 可以写成如下的 vdp2.m。

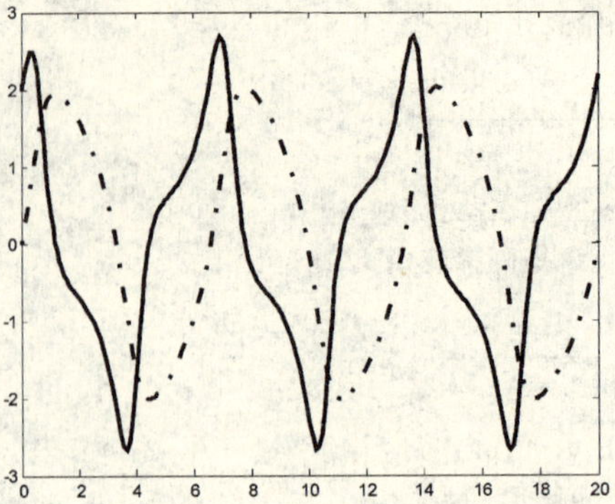

图 6-4　vdp 方程的解

```
%vdp2.m
function varargout = vdp2(t,y,flag)
switch flag
case ''                                  % Return dy/dt = f(t,y).
varargout{1} = f(t,y);
case 'init'                              % Return default [tspan,y0,options].
 [varargout{1:3}] = init;
otherwise
 error(['Unknown flag ''' flag '''.']);
end
% -----------------------------------
function dydt = f(t,y)
dydt = [y(1).*(1-y(2).^2)-y(2); y(1)];
% -----------------------------------
function [tspan,y0,options] = init
      tspand = [0 20];
      y0 = [2; 0];
      options = [];
```

调用 ode45 求解器求解方程 vdp2,所得结果和图 6-4 一样。

```
[t,y] = ode45('vdp2',[0 20],[2; 0]);
plot(t,y(:,1),'-',t,y(:,2),'-.')
```

6.9　单自由度振动系统例子

6.9.1　单自由度二阶系统基于传递函数与状态空间的 simulink 模型求解

单自由度振动系统,如图 6-5 所示。参数由(6.92)式给定,m 为质量,c 为阻尼,k 为弹簧刚度。

$$k=100, m=1, c=0 \tag{6.92}$$

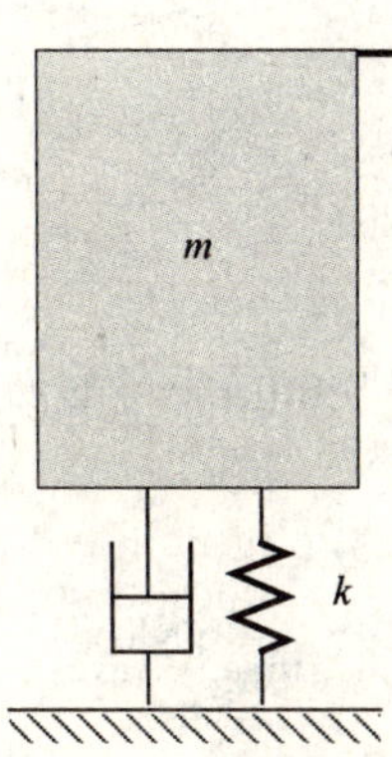

图6-5 单自由度振动系统

该系统的微分方程为

$$mx''+cx'+kx=u(t) \tag{6.93}$$

将式(6.92)的参数代入式(6.93),并化简得

$$x''+100x=u(t) \tag{6.94}$$

对式(6.94)两边进行拉普拉斯变换,得到

$$s^2X(s)+100X(s)=U(s) \tag{6.95}$$

由式(6.95)得到该系统的传递函数为

$$G(s)=\frac{X(s)}{U(s)}=\frac{1}{s^2+100} \tag{6.96}$$

建立式(6.96)的 simulink 模型如图 6-6 所示。

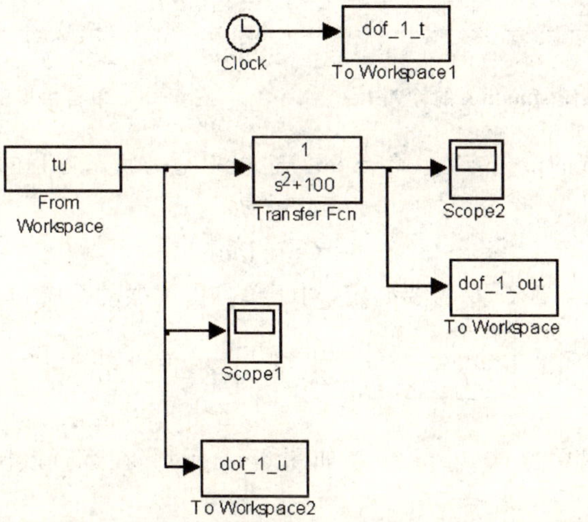

图6-6 单自由度无阻尼振动系统基于传递函数的simulink模型

在命令窗口中输入以下命令,然后运行图 6-6 所示的 simulink 模型。

```
t = [0:0.01:2];
u = zeros(1,201);
u(1:100) = linspace(0,1,100);
u(101:end) = 1;
tu = [t',u'];
```

以上代码中的变量 tu 作为图 6－6 的 simulink 模型的输入，tu 随时间的变化如图 6－7 所示，作图的代码如下：

```
figure
plot(dof_1_t.signals.values,dof_1_u.signals.values)
ylim([ - 0.1,1.1])
```

单自由度振动系统 simulink 模型的位移 x 如图 6－8 所示，作图代码如下：

```
figure
plot(dof_1_t.signals.values,dof_1_out.signals.values)
```

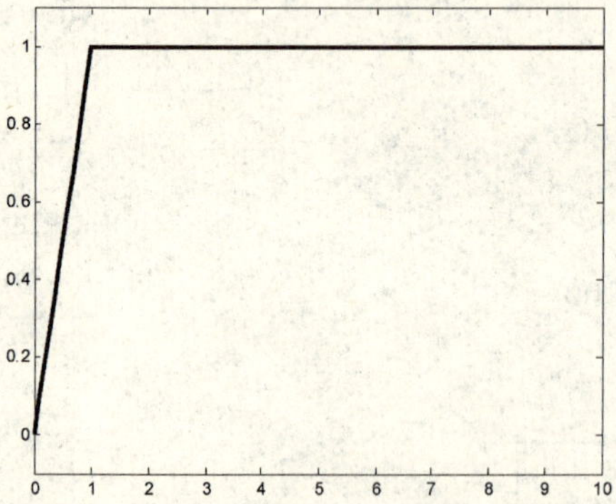

图 6－7　单自由度振动系统 simulink 的输入 tu

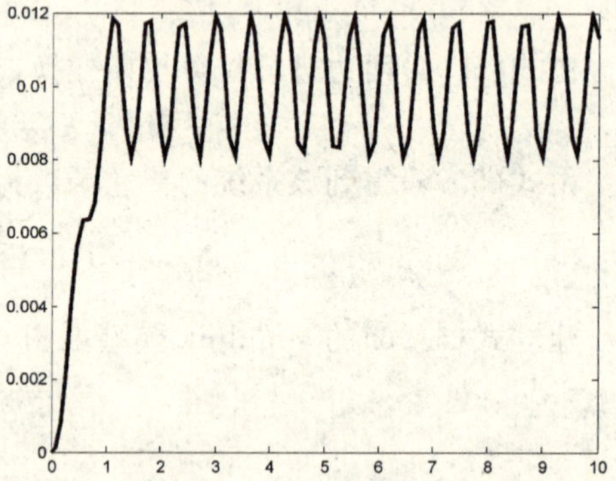

图 6－8　单自由度振动系统 simulink 的输出 x

单自由度振动系统的微分方程(式(6.93))也可以写为状态方程的形式，

$$\left.\begin{aligned}\dot{x}&=\boldsymbol{A}x+\boldsymbol{B}u\\y&=\boldsymbol{C}x+\boldsymbol{D}u\end{aligned}\right\}\tag{6.97}$$

式中，有 4 个矩阵 $\boldsymbol{A},\boldsymbol{B},\boldsymbol{C},\boldsymbol{D}$ 需要确定，对于单自由度振动系统，具体的形式为

$$\boldsymbol{A}=\begin{bmatrix}0 & 1\\-\frac{k}{m} & -\frac{c}{m}\end{bmatrix},\boldsymbol{B}=\begin{bmatrix}0\\1\end{bmatrix},\boldsymbol{C}=[1\quad 0],\boldsymbol{D}=0\tag{6.98}$$

根据式(6.98)所建立的 simulink 模型如图 6－9 所示，在运行该模型前，需要先执行以下的初始化代码：

```
clear,clc
t = [0:0.01:2];
u = zeros(1,201);
u(1:100) = linspace(0,1,100);
u(101:end) = 1;
```

```
tu=[t',u'];

k = 100
m=1
c=0
A =[ 0 1; -k/m -c/m]
B =[ 0 ;1]
C =[1 0]
D = 0;
```

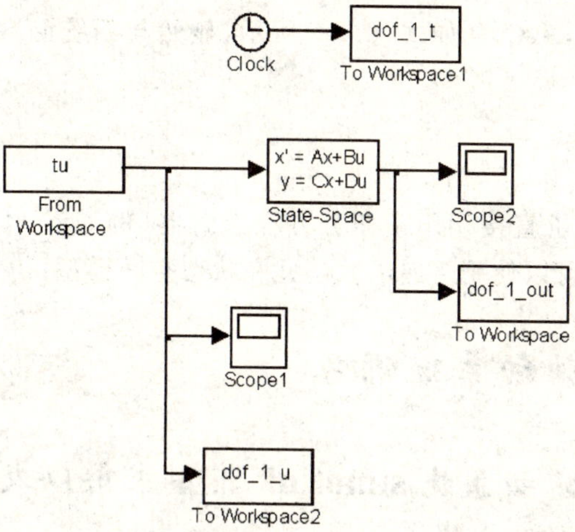

图 6-9　单自由度无阻尼振动系统基于状态空间的 simulink 模型

运行图 6-9 模型得到的仿真结果和图 6-7、图 6-8 一样。值得指出的是常微分方程的状态空间表示形式不唯一，而且如果已经有传递函数的形式，可以直接调用 MATLAB 控制工具箱的 tf 函数和 ss 函数进行传递函数和状态空间的转换，示例如下：

```
sys1 = tf([1],[1 0 100])
sys2 = ss(sys1)
```

得到的结果为：

```
Transfer function:
     1
---------
s^2 + 100

a =
             x1        x2
   x1        0    -12.5
   x2        8        0

b =
           u1
```

```
    x1  0.25
    x2     0


c =
          x1   x2
    y1     0  0.5


d =
          u1
    y1   0
```

由式(6.98)给出的 $\boldsymbol{A},\boldsymbol{B},\boldsymbol{C},\boldsymbol{D}$ 如式(6.98)所示，显然与系统函数 ss 提供的结果 a,b,c,d 不一样。

6.9.2 总　结

常微分方程的求解除了直接调用常微分方程求解器（例如 ode45），也可以使用 simulink 仿真求解，在 simulink 中可以使用传递函数模型和状态空间模型。

6.10 三自由度振动系统例子

6.10.1 三自由度振动系统 simulink 模型求解以及状态方程的 ode45 求解器求解

三自由度振动系统，如图 6-10 所示。

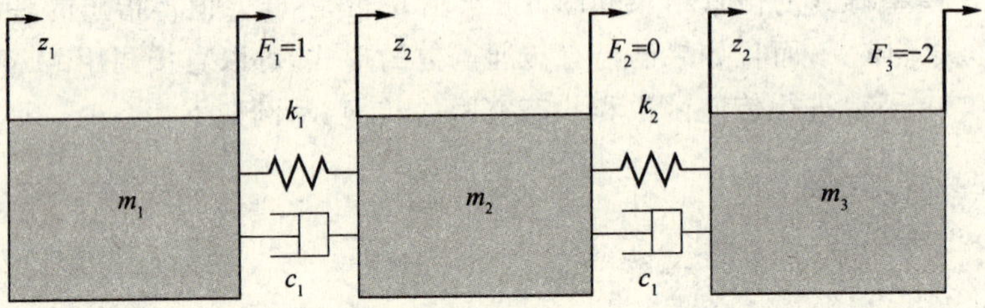

图 6-10　三自由度振动系统

参数为

$$\left.\begin{array}{l} m_1=1, m_2=1, m_3=1 \\ k_1=1, k_2=1 \\ c_1=0.05, c_2=0.1 \\ F_1=1, F_2=0, F_3=-2 \\ \boldsymbol{x}_0=[0 \quad -1 \quad -1 \quad 2 \quad 1 \quad -2] \end{array}\right\} \tag{6.99}$$

式中，m_1,m_2,m_3 是质量；k_1,k_2 是刚度；c_1,c_2 是阻尼；F_1,F_2,F_3 是外力；$\boldsymbol{x}_0$ 是初始状态。该系统状态空间形式的方程为

$$\begin{pmatrix}\dot{x}_1\\ \dot{x}_2\\ \dot{x}_3\\ \dot{x}_4\\ \dot{x}_5\\ \dot{x}_6\end{pmatrix}=\begin{pmatrix}0 & 1 & 0 & 0 & 0 & 0\\ \frac{-k_1}{m_1} & \frac{-c_1}{m_1} & \frac{k_1}{m_1} & \frac{c_1}{m_1} & 0 & 0\\ 0 & 0 & 0 & 1 & 0 & 0\\ \frac{k_1}{m_2} & \frac{c_1}{m_2} & \frac{-(k_1+k_2)}{m_2} & \frac{-(c_1+c_2)}{m_2} & \frac{k_2}{m_2} & \frac{c_2}{m_2}\\ 0 & 0 & 0 & 0 & 0 & 1\\ 0 & 0 & \frac{k_2}{m_3} & \frac{c_2}{m_3} & \frac{-k_2}{m_3} & \frac{-c_2}{m_3}\end{pmatrix}\begin{pmatrix}x_1\\ x_2\\ x_3\\ x_4\\ x_5\\ x_6\end{pmatrix}+\begin{pmatrix}0\\ \frac{1}{m_1}\\ 0\\ \frac{0}{m_2}\\ 0\\ \frac{-2}{m_3}\end{pmatrix} \tag{6.100}$$

式(6.100)的初始条件 $\boldsymbol{x}(0)$ 可以写为

$$\boldsymbol{x}(0)=\begin{pmatrix}x_1(0)\\ x_2(0)\\ x_3(0)\\ x_4(0)\\ x_5(0)\\ x_6(0)\end{pmatrix}=\begin{pmatrix}z_1(0)\\ \dot{z}_1(0)\\ z_2(0)\\ \dot{z}_2(0)\\ z_3(0)\\ \dot{z}_3(0)\end{pmatrix}=\begin{pmatrix}0\\ -1\\ -1\\ 2\\ 1\\ -2\end{pmatrix} \tag{6.101}$$

位移输出的输出方程可以写为

$$\begin{pmatrix}y_1\\ y_2\\ y_3\end{pmatrix}=\begin{pmatrix}1 & 0 & 0 & 0 & 0 & 0\\ 0 & 0 & 1 & 0 & 0 & 0\\ 0 & 0 & 0 & 0 & 1 & 0\end{pmatrix}\begin{pmatrix}x_1\\ x_2\\ x_3\\ x_4\\ x_5\\ x_6\end{pmatrix} \tag{6.102}$$

由式(6.100)、式(6.101)、式(6.102)可以得到状态方程(6.97)的4个矩阵 $\boldsymbol{A},\boldsymbol{B},\boldsymbol{C},\boldsymbol{D}$ 为

$$\boldsymbol{A}=\begin{pmatrix}0 & 1 & 0 & 0 & 0 & 0\\ \frac{-k_1}{m_1} & \frac{-c_1}{m_1} & \frac{k_1}{m_1} & \frac{c_1}{m_1} & 0 & 0\\ 0 & 0 & 0 & 1 & 0 & 0\\ \frac{k_1}{m_2} & \frac{c_1}{m_2} & \frac{-(k_1+k_2)}{m_2} & \frac{-(c_1+c_2)}{m_2} & \frac{k_2}{m_2} & \frac{c_2}{m_2}\\ 0 & 0 & 0 & 0 & 0 & 1\\ 0 & 0 & \frac{k_2}{m_3} & \frac{c_2}{m_3} & \frac{-k_2}{m_3} & \frac{-c_2}{m_3}\end{pmatrix},\boldsymbol{B}=\begin{pmatrix}0\\ \frac{1}{m_1}\\ 0\\ \frac{0}{m_2}\\ 0\\ \frac{-2}{m_3}\end{pmatrix}, \tag{6.103}$$

$$\boldsymbol{C}=\begin{pmatrix}1 & 0 & 0 & 0 & 0 & 0\\ 0 & 0 & 1 & 0 & 0 & 0\\ 0 & 0 & 0 & 0 & 1 & 0\end{pmatrix},\boldsymbol{D}=0$$

建立式(6.103)对应的 simulink 模型如图 6-11 所示。

在运行图 6-11 所示的 simulink 模型之前需要对模型中的相关参数进行初始化，代码如下：

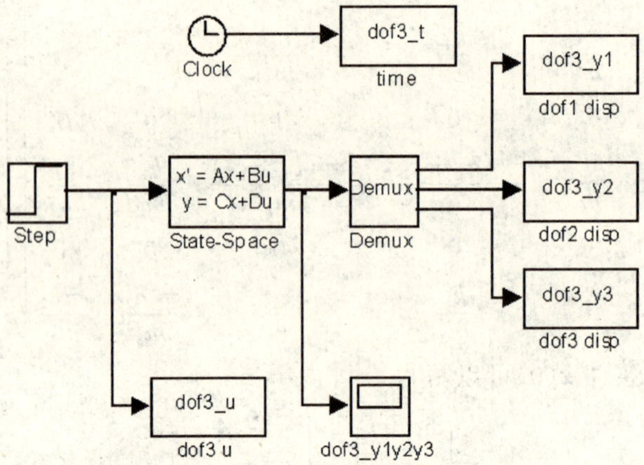

图 6-11 三自由度振动系统基于状态空间表示的 simulink 模型

```
clear,clc
m1 = 1; m2 = 1; m3 = 1;
c1 = 0.05;    c2 = 0.1;
k1 = 1; k2 = 1;
F1 = 1; F2 = 0; F3 = -2; % 参数
A = [  0       1          0             0           0       0
    -k1/m1  -c1/m1     k1/m1          c1/m1         0       0
    0       0          0              1           0       0
    k1/m2   c1/m2   -(k1+k2)/m2   -(c1+c2)/m2   k2/m2   c2/m2
    0       0          0              0           0       1
    0       0        k2/m3          c2/m3       -k2/m3  -c2/m3];

B = [  0; F1/m1; 0; F2/m2; 0;F3/m3];
C = [1 0 0 0 0 0
    0 0 1 0 0 0
    0 0 0 0 1 0];
D= zeros(3,1); % A,B,C,D 四个矩阵
ttotal = 10; % 仿真终止时间
tspan = [0 ttotal];
x0 = [0 -1 -1 2 1 -2]';      % 初值
options = [];              % 未指定 ode45 求解器的参数
```

该三自由度振动系统的 simulink 模型采用阶跃输入，输出随时间的变化如图 6-12 所示，作图的代码如下：

```
figure
plot(dof3_t,dof3_y1,'-+',dof3_t,dof3_y2,'-d',dof3_t,dof3_y3,'-o')
legend('y1','y2','y3');
```

得到式(6.103)的方程后，也可以不建立 simulink 的模型，而采用 ode45 求解器直接求解这个方程。首先建立 odefile，文件名为 dof3_ssfun.m，代码如下：

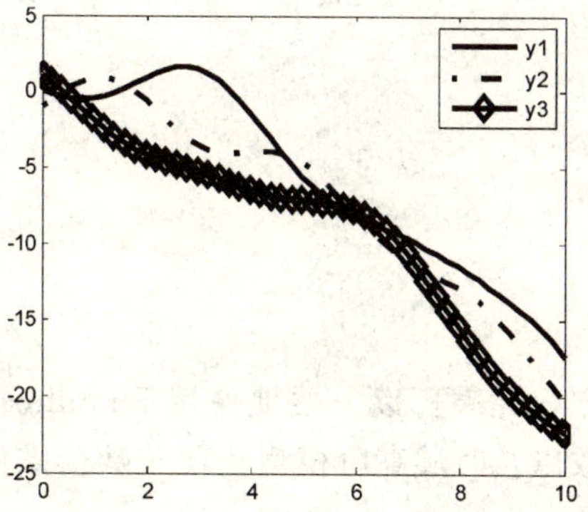

图 6-12　三自由度振动系统 simulink 仿真输出

```
%dof3_ssfun.m
function dxdt = dof3_ssfun(t,x)
% 三自由度系统状态方程常微分方程模型
u=1;%阶跃输入
m1 = 1; m2 = 1; m3 = 1;
c1 = 0.05;    c2 = 0.1;
k1 = 1; k2 = 1;
F1 = 1; F2 = 0; F3 = -2;%初始参数
A = [  0       1           0              0          0       0
     -k1/m1  -c1/m1      k1/m1          c1/m1        0       0
     0       0           0              1            0       0
     k1/m2   c1/m2   -(k1+k2)/m2   -(c1+c2)/m2   k2/m2   c2/m2
     0       0           0              0            0       1
     0       0        k2/m3          c2/m3       -k2/m3  -c2/m3];

B = [  0; F1/m1; 0; F2/m2; 0;F3/m3];

dxdt = A*x + B*u;
```

然后调用 ode45 求解器求解方程，代码如下：

```
clear all;
C = [1 0 0 0 0 0
     0 0 1 0 0 0
     0 0 0 0 1 0];
D = zeros(3,1);
    ttotal = 10;
    tspan = [0 ttotal];
x0 = [0 -1 -1 2 1 -2]';        %  初始条件
options = [];               %  不指定 ode45 函数的选项

[t,x] = ode45('dof3_ssfun',tspan,x0,options);

y = C*x';                   %  位移输出

plot(t,y(1,:),'-+',t,y(2,:),'-d',t,y(3,:),'-o')
```

```
xlabel('时间, sec')
ylabel('振动位移')
legend('y1','y2','y3')
```

得到的位移结果和图 6-12 完全一致。

6.10.2 总 结

多自由度系统使用状态方程建模可以方便地使用 Simulink 和 ode45 求解器求解。状态方程在某种程度上比传递函数以及时域高阶模型更便于数值求解。对复杂的系统，建议读者采用状态空间建模。

第 7 章 线性方程组的迭代解法

7.1 线性方程组的迭代法概述

工程上有时会产生大型的稀疏矩阵方程组

$$\boldsymbol{A}\boldsymbol{x}=\boldsymbol{b} \tag{7.1}$$

式中

$$\boldsymbol{A}=\begin{pmatrix} a_{11} & a_{12} & \cdots & a_{1n} \\ a_{21} & a_{22} & \cdots & a_{2n} \\ \vdots & \vdots & & \vdots \\ a_{n1} & a_{n2} & \cdots & a_{nn} \end{pmatrix},\boldsymbol{x}=(x_1,x_2,\cdots,x_n)^{\mathrm{T}},\ \boldsymbol{b}=(b_1,b_2,\cdots,b_n)^{\mathrm{T}}$$

系数矩阵 $\boldsymbol{A}$ 的阶数很高(n 较大),且含有较多的 0,从存储和计算过程来说,对于这类方程组的求解使用迭代方法比较合适。迭代法比较常用的是 Jacobi 迭代,Gauss-Seidel 迭代以及超松弛迭代。

7.1.1 迭代法概述及压缩原理

方程组 $\boldsymbol{A}\boldsymbol{x}=\boldsymbol{b}$ 经过变形可得到

$$\boldsymbol{x}=\boldsymbol{B}\boldsymbol{x}+\boldsymbol{f} \tag{7.2}$$

的形式,给定一组初始值 $\boldsymbol{x}^{(0)}=(x_1^{(0)},x_2^{(0)},\cdots,x_n^{(0)})^{\mathrm{T}}$,将该初值代入式(7.2)得

$$\boldsymbol{x}^{(1)}=\boldsymbol{B}\boldsymbol{x}^{(0)}+\boldsymbol{f}$$

再将 $\boldsymbol{x}^{(1)}$ 代入式(7.2)得到

$$\boldsymbol{x}^{(2)}=\boldsymbol{B}\boldsymbol{x}^{(1)}+\boldsymbol{f}$$

如此依次代入可得到一个向量序列

$$\boldsymbol{x}^{(1)},\boldsymbol{x}^{(2)},\boldsymbol{x}^{(3)},\boldsymbol{x}^{(4)},\cdots$$

显然,如果这个向量序列收敛的话,它的极限就是方程组(7.2)的解,当然也是式(7.1)的解。

本章要解决的问题是方程组(7.1)在满足什么条件时迭代过程收敛,以及如何将方程组(7.1)变形为(7.2)并进行迭代求解。

7.1.2 迭代法基本概念

在研究迭代法的收敛性之前,需要明确几个相关的概念。

1. 向量范数的概念与性质

范数是衡量 $\mathbf{R}^n$ 中向量"大小"的量。

定义 7.1(向量的范数) 如果向量 $\boldsymbol{x}\in\mathbf{R}^n$(或 $\boldsymbol{x}\in\mathbf{C}^n$)的某个实值函数 $\|\boldsymbol{x}\|$ 满足如下条件

① $\|\boldsymbol{x}\|\geqslant 0$($\|\boldsymbol{x}\|=0$ 当且仅当 $\boldsymbol{x}=0$)(正定条件);

② 对任意的 $\alpha\in\mathbf{R}$（或 $\alpha\in\boldsymbol{C}$），有 $\|\alpha\boldsymbol{x}\|=|\alpha|\|\boldsymbol{x}\|$（齐次条件）；

③ $\|\boldsymbol{x}+\boldsymbol{y}\|\leqslant\|\boldsymbol{x}\|+\|\boldsymbol{y}\|$（三角不等式），

则称 $\|\boldsymbol{x}\|$ 是 $\mathbf{R}^n$（或 $\boldsymbol{C}^n$）上的一个向量范数。

常用的向量范数有

① 向量的∞—范数（最大范数），即各个分量的最大值：$\|\boldsymbol{x}\|_\infty=\max\limits_{1\leqslant i\leqslant n}|x_i|$。

② 向量的1—范数，$\|\boldsymbol{x}\|_1=\sum\limits_{i=1}^{n}|x_i|$；

③ 向量的2—范数（欧式范数）：$\|\boldsymbol{x}\|_2=\sqrt{\sum\limits_{i=1}^{n}|x_i|^2}$；

④ 向量的 p—范数：$\|\boldsymbol{x}\|_2=\left(\sum\limits_{i=1}^{n}|x_i|^p\right)^{\frac{1}{p}}\quad(p\geqslant1)$。

可以证明 $\mathbf{R}^n$ 上任意两种范数都是等价的，这说明在一种范数意义下向量序列收敛时，该序列在任何一种范数意义下均收敛。根据向量范数的概念及等价性，对于任意一种范数，有

$$\lim_{n\to\infty}x^{(n)}=x^*\Leftrightarrow\lim_{n\to\infty}\|x^{(n)}-x^*\|=0$$

定义 7.2（向量的内积） 如果向量 $\boldsymbol{x}=(x_1,x_2,\cdots,x_n)$，$\boldsymbol{y}=(y_1,y_2,\cdots,y_n)\in\mathbf{R}^n$（或 $\boldsymbol{C}^n$），称 $(x,y)=\sum\limits_{i=1}^{n}x_iy_i$（或 $(x,y)=\sum\limits_{i=1}^{n}x_i\overline{y_i}$）为向量 $\boldsymbol{x},\boldsymbol{y}$ 的内积（数量积）。

$\sqrt{(x,x)}=\sqrt{\sum\limits_{i=1}^{n}|x_i|^2}$，即为向量 $\boldsymbol{x}$ 的 2－范数。

2. 矩阵范数的概念与性质

类似于向量范数，矩阵范数是衡量 $\mathbf{R}^{n\times n}$ 中矩阵“大小”的量。

定义 7.3（矩阵的范数） 如果矩阵 $\boldsymbol{A}\in\mathbf{R}^{n\times n}$ 的某个实值函数 $\|\boldsymbol{A}\|$ 满足如下条件

① $\|\boldsymbol{A}\|\geqslant0$（$\|\boldsymbol{A}\|=0$ 当且仅当 $\boldsymbol{A}=0$）（正定条件）；

② 对任意的 $c\in\mathbf{R}$，有 $\|c\boldsymbol{A}\|=|c|\|\boldsymbol{A}\|$（齐次条件）；

③ $\|\boldsymbol{A}+\boldsymbol{B}\|\leqslant\|\boldsymbol{A}\|+\|\boldsymbol{B}\|$（三角不等式）；

④ $\|\boldsymbol{AB}\|\leqslant\|\boldsymbol{A}\|\cdot\|\boldsymbol{B}\|$（三角不等式）。

则称 $\|\boldsymbol{A}\|$ 是 $\mathbf{R}^{n\times n}$（或 $\mathbf{C}^n$）上的一个矩阵范数。

类似于向量的2—范数，$\|\boldsymbol{A}\|_F=\sqrt{\sum\limits_{i,j=1}^{n}a_{ij}^2}$ 是一个矩阵范数，称为矩阵的 Frobenius 范数。

由于大多数问题中，矩阵和向量同时讨论，因此需要引入和向量范数相容的矩阵范数，即满足

$$\|\boldsymbol{Ax}\|\leqslant\|\boldsymbol{A}\|\cdot\|\boldsymbol{x}\|$$

对任何 $\boldsymbol{x}\in\mathbf{R}^n$ 及 $\boldsymbol{A}\in\mathbf{R}^{n\times n}$ 均成立，为此定义矩阵的算子范数如下。

定义 7.4（矩阵的算子范数） 设 $\boldsymbol{x}\in\mathbf{R}^n$，$\boldsymbol{A}\in\mathbf{R}^{n\times n}$，已知给出了一种向量的 p（1，2 或无穷等）范数 $\|\boldsymbol{x}\|_p$，相应地定义

$$\|\boldsymbol{A}\|_p=\max_{x\neq0}\frac{\|\boldsymbol{Ax}\|_p}{\|\boldsymbol{x}\|_p}\tag{7.3}$$

可以证明 $\|\boldsymbol{A}\|_p$ 是矩阵范数，称为矩阵 $\boldsymbol{A}$ 的算子范数。

常用的矩阵算子范数有

① $\|\boldsymbol{A}\|_\infty = \max\limits_{1\leqslant i\leqslant n}\sum\limits_{j=1}^{n}|a_{ij}|$，称为 $\boldsymbol{A}$ 的行范数；

② $\|\boldsymbol{A}\|_1 = \max\limits_{1\leqslant j\leqslant n}\sum\limits_{i=1}^{n}|a_{ij}|$，称为 $\boldsymbol{A}$ 的列范数；

③ $\|\boldsymbol{A}\|_2 = \sqrt{\lambda_{\max}(\boldsymbol{A}^{\mathrm{T}}\boldsymbol{A})}$，其中 $\lambda_{\max}(\boldsymbol{A}^{\mathrm{T}}\boldsymbol{A})$ 表示矩阵 $\boldsymbol{A}^{\mathrm{T}}\boldsymbol{A}$ 的最大特征值，$\|\boldsymbol{A}\|_2$ 称为 $\boldsymbol{A}$ 的2—范数。

3. 谱半径

谱半径是研究迭代法收敛性的重要概念，所谓谱半径实际上就是矩阵特征值的最大绝对值(模)。

定义 7.5(谱半径) 设 $\boldsymbol{A}\in\mathbf{R}^{n\times n}$，设 $\boldsymbol{A}$ 的特征值分别为 $\lambda_1,\lambda_2,\cdots,\lambda_n$，称 $\rho(\boldsymbol{A})=\max\limits_{1\leqslant i\leqslant n}|\lambda_i|$ 为 $\boldsymbol{A}$ 的谱半径。

可以证明 $\boldsymbol{A}$ 的谱半径不超过 $\boldsymbol{A}$ 的任何一种算子范数，也不超过矩阵的 Frobenius 范数，对数对称矩阵 $\boldsymbol{A}$，它的谱半径就是其 2—范数，即 $\|A\|_2=\rho(\boldsymbol{A})$。

4. 矩阵条件数

由于线性方程组中的系数矩阵和常数项向量大都是由测量得到的，不可避免地会有误差，因此，研究微小的误差对于解的准确性的影响也是很有必要的。如果方程组(7.1)中 $\boldsymbol{A}$ 或 $\boldsymbol{b}$ 的微小变化引起解的巨大变化，则称该方程组为“病态”的，同时矩阵 $\boldsymbol{A}$ 称为“病态矩阵”，否则称为“良态”的。矩阵条件数就是用来衡量这种“病态”程度的。

定义 7.6(矩阵的条件数) 设 $\boldsymbol{A}\in\mathbf{R}^{n\times n}$，称数 $\mathrm{cond}(A)_p=\|\boldsymbol{A}^{-1}\|_p\|\boldsymbol{A}\|_p$ ($p=1,2$ 或∞)为矩阵的条件数。

经讨论可知，当 $\mathrm{cond}(A)\geqslant 1$ 时，式(7.1)是“病态”方程组，即 $\boldsymbol{A}$ 是“病态矩阵”，条件数越大说明“病态”越严重。常用的矩阵条件数有 $\mathrm{cond}(\boldsymbol{A})_\infty(=\|\boldsymbol{A}^{-1}\|_\infty\|\boldsymbol{A}\|_\infty)$ 和矩阵的谱条件数 $\mathrm{cond}(\boldsymbol{A})_2\left(=\|\boldsymbol{A}^{-1}\|_2\|\boldsymbol{A}\|_2=\sqrt{\dfrac{\lambda_{\max}(\boldsymbol{A}^{\mathrm{T}}\boldsymbol{A})}{\lambda_{\min}(\boldsymbol{A}^{\mathrm{T}}\boldsymbol{A})}}\right)$。

7.1.3 MATLAB 的相关命令

1. 范 数

MATLAB 语言中求矩阵或向量范数的命令为 norm，其中 norm(X)或 norm(X,2)用来求 X 的 $\|\boldsymbol{X}\|_2$(X 可以是向量也可以是矩阵)；norm(X,1)用来求 $\|\boldsymbol{X}\|_1$(X 可以是向量也可以是矩阵)；norm(X,inf)用来求 $\|\boldsymbol{X}\|_\infty$(X 可以是向量也可以是矩阵)；norm(X,'fro')用来求矩阵的 Frobenius 范数；norm(X,p)用来求向量的 p—范数($p\geqslant 1$)。

2. 谱半径

由于谱半径是特征值的最大绝对值，因此可以通过 MATLAB 中的求特征值的命令 eig(A)来得到谱半径的值，即 max(abs(eig(A)))。

3. 条件数

矩阵的条件数取决于所定义的范数，因此 MATLAB 中求矩阵条件数的命令 cond 的使用分四种情况：cond(A)或 cond(A,2)(2—范数)，cond(A,1)(列范数)，cond(A,inf)(行范数)，

cond(A,' fro ')(Frobenius 范数)。

7.2 常见的线性方程组的迭代法

前面介绍了求解线性方程组的迭代法中的重要概念,下面介绍如何将式(7.1)转化为迭代形式式(7.2),常用的方法有 Jacobi 迭代法、Gauss-Seidel 迭代法以及超松弛迭代法。

7.2.1 Jacobi 迭代法

1. Jacobi 迭代法基本原理

将矩阵 $\boldsymbol{A}$ 分解为 $\boldsymbol{A}=\boldsymbol{D}-\boldsymbol{L}-\boldsymbol{U}$,其中

$$\boldsymbol{D}=\begin{pmatrix} a_{11} & & & \\ & a_{22} & & \\ & & \ddots & \\ & & & a_{nn} \end{pmatrix},\quad \boldsymbol{L}=-\begin{pmatrix} 0 & & & & \\ a_{21} & 0 & & & \\ a_{31} & a_{32} & \ddots & & \\ \vdots & \vdots & \vdots & 0 & \\ a_{n1} & a_{n1} & \cdots & a_{n,n-1} & 0 \end{pmatrix},$$

$$\boldsymbol{U}=-\begin{pmatrix} 0 & a'_{12} & a_{13} & \cdots & a_{1n} \\ & 0 & a_{23} & \cdots & a_{2n} \\ & & 0 & \cdots & \vdots \\ & & & \ddots & a_{n-1,n} \\ & & & & 0 \end{pmatrix}$$

则式(7.1)可记为 $(\boldsymbol{D}-\boldsymbol{L}-\boldsymbol{U})\boldsymbol{x}=\boldsymbol{b}$,变形可得 $\boldsymbol{D}\boldsymbol{x}=(\boldsymbol{L}+\boldsymbol{U})\boldsymbol{x}+\boldsymbol{b}$,$\boldsymbol{D}$ 可逆($a_{11}a_{22}\cdots a_{nn}\neq 0$)时,有

$$\boldsymbol{x}=\boldsymbol{D}^{-1}(\boldsymbol{L}+\boldsymbol{U})\boldsymbol{x}+\boldsymbol{D}^{-1}\boldsymbol{b}$$

于是得到迭代的过程为

$$\boldsymbol{x}=\boldsymbol{B}\boldsymbol{x}+\boldsymbol{f} \tag{7.34}$$

式中,$\boldsymbol{B}=\boldsymbol{D}^{-1}(\boldsymbol{L}+\boldsymbol{U})$,$\boldsymbol{f}=\boldsymbol{D}^{-1}\boldsymbol{b}$,即

$$x_i=\frac{1}{a_{ii}}\Big(b_i-\sum_{\substack{j=1\\ j\neq i}}^{n}a_{ij}x_j\Big)\quad (i=1,2,\cdots,n) \tag{7.5}$$

2. Jacobi 迭代法的 MATLAB 实现

根据 Jacobi 迭代法的原理,利用 MATLAB 的程序设计功能,可以实现利用 Jacobi 迭代法求解线性方程组。本程序中用户输入的是线性方程组的增广矩阵,并要求用户设定迭代结果的精度要求,程序首先检测该用户输入是否有误,并判断该线性方程组是否有唯一解,再判断系数矩阵的对角元是否有零元素。由于迭代过程的本质是矩阵乘法,因此程序中直接调用 MATLAB 的矩阵乘法来完成迭代,迭代均以零向量为初始向量,并且在迭代之前判断该迭代过程是否收敛。程序源代码如下:

```
function solution = Jacobi(Ab,epsilon)
%% Ab为用户输入的增广矩阵
%% epsilon为用户所输入的精度要求

%% 输入参数检查
   if nargin == 1
         disp('请输入精度要求 epsilon')
         return
   end

    row = size(Ab,1);
    col = size(Ab,2);
    if ndims(Ab)~= 2 | col - row~= 1
         disp('矩阵的大小有误,不能使用 Jacobi 迭代法')
         return
    end

    A = Ab(:,1:row);
    b = Ab(:,col);

    ddet = abs(det(A));
    ddiag = abs(det(diag(diag(A))));
    if ddet < eps   | ddiag < eps
        disp('该方程的系数矩阵行列式为零,方程组无解或有无穷多解,或系数矩阵的对角线有
零元,不能使用 Jacobi 迭代法')
         return
    end

    %% 提取上下三角矩阵及对角矩阵
    U = - triu(A,1);
    L = - tril(A, - 1);
    Dinv = diag(diag(A).^( - 1));

    B = Dinv * (L + U);
    f = Dinv * b;
    if max(abs(eig(B)))>= 1
         disp('迭代法不收敛!!! ')
         return
    end

    %% 迭代过程
    error = 10;
    start = zeros(row,1);
    xk = start;
    xknext = B * xk + f;
    error = norm(xk - xknext);
    while error > epsilon
         xk = xknext;
         xknext = B * xk + f;
         error = norm(xk - xknext);
    end
    solution = xknext;
```

注:命令 triu 的作用是直接提取矩阵的上三角元,triu(A)提取的是包含对角元的上三角矩阵,triu(A,1)的作用是提取对角元均为 0 的上三角矩阵。tril 的作用是直接提取矩阵的下三角元,tril(A)提取的是包含对角元的下三角矩阵,tril(A,−1)的作用是提取对角元均为 0 的下三角矩阵。diag 的作用是对角矩阵操作,如果 X 为向量,则 diag(X)生成以 X 为对角元的对角矩阵,如果 A 为方阵,则 diag(A)生成以 A 的对角元为元素的一个向量,因此提取方阵 A 的对角矩阵的方法就是 diag(diag(A))。

例 7.1 利用 Jacobi 迭代法解线性方程组 $\begin{cases}20x_1+2x_2+3x_3=24\\ x_1+8x_2+x_3=12\\ 2x_1-3x_2+15x_3=30\end{cases}$

利用 MATLAB 的命令窗口,设置精度为 0.0001 输入

```
A=[20 2 3 24;1 8 1 12;2 -3 15 30];
Jacobi(A,0.0001)
```

输出结果

```
0.7674
1.1384
2.1254
```

即该方程组的解可取为 $(x_1,x_2,x_3)^{\mathrm{T}}=(0.7674,1.1384,2.1254)$。

设置更高的精度(小数点后 32 位)

```
vpa(Jacobi(A,10^(-32)))
```

输出结果

```
ans =

.76735380732015145140933950357594
1.1384097602019352124526714345814
2.1253681110643668489692890197728
```

7.2.2 Gauss-Seidel 迭代法

1. Gauss-Seidel 迭代法基本原理

Gauss-Seidel 迭代法是对 Jacobi 迭代法的一种改进,Jacobi 迭代法是在每一步计算 $x^{(k+1)}$ 的各个分量时均只用到 $x^{(k)}$ 中的分量。实际上,在计算 $x_i^{(k+1)}$ 时,分量 $x_1^{(k+1)},\cdots,x_{i-1}^{(k+1)}$ 都已经计算出来而没有被直接利用,因此可以考虑以 $x_1^{(k+1)},\cdots,x_{i-1}^{(k+1)}$ 来代替 $x_1^{(k)},\cdots,x_{i-1}^{(k)}$ 计算 $x_i^{(k+1)}$,这种改进后的迭代方法就是 Gauss-Seidel 迭代法。即

$$x_i^{(k+1)}=\frac{1}{a_{ii}}\Big(b_i-\sum_{j=1}^{i-1}a_{ij}x_j^{(k+1)}-\sum_{j=i+1}^{n}a_{ij}x_j^{(k)}\Big)\qquad(i=1,2,\cdots,n)\tag{7.6}$$

矩阵形式为 $\boldsymbol{D}\boldsymbol{x}^{(k+1)}=\boldsymbol{b}+\boldsymbol{L}\boldsymbol{x}^{(k+1)}+\boldsymbol{U}\boldsymbol{x}^{(k)}$,可得 $\boldsymbol{x}^{(k+1)}=(\boldsymbol{D}-\boldsymbol{L})^{-1}\boldsymbol{U}\boldsymbol{x}^{(k)}+(\boldsymbol{D}-\boldsymbol{L})^{-1}\boldsymbol{b}$,于是 Gauss-Seidel 迭代法的矩阵形式为

$$x^{(k+1)} = Gx^{(k)} + f \tag{7.7}$$

式中，$G = (D-L)^{-1}U$，$f = (D-L)^{-1}b$。

2. Gauss-Seidel 迭代法的 MATLAB 实现

根据 Gauss-Seidel 迭代法的原理，利用 MATLAB 的程序设计功能，可以实现利用 Gauss-Seidel 迭代法求解线性方程组。本程序中用户输入的是线性方程组的增广矩阵，并要求用户设定迭代结果的精度要求。程序首先检测该用户输入是否有误，并判断该线性方程组是否有唯一解，再判断系数矩阵的对角元是否有零元素，并且在迭代之前判断该迭代过程是否收敛，迭代均以零向量为初始向量。Gauss-Seidel 是对 Jacobi 迭代法的改进，由于迭代过程是对每个分量分别进行计算，因此不能直接使用矩阵乘法。程序源代码如下：

```
function solution = GaussSeidel(Ab,epsilon)
%% Ab为用户输入的增广矩阵
%% epsilon为用户所输入的精度要求

%% 输入参数检查
  if nargin == 1
      disp('请输入精度要求 epsilon')
      return
  end

   row = size(Ab,1);
   col = size(Ab,2);
   if ndims(Ab)~= 2 | col - row~= 1
      disp('矩阵的大小有误,不能使用 Gauss - Seidel 迭代法')
      return
   end

   A = Ab(:,1:row);
   b = Ab(:,col);

   ddet = abs(det(A));
   ddiag = abs(det(diag(diag(A))));
   if ddet < eps  | ddiag < eps
      disp('该方程的系数矩阵行列式为零,方程组无解或有无穷多解,或系数矩阵的对角线有
零元,不能使用 Gauss - Seidel 迭代法')
      return
   end

   %% 提取上下三角矩阵及对角矩阵
   U = - triu(A,1);
   L = - tril(A, - 1);
   D = diag(diag(A));

   G = (D - L)^( - 1) * U;
   %% 判断迭代过程是否收敛
   if max(abs(eig(G)))> = 1
```

```
        disp('迭代法不收敛!!! ')
        return
    end


    %%迭代过程
    error = 10;
    n = row;
    start = zeros(row,1);
    xk = start;
    xknext = start;
    while error > epsilon
        xk = xknext;
        xknext(1) = 1/A(1,1) * (b(1) - sum(A(1,2:n). * xk(2:n)'));
        for i = 2:n - 1
            Ssum1 =  sum(A(i,1:i - 1). * xk(1:i - 1)');
            Ssum2 =  sum(A(i,i + 1:n). * xknext(i + 1:n)');
            xknext(i) = 1/A(i,i) * ( b(i) - Ssum1 - Ssum2);
        end
        xknext(n) = 1/A(n,n) * (b(n) - sum(A(n,1:n - 1). * xknext(1:n - 1)'));
        error = norm(xk - xknext);
    end
    solution = xknext;
```

例 7.2 利用 Gauss-Seidel 迭代法解 7.2.1 节的例子。

利用 MATLAB 的命令窗口,设置精度为 0.0001,输入

```
A = [20 2 3 24;1 8 1 12;2  - 3 15 30];
GaussSeidel(A,0.0001)
```

输出结果

```
    0.7674
    1.1384
    2.1254
```

即该方程组的解可取为$(x_1,x_2,x_3)^T=(0.7674,1.1384,2.1254)$,可见输出结果与 Jacobi 迭代法完全相同。如果设置更高的精度(小数点后 32 位)

```
vpa(GaussSeidel(A,10^( - 32)))
```

输出结果也与 Jacobi 迭代法结果完全相同。

```
ans =

.76735380732015145140933950357594
1.1384097602019352124526714345814
2.1253681110643668489692890197728
```

7.2.3　SOR 迭代法

SOR 迭代法是逐次超松弛法的简称，它是 Gauss-Seidel 迭代法的一种加速方法，是求解大型稀疏矩阵的有效方法，在选择了好的加速因子后，它的计算公式简单，占用内存少。

1. SOR 迭代法基本原理

式(7.1)中的系数矩阵 $\boldsymbol{A}$ 可逆，且主对角线上没有 0 元素，$\boldsymbol{A}$ 分解为 $\boldsymbol{A}=\boldsymbol{D}-\boldsymbol{L}-\boldsymbol{U}$。设已经得到第 k 次迭代的向量 $\boldsymbol{x}^{(k)}$，以及第 $k+1$ 次迭代向量 $\boldsymbol{x}^{(k+1)}$ 的前 $i-1$ 个分量 $x_1^{(k+1)}, x_2^{(k+1)}, \cdots, x_{i-1}^{(k+1)}$，于是可利用 Gauss-Seidel 迭代法得到

$$\tilde{x}_i^{(k+1)}=\frac{1}{a_{ii}}\left(b_i-\sum_{j=1}^{i-1}a_{ij}x_j^{(k+1)}-\sum_{j=i+1}^{n}a_{ij}x_j^{(k)}\right)\qquad(i=1,2,\cdots,n)$$

SOR 迭代法是将 $x_i^{(k+1)}$ 取为 $x_i^{(k)}$ 与 $\tilde{x}_i^{(k+1)}$ 的某个加权平均值，即

$$x_i^{(k+1)}=(1-\omega)x_i^{(k)}+\omega\tilde{x}_i^{(k+1)}=x_i^{(k)}+\omega(\tilde{x}_i^{(k+1)}-x_i^{(k)})\tag{7.8}$$

式中，ω 为超松弛因子，显然当 $\omega=1$ 时即为 Gauss-Seidel 迭代法。当 $\omega<1$ 时称为低松弛法，当 $\omega>1$ 时称为超松弛法。

从上面的分析并结合 Gauss-Seidel 迭代法的矩阵形式，可以得到 SOR 方法的矩阵形式为

$$\boldsymbol{x}^{(k+1)}=\boldsymbol{L}_\omega\boldsymbol{x}^{(k)}+\boldsymbol{f}\tag{7.9}$$

式中，$\boldsymbol{L}_\omega=(\boldsymbol{D}-\omega\boldsymbol{L})^{-1}((1-\omega)\boldsymbol{D}+\omega\boldsymbol{U})$，$\boldsymbol{f}=\omega(\boldsymbol{D}-\omega\boldsymbol{L})^{-1}\boldsymbol{b}$。

2. SOR 迭代法的 MATLAB 实现

根据 SOR 迭代法的原理，利用 MATLAB 的程序设计功能，可以实现利用 SOR 迭代法求解线性方程组。由于 SOR 迭代法建立在 Gauss-Seidel 迭代法基础之上，因此程序的实现只需对 Gauss 迭代进行简单地修改，加入松弛因子 ω 即可，程序要求用户输入 ω。

```
function solution = SOR(Ab,omega,epsilon)
%% Ab 为用户输入的增广矩阵
%% epsilon 为用户所输入的精度要求

%% 输入参数检查
  if nargin<3
        disp('请输入精度要求 epsilon,或松弛因子 omega')
        return
  end

   if omega<=0 | omega>=2
        disp('请输入的松弛因子 omega 范围不正确,应该位于(0,2)')
        return
  end

   row = size(Ab,1);
   col = size(Ab,2);
   if ndims(Ab)~=2 | col-row~=1
        disp('矩阵的大小有误,不能使用 SOR 迭代法')
        return
   end

   A = Ab(:,1:row);
   b = Ab(:,col);
```

```
    ddet = abs(det(A));
    ddiag = abs(det(diag(diag(A))));
    if ddet < eps  | ddiag < eps
        disp('该方程的系数矩阵行列式为零,方程组无解或有无穷多解,或系数矩阵的对角线有零元,不能使用 SOR 迭代法')
        return
    end

    %% 提取矩阵的上三角,下三角和对角线部分
    U = - triu(A,1);
    L = - tril(A, - 1);
    D = diag(diag(A));

    Lomega = (D - omega * L)^( - 1) * ((1 - omega) * D + omega * U);

     if max(abs(eig(Lomega)))> = 1
        disp('迭代法不收敛!!! ')
        return
     end

    %% 迭代过程
    error = 10;
    n = row;
    start = zeros(row,1);
    xk = start;
    xknext = start;
    while error > epsilon
        xk = xknext;
        xknext(1) = 1/A(1,1) * (b(1) - sum(A(1,2:n). * xk(2:n)'));
        for i = 2:n - 1
            Ssum1 =  sum(A(i,1:i - 1). * xk(1:i - 1)');
            Ssum2 =  sum(A(i,i + 1:n). * xknext(i + 1:n)');
            xknext(i) = 1/A(i,i) * ( b(i) - Ssum1 - Ssum2);
        end
        xknext(n) = 1/A(n,n) * (b(n) - sum(A(n,1:n - 1). * xknext(1:n - 1))');
        xknext = (1 - omega) * xk + omega * xknext;
        error = norm(xk - xknext);

    end
    solution = xknext;
```

例 7.3 利用 SOR 迭代法解 7.2.1 节的例子。

利用 MATLAB 的命令窗口,设置松弛因子为 1.5,精度为 0.0001,输入

```
A = [20 2 3 24;1 8 1 12;2 - 3 15 30];
SOR(A,1.5,0.0001)
```

输出结果

```
        0.7674
        1.1384
        2.1254
```

即该方程组的解可取为$(x_1,x_2,x_3)^T=(0.7674,1.1384,2.1254)$，可见输出结果与Jacobi迭代法完全相同。如果设置更高的精度(小数点后32位)

```
vpa(SOR(A,1.5,10^(-32)))
```

输出结果与Jacobi迭代法结果也完全相同。

```
ans =

.76735380732015145140933950357594
1.1384097602019352124526714345814
2.1253681110643668489692890197728
```

但本程序运行速度要慢得多，这是由于松弛因子选择不合适所引起的，读者可以尝试选择不同的松弛因子，迭代的收敛速度有显著的不同。

7.3　迭代法的收敛性

7.3.1　迭代法的收敛性定理

关于7.1.1中的迭代法的收敛性有

定理7.1(迭代法基本定理)　式(7.2)对于任意的初始向量$\boldsymbol{x}^{(0)}=(x_1^{(0)},x_2^{(0)},\cdots,x_n^{(0)})^T$及任意的$\boldsymbol{f}$，解此方程组的迭代法$\boldsymbol{x}^{(k+1)}=\boldsymbol{B}\boldsymbol{x}^{(k)}+\boldsymbol{f}$收敛的充分必要条件是$\rho(\boldsymbol{B})<1$。

定理7.1说明，通过谱半径可以判断迭代过程的收敛性。当迭代法收敛时，$\rho(\boldsymbol{B})$越小说明迭代过程收敛越快，因此称$R(\boldsymbol{B})=-\ln\rho(\boldsymbol{B})$为收敛速度。但矩阵的特征值计算有时比较困难，因此直接求矩阵的谱半径不是很容易，由于谱半径不大于矩阵的范数，因此将定理7.1条件放宽可得到判断迭代法收敛的一个充分条件。

定理7.2(迭代法收敛的充分条件)　式(7.2)中矩阵$\boldsymbol{B}$的某一范数$\|\boldsymbol{B}\|_p=q<1$，则对于任意的初始向量$\boldsymbol{x}^{(0)}=(x_1^{(0)},x_2^{(0)},\cdots,x_n^{(0)})^T$及任意的$\boldsymbol{f}$，解此方程组的迭代法$\boldsymbol{x}^{(k+1)}=\boldsymbol{B}\boldsymbol{x}^{(k)}+\boldsymbol{f}$收敛，且

$$\|\boldsymbol{x}^*-\boldsymbol{x}^{(k)}\|_p\leqslant\frac{q}{1-q}\|\boldsymbol{x}^{(k)}-\boldsymbol{x}^{(k-1)}\|_p\leqslant\cdots\leqslant\frac{q^k}{1-q}\|\boldsymbol{x}^{(1)}-\boldsymbol{x}^{(0)}\|_p$$

显然Jacobi迭代中$\boldsymbol{B}$的某个范数$\|B\|_p<1$时，Jacobi迭代法收敛，Gauss-Seidel迭代法中G的某个范数$\|G\|_p<1$时，Gauss-Seidel迭代法收敛，收敛速度取决于该范数的大小，越接近于1则收敛越慢，反之，越接近于0则收敛越快。

7.3.2　主对角优势

在很多工程问题中，都可以归结为系数矩阵具有主对角优势的线性方程组，比如在三次样条插值问题中，最终归结为三对角方程组的求解，而该方程组的系数矩阵具有对角优势。

定义 7.6(主对角优势) 如果矩阵 $\boldsymbol{A}\in\mathbf{R}^{n\times n}$ 的每一行对角元素的绝对值都严格大于同行其他元素的绝对值之和,即

$$|a_{ii}| > \sum_{\substack{j=1\\j\neq i}}^{n} |a_{ij}| \qquad (i=1,2,\cdots,n) \tag{7.10}$$

则称 $\boldsymbol{A}$ 具有严格对角优势;如果 $|a_{ii}| \geqslant \sum\limits_{\substack{j=1\\j\neq i}}^{n} |a_{ij}|$,$(i=1,2,\cdots,n)$ 且至少有一个不等式严格成立,则称 $\boldsymbol{A}$ 具有弱对角优势。

定义 7.7(可约矩阵) 矩阵 $\boldsymbol{A}\in\mathbf{R}^{n\times n}$ $(n\geqslant 2)$,如果存在 n 阶排列矩阵 $\boldsymbol{P}$,使得

$$\boldsymbol{P}^{\mathrm{T}}\boldsymbol{A}\boldsymbol{P}=\begin{pmatrix}\boldsymbol{A}_{11} & \boldsymbol{A}_{12}\\ 0 & \boldsymbol{A}_{22}\end{pmatrix}$$

式中,$\boldsymbol{A}_{11}$ 为 r 阶方阵,$\boldsymbol{A}_{22}$ 为 $n-r$ 阶方阵,则称 $\boldsymbol{A}$ 为可约矩阵,否则称为不可约矩阵。

对于具有主对角优势和可约的性质,迭代法的收敛性有如下结论。

定理 7.2 如果式(7.1)中矩阵 $\boldsymbol{A}$ 具有主对角优势或为不可约的弱对角优势矩阵,则对任意的初始值 $x^{(0)}$,解该方程组的 Jacobi 迭代法和 Gauss-Seidel 迭代法均收敛。

7.3.3 SOR 迭代法的收敛性

显然 SOR 迭代法的收敛性与 ω 的取值有关,由定理 7.1 可知,SOR 法收敛的充要条件是式(7.8)中的 $\boldsymbol{L}_\omega$ 满足 $\rho(\boldsymbol{L}_\omega)<1$,实际上超松弛法的思想就是选择合适的松弛因子,使得 $\rho(\boldsymbol{L}_\omega)$ 尽量小,从而达到加速的目的。对于 ω 的范围有如下结论。

定理 7.3(SOR 迭代法的收敛性) 如果式(7.1)的 SOR 迭代法收敛则 $0<\omega<2$。特别地当式(7.1)中的 $\boldsymbol{A}$ 为对称正定矩阵,则当 $0<\omega<2$ 时,SOR 迭代法一定收敛。

第 8 章

线性方程组的直接解法

线性方程组在自然科学和工程技术中有着广泛的应用，例如电学中的网络问题，船体数学放样中建立的三次样条函数问题，利用最小二乘的数据拟合问题，差分法或有限元法解常微分方程和偏微分方程等，都需要通过借线性方程组来完成。

8.1 线性方程组的消元法

本章阐述的是直接解法的基本原理及如何利用 MATLAB 软件实现这些解法。

8.1.1 线性方程组的直接求解方法

设有线性方程组

$$\begin{cases} a_{11}x_1+a_{12}x_2+\cdots+a_{1n}x_n=b_1 \\ a_{21}x_1+a_{22}x_2+\cdots+a_{2n}x_n=b_2 \\ \qquad\vdots \\ a_{n1}x_1+a_{n2}x_2+\cdots+a_{nn}x_n=b_n \end{cases} \tag{8.1a}$$

记

$$\boldsymbol{A}=\begin{pmatrix} a_{11} & \cdots & a_{1n} \\ \vdots & & \vdots \\ a_{n1} & \cdots & a_{nn} \end{pmatrix},\ \boldsymbol{x}=(x_1,x_2,\cdots,x_n)^{\mathrm{T}},\ \boldsymbol{b}=(b_1,b_2,\cdots,b_n)^{\mathrm{T}}$$

则线性式(8.1a)可将其简记为

$$\boldsymbol{Ax}=\boldsymbol{b} \tag{8.1b}$$

其中系数矩阵 $\boldsymbol{A}$ 为非奇异矩阵，将 $\boldsymbol{A}$ 和 $\boldsymbol{b}$ 并列在一起构成矩阵。

$$(\boldsymbol{A}\quad \boldsymbol{b}) \tag{8.2}$$

称为线性方程组的增广矩阵，根据线性代数的相关理论，该非齐次的线性方程组有唯一解。

不同于迭代方法的逐步逼近过程，线性方程组的直接求解就是经过有限步的算术运算，如果不考虑计算过程中的舍入误差，可求得方程组的精确解。如果矩阵 $\boldsymbol{A}$ 为上三角或下三角的，称该方程为上三角的或下三角的，该方程组很容易求解，因此直接解法就是通过将原方程组化为上三角或下三角的方程来求解。这类方法中最常见的是 Gauss 消去法、Gauss 主元素消去法、Jordan 消去法。不同的矩阵三角分解法实际上是上述消去法的几种变形。

8.1.2 Gauss 消去法

1. Gauss 消去法基本原理

Gauss 消去法的基本思想是用逐次消去未知数的方法把式(8.1b)化为与其等价的上三角

或下三角方程组，即利用行的初等变换方法将系数矩阵化为上三角或下三角矩阵。

记增广矩阵(式(8.2))为($\boldsymbol{A}^{(1)}\quad \boldsymbol{b}^{(1)}$)＝($\boldsymbol{A}\quad \boldsymbol{b}$)，其中 $a_{ij}^{(1)}=a_{ij}$，$b_i^{(1)}=b_i$，$a_{11}^{(1)}\neq 0$（如果 $a_{11}^{(1)}=0$ 可通过与其他行交换后使其非零），将第 $i(i=2,3,\cdots,n)$ 行减去 $\dfrac{a_{i1}}{a_{11}}$ 与第一行的乘积，即利用 $a_{11}^{(1)}$ 将第一列的其他元素都化为 0，得到第一次消元后的所得到等价方程组的增广矩阵

$$(\boldsymbol{A}^{(2)}\quad \boldsymbol{b}^{(2)})=\begin{pmatrix} a_{11}^{(1)} & a_{12}^{(1)} & \cdots & a_{1n}^{(1)} & b_1^{(1)} \\ 0 & a_{22}^{(2)} & \cdots & a_{2n}^{(2)} & b_2^{(2)} \\ \vdots & \cdots & \cdots & \cdots & \cdots \\ 0 & a_{n2}^{(2)} & \cdots & a_{nn}^{(2)} & b_n^{(2)} \end{pmatrix}$$

设第 k 次消元前得到等价方程组的增广矩阵为

$$(\boldsymbol{A}^{(k)}\quad \boldsymbol{b}^{(k)})=\begin{pmatrix} a_{11}^{(1)} & a_{12}^{(1)} & & \cdots & & a_{1n}^{(1)} & b_1^{(1)} \\ & a_{22}^{(2)} & & \cdots & & a_{2n}^{(2)} & b_2^{(2)} \\ & & \ddots & & & & \\ & & & a_{kk}^{(k)} & \cdots & a_{kn}^{(k)} & b_k^{(k)} \\ & & & \cdots & \cdots & \cdots & \cdots \\ & & & a_{nk}^{(k)} & \cdots & a_{nn}^{(k)} & b_n^{(2)} \end{pmatrix}$$

$a_{kk}^{(k)}\neq 0$（如果 $a_{kk}^{(k)}=0$ 可通过与后面的其他行交换后使其非零），将第 $i(i=k+1,k+2,\cdots,n)$ 行减去 $\dfrac{a_{ik}}{a_{kk}}$ 与第 k 行的乘积，即利用 $a_{kk}^{(k)}$ 将第 k 列的后面 $n-k-1$ 行的元素都化为 0，得到该次消元后的所得到等价方程组的增广矩阵($\boldsymbol{A}^{(k+1)}\quad \boldsymbol{b}^{(k+1)}$)。

重复这一消元过程，直到完成 $n-1$ 次消元后，得到与原方程组等价的上三角形方程组

$$\boldsymbol{A}^{(n)}\boldsymbol{x}=\boldsymbol{b}^{(n)} \tag{8.3}$$

增广矩阵的形式为

$$(\boldsymbol{A}^{(n)}\quad \boldsymbol{b}^{(n)})=\begin{pmatrix} a_{11}^{(1)} & a_{12}^{(1)} & \cdots & a_{1n}^{(1)} & b_1^{(1)} \\ & a_{22}^{(2)} & \cdots & a_{2n}^{(2)} & b_2^{(2)} \\ & & \ddots & \vdots & \vdots \\ & & & a_{nn}^{(n)} & b_n^{(n)} \end{pmatrix}$$

上述的过程即为 Gauss 消元法的消元过程，其中的 $a_{kk}^{(k)}$ 称为主元素，求解式(8.3)可得到原方程的解为

$$\begin{cases} x_n=\dfrac{b_n^{(n)}}{a_{nn}^{(n)}} \\ x_k=\dfrac{b_k^{(k)}-\sum\limits_{i=k+1}^{n}a_{ki}^{(k)}x_i}{a_{kk}^{(k)}} \quad (k=n-1,n-2,\cdots,1) \end{cases} \tag{8.4}$$

式(8.4)的过程称为回代过程。

2. Gauss 消去法的 MATLAB 实现

根据 Gauss 消去法的原理，利用 MATLAB 的程序设计功能，可以实现 Gauss 消去法求解线性方程组。本程序中用户输入的是线性方程组的增广矩阵，并允许用户设定在计算过程中的精度（不设定或者设定有误的话则程序默认为 10 位）。程序首先检测该用户输入是否有误，并判断该线性方程组是否有唯一解，在接下来的消元过程中如果出现顺序主子式不为零的情况，则通过与其他行互换以使程序能够继续进行。程序源代码如下：

```
function solution = Gauss(gauss,precision)
%%gauss 为用户输入的增广矩阵
%%precision 为用户所输入的精度要求，如不输入或输入有误，则默认为 10 位

%%输入参数检查
  if nargin == 2
     try
          digits(precision);
     catch
          disp('您输入的精度有误，这里按照缺省的精度(10 位有效数字)计算')
          digits(10);
     end
   else
      digits(10);
   end

   A = vpa(gauss);
   row = size(A,1);
   col = size(A,2);
   if ndims(A)~= 2 | col - row~= 1
      disp('矩阵的大小有误，不能使用 Gauss 消去法')
      return
   end

   if det(gauss(:,1:row)) == 0
      disp('该方程的系数矩阵行列式为零，无解或有无穷多解，不能使用 Gauss 消去法')
      return
   end

%%消元过程
   for i = 1:row
      j = i;
      while A(j,i) == 0
          j = j + 1;
      end
      temp = A(i,:);
      A(i,:) = A(j,:);
      A(j,:) = temp;
      for k = i + 1:row
```

```
            A(k,:) = vpa(A(k,:) - A(i,:) * A(k,i)/A(i,i));
        end
    end

% % 回代过程
    for i = row: - 1:1
        temp = A(i,col);
        for k = i + 1:row
            temp = vpa(temp - solution(k) * A(i,k));
        end
        solution(i) = vpa(temp/A(i,i));
    end
```

例 8.1 求解方程组 $\boldsymbol{A}\boldsymbol{x}=\boldsymbol{b}$，其中该方程组的增广矩阵为

$$(\boldsymbol{A}\quad \boldsymbol{b})=\begin{pmatrix} 0.001 & 2.000 & 3.000 & 1.000 \\ -1.000 & 3.712 & 4.623 & 2.000 \\ -2.000 & 1.072 & 5.643 & 3.000 \end{pmatrix}$$

保留四位有效数字，在 *MATLAB* 命令行窗口输入：

```
A = [0.001 2.000 3.000 1.000; - 1.000 3.712 4.623 2.000; - 2.000 1.072 5.643 3.000];
Gauss(A,4)
```

输出结果为：

```
ans =
[        0., - .6238e - 1,     .3750]
```

默认情况下(保留 10 位)输出结果为：

```
ans =

[    - .4903970000, - .5103526405e - 1,      .3675203082]
```

8.1.3 Gauss 主元素法

1. Gauss 消去法的局限性

在 Gauss 消去法过程中，如果出现 $a_{kk}^{(k)}=0$ 的情况，则需要通过两行交换才能使消元过程继续进行，然而，当出现 $a_{kk}^{(k)}\neq 0$ 且非常小的时候，以它来做分母，不可避免地会出现除数的绝对值远远小于被除数的情况，而使得在后面的加减法运算中出现“大数吃掉小数”的情况发生，舍入误差被扩大，从而使运算结果不可靠。

针对例 8.1，该方程组的精确解为(保留 4 位有效数字)

$$\boldsymbol{x}^*=(-0.4904,-0.05104,0.3675)^{\mathrm{T}}$$

可是如果自接使用 Gauss 消去法求解，计算过程中始终保留 4 位有效数字，得到的解为

$$\bar{\boldsymbol{x}}=(-0.0000,-0.6328,0.3750)^{\mathrm{T}}$$

显然二者差异较大，$\bar{x}$的可信度很低。

上述结果的产生主要是由于在做除法时除数(即主元素)过小,因此,可在消元过程中通过交换,选取绝对值大的元素作为主元素。

2. 完全主元素消去法

首先在系数矩阵 **A** 中选取绝对值最大的元素作为主元素,$|a_{i_1 j_1}| = \max\limits_{1\leqslant i,j\leqslant n} |a_{ij}|$,交换增广矩阵(8.2)的第1行与第 i_1 行,第1列与 j_1 列,记变换后的结果为$(\boldsymbol{A}^{(1)} \quad \boldsymbol{b}^{(1)})$,经过第一次消元得到

$$(\boldsymbol{A} \quad \boldsymbol{b}) \rightarrow (\boldsymbol{A}^{(2)} \quad \boldsymbol{b}^{(2)})$$

设第 $k-1$ 步消元后得到的增广矩阵为$(\boldsymbol{A}^{(k)} \quad \boldsymbol{b}^{(k)})$,选取 $|a_{i_k j_k}| = \max\limits_{k\leqslant i,j\leqslant n} |a_{ij}|$,交换$(\boldsymbol{A}^{(k)} \quad \boldsymbol{b}^{(k)})$的第 k 行与第 i_k 行,第 k 列与 j_k 列,并经过消元得到

$$(\boldsymbol{A}^{(k)} \quad \boldsymbol{b}^{(k)}) \rightarrow (\boldsymbol{A}^{(k+1)} \quad \boldsymbol{b}^{(k+1)})$$

重复上述过程,最后得到一个上三角的方程组,其增广矩阵为

$$(\boldsymbol{A}^{(n)} \quad \boldsymbol{b}^{(n)}) = \begin{pmatrix} a_{11}^{(1)} & a_{12}^{(1)} & \cdots & a_{1n}^{(1)} & b_1^{(1)} \\ & a_{22}^{(2)} & \cdots & a_{2n}^{(2)} & b_2^{(2)} \\ & & \ddots & \vdots & \\ & & & a_{nn}^{(n)} & b_n^{(n)} \end{pmatrix}$$

由于在交换列的同时也改变了未知数的顺序,记 $y_1, y_2, \cdots, y_n$ 为未知数 $x_1, x_2, \cdots x_n$ 调换后的次序,回代求解可得

$$\begin{cases} y_n = \dfrac{b_n^{(n)}}{a_{nn}^{(n)}} \\ y_k = \dfrac{b_k^{(k)} - \sum\limits_{i=k+1}^{n} a_{ki}^{(k)} y_i}{a_{kk}^{(k)}} \quad (k = n-1, n-2, \cdots, 1) \end{cases}$$

3. 列主元素消去法

完全主元素消去法在求解过程中需要多次交换未知数的顺序,需要存储交换的过程,增加了程序的额外开销,因此常用的主元素消去法是列主元素消去法,即在选择主元素的时候用 $|a_{i_k k}| = \max\limits_{k\leqslant i\leqslant n} |a_{ik}|$ 代替 $|a_{i_k j_k}| = \max\limits_{k\leqslant i,j\leqslant n} |a_{ij}|$,同时在每一步的消元之前只需完成两行交换就可以了。其他过程与 Gauss 主元素消去法完全相同。

4. Gauss 主元素消去法的 MATLAB 实现

Gauss 主元素消去法的程序与 Gauss 消去法的程序基本相同,只是在每次消元之前增加了选择主元和两行互换的过程,本程序中用户输入的是线性方程组的增广矩阵,并允许用户设定在计算过程中的精度(不设定或者设定有误的话则程序默认为10位)。程序首先检测该用户输入是否有误,并判断该线性方程组是否有唯一解。程序源代码如下:

```
function solution = Gauss_main(gauss,precision)
% % gauss 为用户输入的增广矩阵
% % precision 为用户所输入的精度要求,如不输入或输入有误,则默认为 10 位
```

```
%%输入参数检查
  if nargin = = 2
      try
            digits(precision);
      catch
            disp('您输入的精度有误,这里按照缺省的精度(10 位有效数字)计算')
            digits(10);
      end
   else
      digits(10);
   end

   A = vpa(gauss);
   row = size(A,1);
   col = size(A,2);
   if ndims(A)~ = 2 | col - row~ = 1
       disp('矩阵的大小有误,不能使用 Gauss 主元素 消去法')
       return
   end

   if det(gauss(:,1:row))<eps
       disp('该方程的系数矩阵行列式为零,无解或有无穷多解,不能使用 Gauss 主元素消去法')
       return
   end

%%消元过程
   for i = 1:row

%%选取主元的过程
       Max = 0.0;
       for j = i:row
           if double(abs(A(j,i)) - Max)>0
               Max = abs(A(j,i));
               max_row = j;
           end
       end
%%消元
       temp = A(i,:);
       A(i,:) = A(max_row,:);
       A(max_row,:) = temp;
       for k = i + 1:row
           A(k,:) = vpa(A(k,:) - A(i,:) * A(k,i)/A(i,i));
       end
   end
%%回代过程
   for i = row: - 1:1
       temp = A(i,col);
       for k = i + 1:row
```

```
            temp = vpa(temp - solution(k) * A(i,k));
        end
        solution(i) = vpa(temp/A(i,i));
    end
```

针对例 8.1,保留四位有效数字,在 MATLAB 命令行窗口输入:

```
A = [0.001 2.000 3.000 1.000; -1.000 3.712 4.623 2.000; -2.000 1.072 5.643 3.000];
Gauss_main(A,4)
```

输出结果为:

```
ans =

[    -.4900, -.5113e-1,     .3678]
```

此时,$\bar{x}=(0.4900,-0.05113,0.3678)$,显然相对于 Gauss 消去法其可信度相对较高,缺省情况下(保留 10 位)输出结果为:

```
ans =

[     -.4903964630, -.5103518130e-1,      .3675202530]
```

结果与 Gauss 消去法有所不同,但可信度与精确程度都要更高。

8.1.4　Jordan 消去法

1. Jordan 消去法基本原理

Jordan 消去法是对 Gauss 列主元素消去法的一种修正,Gauss 列主元素消去法仅仅消去主元素下面的元素,Jordan 消去法则消去的是主元素所在列的所有其他元素,这种方法也称为 Gauss - Jordan 消去法。

设 Jordan 消去法已经完成 $k-1$ 步,此时线性方程组的增广矩阵(式(8.2))化为

$$(\boldsymbol{A}^{(k)}\quad \boldsymbol{b}^{(k)})=\left(\begin{array}{cccccccc|c} 1 & & & & a_{ik} & \cdots & a_{1n} & & b_1 \\ & 1 & & & \vdots & & & & \vdots \\ & & \ddots & & & \vdots & & & \vdots \\ & & & 1 & a_{k-1,k} & \cdots & a_{k-1,n} & & b_{k-1} \\ & & & & a_{kk} & \cdots & a_{kn} & & b_k \\ & & & & \vdots & & \vdots & & \vdots \\ & & & & a_{nk} & \cdots & a_{nn} & & b_n \end{array}\right)$$

在第 k 步消元时,首先选取 i_k,满足 $|a_{i_k k}|=\max\limits_{k\leqslant i\leqslant n}|a_{ik}|$,并将第 k 行与第 i_k 行交换,并将第 $i(i=1,2,\cdots,k-1,k+1,\cdots,n)$ 行减去新的第 k 行的 $\dfrac{a_{ik}}{a_{kk}}$ 倍,即利用新的 a_{kk} 将第 k 列的其他元素都化为 0,最后将第 k 行除以 a_{kk},将主元素化为 1。

重复上述步骤最后得到的等价线性方程组的增广矩阵为

$$(\boldsymbol{A}^{(n)} \quad \boldsymbol{b}^{(n)}) = (\boldsymbol{E} | \boldsymbol{b}^{(n)})$$

其中 $\boldsymbol{b}^{(n)} = (b_1^{(n)}, b_2^{(n)}, \cdots, b_n^{(n)})^{\mathrm{T}}$,很容易得到该方程的解即为

$$\boldsymbol{x} = \boldsymbol{b}^{(n)}$$

2. Jordan 消去法的 MATLAB 实现

Jordan 消去法的 MATLAB 程序与 Gauss 主元素消去法的区别在于消元过程中,Jordan 消去法不仅仅消去该行下面的元素,还将该行上面的元素全部通过初等变换化为 0。本程序中用户输入的是线性方程组的增广矩阵,并允许用户设定在计算过程中的精度(不设定或者设定有误的话则程序默认为 10 位)。程序首先检测该用户输入是否有误,并判断该线性方程组是否有唯一解。程序源代码如下:

```
function solution = GaussJordan(gauss,precision)
 % %gauss 为用户输入的增广矩阵
 % %precision 为用户所输入的精度要求,如不输入或输入有误,则默认为 10 位

 % %输入参数检查
   if nargin = = 2
      try
            digits(precision);
      catch
            disp('您输入的精度有误,这里按照缺省的精度(10 位有效数字)计算')
            digits(10);
      end
    else
       digits(10);
    end

    A = vpa(gauss);
    row = size(A,1);
    col = size(A,2);
    if ndims(A)~ = 2 | col - row~ = 1
        disp('矩阵大小有误,不能使用 GaussJordan 消去法')
        return
    end

    if det(gauss(:,1:row)) = = 0
        disp('该方程的系数矩阵行列式为零,无解或有无穷多解,不能使用 GaussJordan 消去法')
        return
    end

 % %消元过程
    for i = 1:row

 % %选取主元
 Max = 0.0;
        for j = i:row
            if double(abs(A(j,i)) - Max)>0
```

```
                Max = abs(A(j,i));
                max_row = j;
            end
        end
        temp = A(i,:);
        A(i,:) = A(max_row,:);
        A(max_row,:) = temp;
% % 上下消元
        for k = 1:row
            if k~ = i
                A(k,:) = vpa(A(k,:) - A(i,:) * A(k,i)/A(i,i));
            end
        end
    end
% % 得到解
    for i = 1:row
        solution(i) = vpa(A(i,col)/A(i,i));
    end
```

针对例 8.1,保留四位有效数字,在 MATLAB 命令行窗口输入:

```
A = [0.001 2.000 3.000 1.000; - 1.000 3.712 4.623 2.000; - 2.000 1.072 5.643 3.000];
GaussJordan(A,4)
```

输出结果为:

```
ans =

[    - .4895, - .5107e - 1,     .3678]
```

此时,$\bar{x}=(-0.4895,-0.05107,0.3678)$,显然相对于 Gauss 消去法其可信度相对较高,由于运算先后顺序的问题,其结果与 Gauss 主元素消去法有所不同,缺省情况下(保留 10 位)输出结果为

```
ans =

[    - .4903964635, - .5103518120e - 1,     .3675202530]
```

结果与 Gauss 消去法和 Gauss 主元素消去法均有所不同。

8.2　矩阵的三角分解

借助矩阵理论对 Gauss 消去法进行分析,可建立 Gauss 消去法与矩阵乘法的关系。因此,可以通过直接对矩阵进行三角分解将求解线性方程组(式(8.1))转化为求解两个三角形方程组的问题,从而得到该方程组的解。常见的矩阵三角分解有 LU 分解,对称矩阵的 LDL^T 分

解，对称正定矩阵的 Cholesky 分解(平方根法)等。

8.2.1 LU 分解

Gauss 消去法实际上就是对线性方程组(式(8.1))的系数矩阵 $\boldsymbol{A}$ 进行初等变换，化为上三角的矩阵，而每对 $\boldsymbol{A}$ 做一次初等变换就相当于在左边乘以一个相应的初等矩阵，如果 $\boldsymbol{A}$ 的各个顺序主子式

$$\boldsymbol{D}_i=\begin{vmatrix} a_{11} & a_{12} & \cdots & a_{1i} \\ a_{21} & a_{22} & \cdots & a_{2i} \\ \cdots & \cdots & \cdots & \cdots \\ a_{i1} & a_{i2} & \cdots & a_{ii} \end{vmatrix}\neq 0,\quad (i=1,2,\cdots,n)$$

记 $m_{ik}=\dfrac{a_{ik}^{(k)}}{a_{kk}^{(k)}}$，$(k=1,2,\cdots,n-1;i=k+1,\cdots,n)$则在 Gauss 消去法过程中，由 $\boldsymbol{A}^{(k)}$ 化为 $\boldsymbol{A}^{(k+1)}$ 的过程都相当于左乘矩阵

$$\boldsymbol{L}_k=\begin{pmatrix} 1 & & & & & \\ & \ddots & & & & \\ & & 1 & & & \\ & & -m_{k+1,k} & 1 & & \\ & & \vdots & & \ddots & \\ & & -m_{nk} & & & 1 \end{pmatrix}$$

综合上述的过程有

$$\boldsymbol{L}_{n-1}\boldsymbol{L}_{n-2}\cdots\boldsymbol{L}_1[\boldsymbol{A}\quad \boldsymbol{b}]=\boldsymbol{L}_{n-1}\boldsymbol{L}_{n-2}\cdots\boldsymbol{L}_1[\boldsymbol{A}^{(1)}\quad \boldsymbol{b}^{(1)}]=[\boldsymbol{A}^{(n)}\quad \boldsymbol{b}^{(n)}]$$

$\boldsymbol{A}^{(n)}$ 是上三角矩阵，记 $\boldsymbol{L}_{n-1}\boldsymbol{L}_{n-2}\cdots\boldsymbol{L}_1\boldsymbol{A}=\boldsymbol{U}=\boldsymbol{A}^{(n)}$，则 $\boldsymbol{A}=\boldsymbol{L}_1^{-1}\cdots\boldsymbol{L}_{n-2}^{-1}\boldsymbol{L}_{n-1}^{-1}\boldsymbol{U}\triangleq\boldsymbol{LU}$。每一个 $\boldsymbol{L}_i$ 均为下三角矩阵，所以每一个 $\boldsymbol{L}_i^{-1}$ 也为下三角矩阵，因此 $\boldsymbol{L}$ 也为下三角矩阵，且其主对角线元素均为 1(称主对角线元素均为 1 的下三角矩阵为单位下三角矩阵)，即

$$\boldsymbol{L}=\boldsymbol{L}_1^{-1}\cdots\boldsymbol{L}_{n-2}^{-1}\boldsymbol{L}_{n-1}^{-1}\triangleq\begin{pmatrix} 1 & & & & \\ m_{21} & 1 & & & \\ m_{31} & m_{32} & 1 & & \\ \vdots & \vdots & \vdots & \ddots & \\ m_{n1} & m_{n2} & \cdots & \cdots & 1 \end{pmatrix}$$

综合上述讨论有如下结论：

定理 8.1 设 $\boldsymbol{A}$ 为 n 阶非奇异矩阵，且 $\boldsymbol{A}$ 的各个顺序主子式 $D_i\neq 0(i=1,2,\cdots,n)$，则 $\boldsymbol{A}$ 可以唯一地分解为一个单位上三角矩阵 $\boldsymbol{L}$ 和一个上三角矩阵 $\boldsymbol{U}$ 的乘积，$\boldsymbol{A}=\boldsymbol{LU}$。

8.2.2 LU 分解的 MATLAB 实现

MATLAB 有实现矩阵 LU 分解的命令即 LU，本程序中用户输入的是线性方程组的增广矩阵，并允许用户设定在计算过程中的精度(不设定或者设定有误的话则程序默认为 10 位)。程序首先检测该用户输入是否有误，并判断该线性方程组是否有唯一解，然后利用 LU 分解命令将系数矩阵进行 LU 分解，最后通过解上、下三角方程完成整个求解过程。程序源代码如下：

```
function solution = Mlu(M,precision)
% %M 为用户输入的增广矩阵
% %precision 为用户所输入的精度要求,如不输入或输入有误,则默认为 10 位

% %输入参数检查

  if nargin = = 2
     try
          digits(precision);
     catch
          disp('您输入的精度有误,这里按照缺省的精度(10 位有效数字)计算')
          digits(10);
     end
   else
       digits(10);
  end

   A = vpa(M);
   row = size(A,1);
   col = size(A,2);
   if ndims(A)~ = 2 | col - row~ = 1
       disp('矩阵的大小有误,不能使用 LU 分解')
       return
   end

   if det(M(:,1:row)) = = 0
       disp('该方程的系数矩阵行列式为零,无解或有无穷多解,不能使用 LU 分解法')
       return
   end

% %调用系统的 LU 命令
   [L,U,P] = lu(double(A));
% %回代求解过程
   for i = row: - 1:1
       temp = U(i,col);
       for k = i + 1:row
           temp = vpa(temp - t_solution(k) * U(i,k));
       end
       t_solution(i) = vpa(temp/U(i,i));
   end

    for i = 1:row
       temp = t_solution(i);
       for k = 1:i - 1
           temp = vpa(temp - t_solution(k) * U(i,k));
       end
       solution(i) = temp;
   end
```

注： LU 命令格式

[L,U,P]=lu(A)：产生一个上三角阵 $\boldsymbol{U}$ 和一个下三角阵 $\boldsymbol{L}$ 以及一个置换矩阵 $\boldsymbol{P}$，使之满足 $\boldsymbol{PA}=\boldsymbol{LU}$。

针对 8.1.3 节的例，保留四位有效数字，在 MATLAB 命令行窗口输入：

```
A=[0.001 2.000 3.000 1.000; -1.000 3.712 4.623 2.000; -2.000 1.072 5.643 3.000];
Mlu(A,4)
```

输出结果为：

```
ans =

[    -.4905, -.5104e-1,     .3675]
```

此时，$\bar{x}=(0.4905,-0.05104,0.3675)$，其结果相对于前面的消去法的可信度相对较高，这是因为程序中直接调用了 MATLAB 的 LU 分解命令，使得这一步的截断误差相对较小，缺省情况下（保留 10 位）输出结果为

```
ans =

[    -.4903964630, -.5103518130e-1,     .3675202530]
```


8.2.3 对称正定矩阵的 Cholesky 分解

对称正定矩阵由于其特殊性，在用 Gauss 消去法或进行 LU 分解时呈现出其特殊的形式。

1. 对称矩阵的 $\boldsymbol{LDL}^{\mathrm{T}}$ 分解

设 $\boldsymbol{A}$ 为实对称矩阵，且其顺序主子式均不为零，则根据定理 8.1，矩阵可以唯一地进行三角分解为，$\boldsymbol{A}=\boldsymbol{LU}$，记 $\boldsymbol{D}=\mathrm{diag}(u_{11},u_{12},\cdots,u_{m})$，显然 $\boldsymbol{D}$ 可逆，记单位上三角矩阵 $\boldsymbol{W}=\boldsymbol{D}^{-1}\boldsymbol{U}$，则有 $\boldsymbol{A}=\boldsymbol{LDW}$。由 $\boldsymbol{A}=\boldsymbol{A}^{\mathrm{T}}$ 可得

$$\boldsymbol{A}=\boldsymbol{A}^{\mathrm{T}}=(\boldsymbol{LDW})^{\mathrm{T}}=\boldsymbol{W}^{\mathrm{T}}\boldsymbol{DL}^{\mathrm{T}}=\boldsymbol{W}^{\mathrm{T}}(\boldsymbol{DL}^{\mathrm{T}})$$

显然 $\boldsymbol{W}^{\mathrm{T}}$ 为单位下三角矩阵，$\boldsymbol{DL}^{\mathrm{T}}$ 为上三角矩阵，由矩阵 LU 分解的唯一性，$\boldsymbol{W}^{\mathrm{T}}=\boldsymbol{L}$，$\boldsymbol{DL}^{\mathrm{T}}=\boldsymbol{U}=\boldsymbol{DW}$。由上述讨论得到如下结论。

定理 8.2 设 $\boldsymbol{A}$ 为 n 阶实对称矩阵，且 $\boldsymbol{A}$ 的各个顺序主子式 $D_i\neq 0(i=1,2,\cdots,n)$，则存在一个单位上三角矩阵和一个对角矩阵 $\boldsymbol{D}$，使得 $\boldsymbol{A}$ 可以唯一地分解为 $\boldsymbol{A}=\boldsymbol{LDL}^{\mathrm{T}}$。

2. 对称正定矩阵的 Cholesky 分解

当线性方程组（式(8.1)）的系数矩阵 $\boldsymbol{A}$ 为实对称正定的时，$\boldsymbol{A}$ 可以唯一地分解为 $\boldsymbol{A}=\boldsymbol{LDL}^{\mathrm{T}}$，根据线性代数的相关理论可以证明对角矩阵 $\boldsymbol{D}=\mathrm{diag}(d_1,d_2,\cdots,d_n)$ 中的 $d_i>0(i=1,2,\cdots,n)$，于是 $\boldsymbol{D}$ 可分解为

$$\boldsymbol{D}=\mathrm{diag}(d_1,d_2,\cdots,d_n)=\mathrm{diag}(\sqrt{d_1},\sqrt{d_2},\cdots,\sqrt{d_n})\cdot\mathrm{diag}(\sqrt{d_1},\sqrt{d_2},\cdots,\sqrt{d_n})=\boldsymbol{D}^{\frac{1}{2}}\boldsymbol{D}^{\frac{1}{2}}$$

于是 $\boldsymbol{A}$ 的 LDL 分解可变形为

$$\boldsymbol{A}=\boldsymbol{LDL}^{\mathrm{T}}=\boldsymbol{LD}^{\frac{1}{2}}\boldsymbol{D}^{\frac{1}{2}}\boldsymbol{L}^{T}=(\boldsymbol{LD}^{\frac{1}{2}})(\boldsymbol{LD}^{\frac{1}{2}})^{\mathrm{T}}$$

其中 $\boldsymbol{LD}^{\frac{1}{2}}$ 为下三角矩阵。

定理8.3　设 $\boldsymbol{A}$ 为 n 阶实对称正定矩阵，且 $\boldsymbol{A}$ 的各个顺序主子式 $D_i \neq 0 (i=1,2,\cdots,n)$，则存在一个非奇异的下三角矩阵 $\boldsymbol{L}$，使得 $\boldsymbol{A}$ 可以唯一地分解为 $\boldsymbol{A}=\boldsymbol{L}\boldsymbol{L}^{\mathrm{T}}$。

3. 对称正定矩阵的直接 Cholesky 分解

设 $\boldsymbol{A}=\boldsymbol{L}\boldsymbol{L}^{\mathrm{T}}$，即

$$\begin{pmatrix} a_{11} & a_{12} & \cdots & a_{1n} \\ a_{21} & a_{22} & \cdots & a_{2n} \\ \vdots & \vdots & \vdots & \vdots \\ a_{n1} & a_{n2} & \cdots & a_{nn} \end{pmatrix} = \begin{pmatrix} l_{11} & & & \\ l_{21} & l_{22} & & \\ \vdots & \vdots & \ddots & \\ l_{n1} & l_{n2} & \cdots & l_{nn} \end{pmatrix} \begin{pmatrix} l_{11} & l_{21} & \cdots & l_{n1} \\ & l_{22} & \cdots & l_{n2} \\ & & \ddots & \vdots \\ & & & l_{nn} \end{pmatrix}$$

根据矩阵乘法的运算规则，可以直接通过递推逐步得到每个 $l_{ij}(i=1,2,\cdots,n,j=1,2,\cdots,i)$ 的值，有

$$\begin{cases} l_{jj} = \sqrt{a_{ii} - \sum\limits_{k=1}^{j-1} l_{jk}{}^2} \\ l_{ij} = \dfrac{a_{ij} - \sum\limits_{k=1}^{j-1} l_{ik} l_{jk}}{l_{jj}} \qquad (i=j+1,j+2,\cdots,n) \end{cases}$$

再进一步求解方程组 $\boldsymbol{Ly}=\boldsymbol{b}$ 及 $\boldsymbol{L}^{\mathrm{T}}\boldsymbol{x}=\boldsymbol{y}$ 可得原方程组的解，根据上下三角方程组的求解有

$$y_1 = \frac{b_1}{l_{11}},\ y_i = \frac{b_i - \sum\limits_{k=1}^{i-1} l_{ik} y_k}{l_{ii}} \qquad (i=2,3,\cdots,n)$$

$$x_n = \frac{y_n}{l_{nn}},\ x_i = \frac{y_i - \sum\limits_{k=i+1}^{n} l_{ki} x_k}{l_{ii}} \qquad (i=n,n-1,\cdots,1)$$

8.2.4　Cholesky 分解法的 MATLAB 实现

MATLAB 有实现实对称正定矩阵 cholesky 分解的命令即 chol，本程序中用户输入的是线性方程组的增广矩阵，并允许用户设定在计算过程中的精度(不设定或者设定有误的话则程序默认为 10 位)。程序首先检测该用户输入是否有误，并判断线性方程组的系数矩阵是否为是对称，然后利用 chol 分解命令将系数矩阵进行分解，最后通过解上、下三角方程完成整个求解过程。程序源代码如下：

```
function solution = cholesky(M,precision)
% %M为用户输入的增广矩阵
% %precision为用户所输入的精度要求，如不输入或输入有误，则默认为10位

% %输入参数检查
  if nargin = = 2
      try
           digits(precision);
      catch
           disp('您输入的精度有误，这里按照缺省的精度(10位有效数字)计算')
```

```
            digits(10);
        end
    else
        digits(10);
    end

    A = vpa(M);
    row = size(A,1);
    col = size(A,2);
    if ndims(A)~ = 2 | col - row~ = 1
        disp('矩阵的大小有误,不能使用 cholesky 分解')
        return
    end

    if det(M(:,1:row)) = = 0.0
        disp('该方程的系数矩阵行列式为零,无解或有无穷多解,不能使用 cholesky 分解法')
        return
    end

    B = M(:,1:row);
% %先检查是否为对称矩阵
    if B = = B'
        try
            L = chol(double(A(:,1:row)));
            % %如果有错误说明不是正定矩阵
            for i = row: - 1:1
                temp = A(i,col);
                for k = i + 1:row
                    temp = vpa(temp - t_solution(k) * L(i,k));
                end
                t_solution(i) = vpa(temp/L(i,i));
            end
            % %回代过程
            for i = 1:row
                temp = t_solution(i);
                for k = 1:i - 1
                    temp = vpa(temp - t_solution(k) * L(i,row - k));
                end
                solution(i) = vpa(temp/L(i,i));
            end

        catch
            disp('系数矩阵不是正定的,因此不能使用 cholesky 分解法解方程')
        end

    else
        disp('该方程的系数矩阵不是对称的,不能使用 cholesky 分解法')
        return
    end
```

注：chol 命令格式

U=chol(A)：产生一个上三角阵 $\boldsymbol{U}$，使 $\boldsymbol{U}^{\mathrm{T}}\boldsymbol{U}=\boldsymbol{A}$，若 $\boldsymbol{A}$ 不是对称正定矩阵，则输出一个出错信息；

[U,p]=chol(A)：当 $\boldsymbol{A}$ 为对称正定，则 p=0，$\boldsymbol{U}$ 与上述格式得到的结果相同；否则 p 为一个正整数，如果 $\boldsymbol{A}$ 为满秩矩阵，则 $\boldsymbol{U}$ 为一个阶数为 $p-1$ 的上三角阵，且满足 $\boldsymbol{U}^{\mathrm{T}}\boldsymbol{U}=\boldsymbol{A}(1:p-1,1:p-1)$。这个命令格式将不输出出错信息。

例 8.2 利用 Cholesky 分解方法求解线性方程组 $\boldsymbol{Ax}=\boldsymbol{b}$，其中该方程组的增广矩阵为

$$(\boldsymbol{A}\quad \boldsymbol{b})=\begin{pmatrix} 2 & -1 & 1 & 4 \\ -1 & 2 & 3 & 5 \\ 1 & 3 & 10 & 6.1 \end{pmatrix}$$

保留四位有效数字，在 MATLAB 命令行窗口输入：

```
A=[2 -1 1 4;-1 2 3 5;1 3 10 6.1];
cholesky(A,4)
```

输出结果为：

```
ans =

  19.61
  26.06
 -9.168
```

方程组的近似解为，$\bar{x}=(19.61,26.06,-9.168)$，默认情况下（保留 10 位有效数字），输出结果为

```
ans =

  19.62499999
  26.07499998
 -9.174999993
```

8.2.5 改进平方根法

Cholesky 分解过程中需要用到开方运算，因此利用这种求解线性方程组的方法称为平方根法，开方运算在浮点数运算中需要更长的时间，而该方法经过简单的改进后可以避免开方运算，这就是改进的平方根法。由实对称正定矩阵的 $\mathrm{LDL}^{\mathrm{T}}$ 分解，设 $\boldsymbol{A}=\boldsymbol{LDL}^{\mathrm{T}}$，

$$\begin{pmatrix} a_{11} & a_{12} & \cdots & a_{1n} \\ a_{21} & a_{22} & \cdots & a_{2n} \\ \vdots & \vdots & \vdots & \vdots \\ a_{n1} & a_{n2} & \cdots & a_{nn} \end{pmatrix}=\begin{pmatrix} 1 & & & \\ l_{21} & 1 & & \\ \vdots & \vdots & \ddots & \\ l_{n1} & l_{n2} & \cdots & 1 \end{pmatrix}\begin{pmatrix} d_1 & & & \\ & d_2 & & \\ & & \ddots & \\ & & \cdots & d_n \end{pmatrix}\begin{pmatrix} 1 & l_{21} & \cdots & l_{n1} \\ & 1 & \cdots & l_{n2} \\ & & \ddots & \vdots \\ & & & 1 \end{pmatrix}$$

根据矩阵乘法的运算法则

$$a_{ij} = \sum_{k=1}^{j-1} l_{ik} d_k l_{jk} + l_{ij} d_j l_{jj}$$

通过按行计算 $l_{ij}(j=1,2,\cdots,i-1)$,得

$$l_{ij} = \frac{a_{ij} - \sum_{k=1}^{j-1} l_{ik} d_k l_{jk}}{d_j} \qquad (j = 1,2,\cdots,i-1)$$

$$d_i = a_{ii} - \sum_{k=1}^{i-1} l_{ik}^2 d_k$$

为避免重复计算,记 $t_{ij} = l_{ij} d_j$,上述过程可化简为

$$\begin{cases} t_{ij} = a_{ij} - \sum_{k=1}^{j-1} t_{ik} l_{jk} \qquad (j = 1,2,\cdots,i-1) \\ l_{ij} = \dfrac{t_{ij}}{d_j} \qquad (j = 1,2,\cdots,i-1) \quad (i = 1,2,\cdots,n) \\ d_i = a_{ii} - \sum_{k=1}^{i-1} t_{ik} l_{ik} \end{cases}$$

8.2.6 改进平方根法的 MATLAB 实现

本程序直接将矩阵进行 LDL^T 分解。用户输入的是线性方程组的增广矩阵,并允许用户设定在计算过程中的精度(不设定或者设定有误的话则程序默认为 10 位)。程序首先检测该用户输入是否有误,并判断线性方程组的系数矩阵是否为实对称正定的,然后直接将系数矩阵进行 LDL^T 分解,最后通过解上、下三角方程完成整个求解过程。程序源代码如下:

```
function solution = ldlt(nq,precision)
% %nq 为用户输入的增广矩阵
% %precision 为用户所输入的精度要求,如不输入或输入有误,则默认为 10 位

% %输入参数检查

   if nargin = = 2
       try
             digits(precision);
       catch
             disp('您输入的精度有误,这里按照缺省的精度(10 位有效数字)计算')
             digits(10);
       end
   else
        digits(10);
   end

    A = double(vpa(nq));
    row = size(A,1);
    col = size(A,2);
    if ndims(A)~ = 2 | col - row~ = 1
        disp('矩阵的大小有误,不能使用改进平方根法')
```

```
        return
    end

    if det(nq(:,1:row)) = = 0.0
        disp('该方程的系数矩阵行列式为零,无解或有无穷多解,不能使用改进平方根法')
        return
    end

     B = nq(:,1:row);
%%检查是否为对称矩阵
     if B = = B'
            %%LDLt 分解过程
            t = zeros(row,row);
            l = eye(row);
            d = zeros(row,1);
            for i = 1:row
                for j = 1:i - 1
                    t(i,j) = double(vpa(A(i,j)
- sum(t(i,1:j - 1). * l(j,1:j - 1))));
                    l(i,j) = double(vpa(t(i,j)/d(j)));
                end
                d(i) = double(vpa(A(i,i) - sum( t(i,1:i - 1). * l(i,1:i - 1) )));

            end
            y = zeros(row,1);
            for i = 1:row
                y(i) = double(vpa(A(i,col) - sum( l(i,1:i - 1)'. * y(1:i - 1) )));
            end
            solution = zeros(row,1);
            %%回代求解过程
            for i = row: - 1:1
                solution(i) = double(vpa(y(i)/d(i) - sum( l(i + 1:row,i). * solution(i + 1:
row) )));
            end

     else
        disp('该方程的系数矩阵不是对称的,不能使用改进平方根法')
        return
     end
     solution = vpa(solution);
```

针对 8.2.5 节中的例,保留四位有效数字,在 MATLAB 命令行窗口输入:

```
A = [2 -1 1 4; - 1 2 3 5;1 3 10 6.1];
ldlt(A,4)
```

输出结果为:

```
ans =
```

输出结果为：

```
ans =

  19.61
  26.06
-9.168
```

方程组的近似解为，$\bar{x}$=(19.61,26.06,−9.168)，默认情况下(保留10位有效数字)，输出结果为

```
ans =

  19.62499999
  26.07499998
-9.174999993
```

8.3 MATLAB 的相关命令

MATLAB 软件自带有相关的求解线性方程组的命令，本节对这些命令作一下简单的介绍。

8.3.1 逆矩阵

MATLAB 的直接求矩阵逆的函数为 inv(A)，由于式(8.1)的解当 $|\boldsymbol{A}|\neq 0$ 时有唯一解，此时 $\boldsymbol{A}$ 可逆，因此可以直接使用该命令。

例 8.3 求解线性方程组 $\boldsymbol{Ax}=\boldsymbol{b}$，其中 $\boldsymbol{A}=\begin{pmatrix}1 & 2 & 3\\4 & 5 & 6\\7 & 8 & 0\end{pmatrix}$，$\boldsymbol{b}=\begin{pmatrix}23\\43\\54\end{pmatrix}$

直接使用 MATLAB 命令

```
A=[1 2 3;4 5 6;7 8 0]; b=[23;43;54]; inv(A)*b

ans =

  -8.6667
  14.3333
   1.0000
```

结果表明，该方程组的解为 $x=(-8.6667,14.3333,1.0000)^{\mathrm{T}}$。

8.3.2　矩阵的左除及最小二乘解

当 **A** 可逆时使用左除“\”直接完成求解，MATLAB 的左除使用的是矩阵的 LU 分解方法。上例可以利用

```
A\b

ans =

   - 8.6667
   14.3333
    1.0000
```

直接完成求解。

左除还可用来求超定方程的最小二乘解。

例 8.4　求解超定方程组 $\boldsymbol{Ax}=\boldsymbol{b}$，其中 $\boldsymbol{A}=\begin{pmatrix}1&2&3\\4&5&6\\7&8&0\\2&5&0\end{pmatrix}$，$\boldsymbol{b}=\begin{pmatrix}23\\43\\54\\98\end{pmatrix}$

直接使用 MATLAB 命令

```
A = [1 2 3;4 5 6;7 8 0;2 5 8]; b = [23;43;54;98]; x = A\b

x =

  - 26.8242
   30.2212
   - 0.2970
```

得到的是最小二乘解，再利用

```
norm(A * x - b)

ans =

   10.2020
```

得到的是误差向量的模 $\|\boldsymbol{Ax}-\boldsymbol{b}\|$。

8.3.3　欠定方程的解

欠定方程的未知数个数多于方程个数，会有无穷多个解或没有解，对于无穷多个解得情况，MATLAB 可以求出其中的两个解，一个解利用除法得到，该解在所有的解中所含有的 0 元素最多；另一个解通过 x＝pinv(A) * b 得到，该解为最小范数解(在所有的解中范数最小)。

例 8.5 求解线性方程组 $\boldsymbol{Ax}=\boldsymbol{b}$,其中 $\boldsymbol{A}=\begin{pmatrix}1 & 4 & 7 & 2\\2 & 5 & 8 & 5\\3 & 6 & 0 & 8\end{pmatrix}$，$\boldsymbol{b}=\begin{pmatrix}32\\34\\67\end{pmatrix}$。

```
A = [1 4 7 2;2 5 8 5;3 6 0 8];b = [32;34;67]; x = A\b

x =

         0
   15.7444
   - 3.4444
   - 3.4333
```

解中含有 0 最多的解为 $x=(0,-15.7444,-3.4444,-3.4333)^{\mathrm{T}}$；

```
 x1 = pinv(A) * b

x1 =

    0.4949
   15.6949
   - 3.4444
   - 3.5818
```

方程组的最小范数解为 $x1=(0.4949,15.6949,-3.4444,-3.5818)^{\mathrm{T}}$。

第9章 非线性方程求解

方程求根的一般形式为：

$$f(x)=0 \tag{9.1}$$

实际上，就是寻找使函数 $f(x)$ 等于零的变量 x，所以求式(9.1)的根，也叫求函数 $f(x)$ 的零点。如果变量 x 是列阵，则式(9.1)就代表方程组。

当式(9.1)中的函数 $f(x)$ 是有限个指数、对数、三角、反三角或幂函数的组合时，则式(9.1)被称为超越方程，例如 $\mathrm{e}^{-x}-\sin\left(\frac{\pi x}{2}\right)+\ln x=0$ 就是超越方程。

当式(9.1)中的函数 $f(x)$ 是多项式时，即

$$f(x)=P_n(x)=a_nx^n+a_{n-1}x^{n-1}+\cdots+a_1x+a_0$$

则式(9.1)就成为下面的多项式方程，也称代数方程：

$$P_n(x)=a_nx^n+a_{n-1}x^{n-1}+\cdots+a_1x+a_0=0 \tag{9.2}$$

当 $P_n(x)$ 的最高次数 n 等于 2、3 时，用代数方法可以求出式(9.2)的解析解，但是当 $n\geqslant 5$ 时，Galois 定理已经证明它是没有代数求根方法的。至于超越方程，通常很难求出其解析解。所以，式(9.1)的求解经常使用作图法或数值法，而计算机的发展和普及又为这些方法提供了广阔的发展前景，使之成为科学和工程中最实用的方法之一。

本章首先介绍求解 $f(x)=0$ 的 MATLAB 符号法指令，然后介绍求方程数值解的基本原理，最后再介绍求解 $f(x)=0$ 的 MATLAB 数值法指令。

9.1 求解非线性方程的 MATLAB 符号法

在 MATLAB 中，求解用符号表达式表示的代数方程可由函数 solve 实现，其调用格式为：

solve(s)：求解符号表达式 s 的代数方程，求解变量为默认变量。当方程右端为 0 时，方程可以不标出等号和 0，仅标出方程的左端。

solve(s,v)：求解符号表达式 s 的代数方程，求解变量为 v。

solve(s1,s2,…,sn,v1,v2,…,vn)：求解符号表达式 s1,s2,…,sn 组成的代数方程组，求解变量分别 v1,v2,…,vn。

例 9.1 求方程组 $uy^2+vz+w=0$，$y+z+w=0$ 关于 y,z 的解。

解 在 MATLAB 中输入代码：

```
S = solve('u * y^2 + v * z + w = 0','y + z + w = 0','y','z')
disp('S.y'),disp(S.y),disp('S.z'),disp(S.z)
```

显示结果为：

```
S =
    y: [2x1 sym]
    z: [2x1 sym]
S.y
[ -1/2/u*(-2*u*w-v+(4*u*w*v+v^2-4*u*w)^(1/2))-w]
[ -1/2/u*(-2*u*w-v-(4*u*w*v+v^2-4*u*w)^(1/2))-w]
S.z
[ 1/2/u*(-2*u*w-v+(4*u*w*v+v^2-4*u*w)^(1/2))]
[ 1/2/u*(-2*u*w-v-(4*u*w*v+v^2-4*u*w)^(1/2))]
```

例 9.2 用 solve 指令求 $d+\frac{n}{2}+\frac{p}{2}=q, n+d+q-p=10, q+d-\frac{n}{4}=p$ 构成的“欠定”方程组解。

解 在 MATLAB 中输入代码：

```
syms d n p q;
eq1 = d + n/2 + p/2 - q;
eq2 = n + d + q - p - 10;
eq3 = q + d - n/4 - p;
S = solve(eq1,eq2,eq3,d,n,p,q);
S.d,S.n,S.p,S.q
```

显示结果为：

```
ans =
        d
ans =
        8
ans =
4*d+4
ans =
3*d+6
```

例 9.3 求 $(x+2)^x=2$ 的解。

解 在 MATLAB 中输入代码：

```
clear;clc;
syms x;
s = solve('(x + 2)^x = 2','x')
```

显示结果：

```
s =
        .69829942170241042826920133106081
```

并非所有的方程 $f(x)=0$ 都能求出精确解或解析解，不存在这种解的方程就需要用数值解法求出近似解。常见的数值解法有：二分法、迭代法、切线法以及割线法。

9.2　二分法

9.2.1　二分法原理

设方程 $f(x)=0$ 中的函数 $f(x)$ 为实函数，且满足：① 函数 $f(x)$ 在 $[a,b]$ 上单调、连续；② 方程 $f(x)=0$ 在 (a,b) 内只有一个实根 x^*。

求方程 $f(x)=0$ 的根，就是在 (a,b) 内找出使 $f(x)$ 为零的点 x^*：$f(x^*)=0$，即求函数 $f(x)$ 的零点。因为 $f(x)$ 单调连续，由连续函数的性质可知，若任意两点 $a_j,b_j\in[a,b]$，而且满足条件 $f(a_j)f(b_j)<0$，则闭区间 $[a_j,b_j]$ 上必然存在方程的根 x^*，即 $x^*\in[a_j,b_j]$。

据此原理提出求实根的二分法如图 9－1 所示。

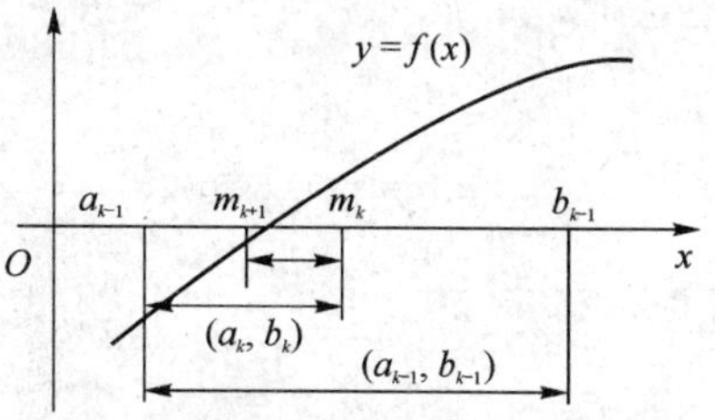

图 9－1　方程求根二分法原理示意图

先用中点 $m_1=\dfrac{a+b}{2}$ 将区间 $[a,b]$ 平分为两个子区间 $[a,m_1)$ 和 $(m_1,b]$，方程的根必然在子区间两端点上函数值之积小于零的那一半中，即不在 $[a,m_1)$ 内，就在 $(m_1,b]$ 内，除非 $f(m_1)=0$，于是寻根的范围缩小了一半。图 9－1 中的根 x^* 在区间中点右侧，即 $x^*\in[a,m_1)\triangleq(a_1,b_1]$。再将新的含根区间 $[a_1,b_1]$ 分成两半，重复上述步骤确定出更新的含根子区间。如此重复 n 次，设含根区间缩小为 $[a_k,b_k]$，则方程的根 $x^*\in[a_k,b_k]$，这一系列含根的子区间满足：

$$(a,b)\supset(a_0,b_0)\supset(a_1,b_1)\supset\cdots\supset(a_k,b_k)\supset\cdots$$

由于含根区间范围每次减半，子区间的宽度为 $b_n-a_n=\dfrac{b-a}{2^n}\quad(n=1,2,\cdots)$，显然当 $n\to+\infty$ 时，$(b_n-a_n)\to0$，即子区间收敛于一点 x^*，这个点就是方程的根。若 n 为有限整数，取最后一个子区间的中点 $x_n=\dfrac{a_n+b_n}{2}$ 作为方程根的近似值，它满足 $f(x_n)\approx0$，于是有：

$$|x_n-x^*|\leqslant\frac{1}{2}\frac{b-a}{2^n}=\frac{b-a}{2^{n+1}}\tag{9.3}$$

这就是近似值 x_n 的绝对误差限。假定预先要求的误差为 ε，由 $\varepsilon<\dfrac{b-a}{2^{n+1}}$ 便可以求出满足误差要求的最小等分次数 n。

9.2.2　二分法的 MATLAB 程序

根据二分法的基本思想，编写 MATLAB 程序实现该算法。函数 bisect 的源代码中对程序的输入输出均做了说明，源代码如下：

```
function [c,err,yc] = bisect(fun,a,b,delta)
%   fun是所要求解的函数.
%   a和b分别为有根区间的左右限.
%   delta是允许的误差界.
%   c为所求近似解.
%   yc为函数f在c上的值.
%   err是c的误差估计.
ya = feval('fun',a);
yb = feval('f',b);
if  yb == 0,
    c = b;
    return
end
if  ya*yb>0,
    disp('(a,b)不是有根区间');
    return
end
max1 = 1 + round((log(b-a) - log(delta))/log(2));
for  k = 1:max1
    c = (a + b)/2;
    yc = feval('f',c);
    if  yc == 0
        a=c;
        b=c;
        return
elseif  % yb*yc>0
        b = c;
        yb = yc;
    else
        a = c;
        ya = yc;
    end
    if (b-a) < delta,return,end
end
k;
c = (a + b)/2;
err = abs(b-a);
yc = feval('f',c);
```

例 9.4 用上述程序求方程 $x^3-x-1=0$ 在区间[1.0,1.5]内的一个近似解，要求准确到小数点后 2 位。

解 先用 M 文件先定义一个名为 fun921.m 的函数文件。

```
function y = fun921(x)
y = x^3 - x - 1;
```

建立主程序 prog921.m

```
clear;clc;
bisect('fun921', 1.0, 1.5, 0.0005)
```

然后在 MATLAB 命令窗口运行上述主程序，即：

```
Prog921
```

计算结果如下。

```
ans =
      1.3247
```

9.3 迭代法

9.3.1 迭代法原理

迭代法是计算数学中的一种重要方法，用途很广，求解线性方程组和矩阵特征值时也要用到它。

迭代法的基本原理就是构造一个迭代公式，反复用它得出一个逐次逼近方程根的数列，数列中每个元素都是方程根的近似值，只是精度不同。

先把式(9.1)等价地变换为

$$f(x)=x-g(x)=0$$

移项得出：

$$x=g(x) \tag{9.4}$$

若函数 $g(x)$ 连续，则称式(9.4)为迭代函数。用它构造出迭代公式：

$$x_{k+1}=g(x_k),k=0,1,2,\cdots \tag{9.5}$$

从初始值 x_0 出发，便可得出迭代序列：

$$\{x_{k+1}\}=x_0,x_1,x_2,\cdots,x_k,\cdots \tag{9.6}$$

如果迭代序列收敛，且收敛于 x^*，则由式(9.5)有：

$$\lim_{k\to\infty}(g(x)-x_{k+1})=(g(x^*)-x^*)=f(x^*)=0 \tag{9.7}$$

可见 x^* 是式(9.1)的根。

9.3.2 迭代法的几何意义

由以上分析可知，解方程 $f(x)=0$ 可以等价地变换成求解 $x=g(x)$。如图 9-2 所示，

在几何上，求 $x=g(x)$ 就等价求曲线 $y=x$ 和 $y=\varphi(x)$ 交点 P^* 的坐标 x^*。求迭代序列(式(9.6))，就等于从图中 x_0 点出发，由函数 $y=\varphi(x_0)$ 得出 $y=P_0$，代入函数 $y=x$ 中得出 Q_1，再把 Q_1 的 x 坐标 x_1 代入方程 $y=\varphi(x)$ 得出 P_1，如此继续下去，便可在曲线 $y=\varphi(x)$ 上得到一系列的点 $P_0,P_1,\cdots,P_k,\cdots$，这些点的 x 坐标便是迭代数列 $x_1,x_2,\cdots,x_k,\cdots$，它趋向于式(9.1)的根 x^*，数列的元素就是方程根的近似值。数列的收敛就等价于曲线 $y=x$ 和 $y=\varphi(x)$

能够相交于一点。

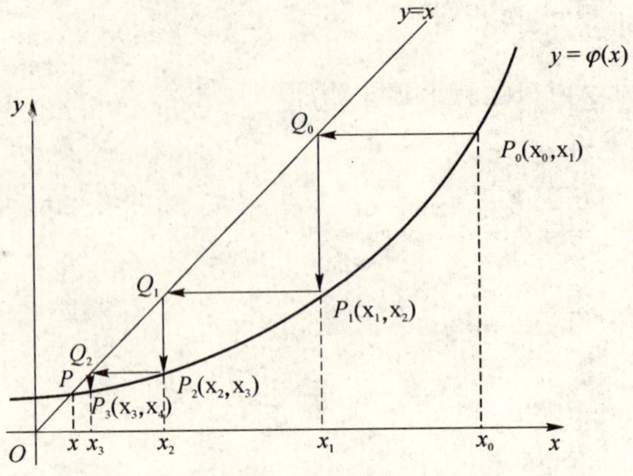

图 9-2　方程求根迭代法原理示意图

要想用迭代法求出方程根的近似值，迭代序列（式(9.6)）必须收敛。下面的定理给出了迭代法的收敛条件，同时也给出了迭代公式的误差。

收敛定理　方程 $x=g(x)$ 在 (a,b) 内有根 x^*，如果：①当 $x\in[a,b]$ 时，$g(x)\in[a,b]$；②$g(x)$ 可导，且存在正数 $q<1$，使得对于任意 $x\in[a,b]$ 都有 $|g'(x)|\leqslant q$，则方程 $x=g(x)$ 在 (a,b) 内有唯一的根 x^* 且迭代公式 $x_{k+1}=g(x_k)$ 对 (a,b) 内任意初始近似根 x_0 均收敛于 x^*．近似根 x_k 的误差估计公式为：

$$|x_n-x^*|\leqslant\frac{q^k}{1-q}|x_1-x_0| \tag{9.8}$$

9.3.3　迭代法的 MATLAB 程序

根据 Newton 迭代法的基本思想，编写 MATLAB 程序实现该算法，函数 newton 的源代码中对程序的输入输出均做了说明，源代码如下：

```
function [p1,err,k,y] = newton(fun,dfun,p0,delta,max1)
%  fun是非线性函数.
%  dfun是 fun的微商.
%  p0是初始值.
%  delta是给定允许误差.
%  max1是迭代的最大次数.
%  p1是牛顿法求得的方程的近似解.
%  err是 p0的误差估计.
%  k是迭代次数.
%  y = f(p1)
p0, feval('fun',p0)
for  k = 1:max1
    p1 = p0 - feval('fun', p0)/feval('dfun', p0);
    err = abs(p1 - p0);
    p0 = p1;
    y = feval('fun', p1)
    if  (err < delta) | (y == 0),
        break,
```

```
        end
        y = feval('f1041', p1)
    end
    p1, err, k
```

例 9.5　用上述程序求方程 $x^3-3x+2=0$ 的一个近似解，给定初值为 1.2，误差界为 10^{-6}。

解　先用 M 文件先定义 2 个名为 fun922.m 和 df922.m 的函数文件。

```
function y = fun922(x)
y = x^3 - 3*x + 2;
function y = dfun922(x)
y = 3*x^2 - 3;
```

建立主程序 prog922.m

```
clear
newton('f1041','df1041',1.2, 10^(-6), 18)
```

然后在 MATLAB 命令窗口运行上述主程序，即：

```
prog922
```

显示结果为：

```
err  =
      8.1277e-007
k  =
      18
y  =
      1.9817e-012
ans  =
      1.0000
```

这说明，经过 18 次迭代得到满足精度要求的值。

9.4　切线法

切线法就是从函数曲线上的一点出发，不断用曲线的切线代替曲线，求得收敛于根的数列。解非线性方程 $f(x)=0$ 的切线法也称牛顿法，它是把方程线性化的一种近似方法，用函数 $f(x)$ 的切线代替曲线产生一个收敛于方程根的迭代序列，从而得到方程的近似根。

把函数 $f(x)$ 在某一初始值 x_0 点附近展开成泰勒级数：

$$f(x)=f(x_0)+(x-x_0)f'(x_0)+(x-x_0)^2\frac{f''(x_0)}{2!}+\cdots \tag{9.9}$$

取其线性部分，近似地代替函数 $f(x)$ 可得方程的近似式：

$$f(x)\approx f(x_0)+(x-x_0)f'(x_0)=0$$

设 $f'(x_0)\neq 0$，解该近似方程可得：

$$x_1=x_0-\frac{f(x_0)}{f'(x_0)}$$

把函数 $f(x)$ 在 x_1 点附近展开成泰勒级数，取其线性部分替代函数 $f(x)$，设 $f'(x_1)\neq 0$，得：

$$x_2=x_1-\frac{f(x_1)}{f'(x_1)}$$

如此继续做下去，就可以得到牛顿迭代公式：

$$x_{k+1}=x_k-\frac{f(x_k)}{f'(x_k)},k=0,1,2,\cdots \tag{9.10}$$

由式得出的迭代序列 $x_1,x_2,\cdots,x_k,\cdots$，在一定的条件下收敛于方程的根 x^*。

9.4.1 切线法的几何意义

选取初值 x_0 后，过 $(x_0,f(x_0))$ 点作曲线 $y=f(x)$ 的切线，其方程为

$$y-f(x_0)=(x-x_0)f'(x_0)$$

设切线与 x 轴的交点为 x_1，则 $x_1=x_0-\dfrac{f(x_0)}{f'(x_0)}$，再过 $(x_1,f(x_1))$ 作切线，与 x 轴的交点为 $x_2=x_1-\dfrac{f(x_1)}{f'(x_1)}$，如此不断作切线，求与 x 轴的交点，便可得出的一系列的交点 $x_1,x_2,\cdots,x_k,\cdots$，它们逐渐逼近方程的根 x^*。切线法几何意义如图 9-3 所示。

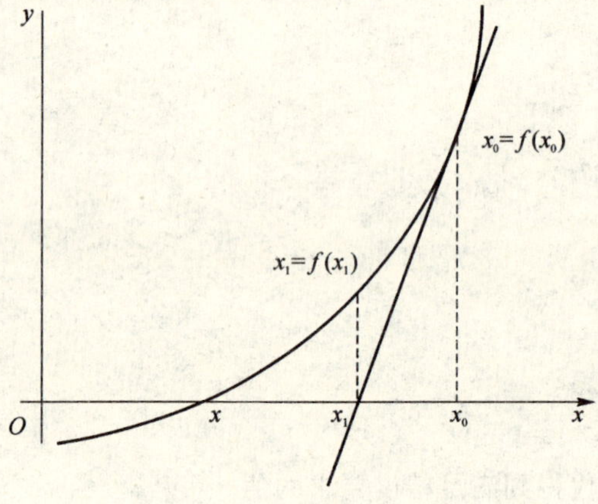

图 9-3 方程求根切线法原理示意图

9.4.2 切线法的收敛性

理论上可以证明，在有根区间 $[a,b]$ 上，如果 $f'(x_0)\neq 0$、$f''(x_0)\neq 0$ 连续且不变号，则只要选取的初始近似根 x_0 满足 $f'(x_0)f''(x_0)>0$，切线法必定收敛。它的收敛速度经推导可得出：

$$x_{k+1}-x^*=\frac{f''(x^*)}{2f'(x^*)}(x_k-x^*)^2 \tag{9.11}$$

$\dfrac{f''(x^*)}{2f'(x^*)}$ 是个常数，式(9.11)表明用牛顿迭代公式在某次算得的误差与上次误差的平方成正比，可见牛顿迭代公式的收敛速度很快。

9.5 割线法(弦截法)

9.5.1 割线法的几何意义

应用切线法的牛顿迭代公式时,每次都需要计算导数 $f'(x_k)$,若将该导数用差商代替,就成为割线法(也称快速弦截法)的迭代公式:

$$x_{k+1}=x_k-\frac{x_k-x_{k-1}}{f(x_k)-f(x_{k-1})}f(x_k) \quad k=0,1,2,\cdots \tag{9.12}$$

割线法的几何意义也很明显,如图 9-4 所示。

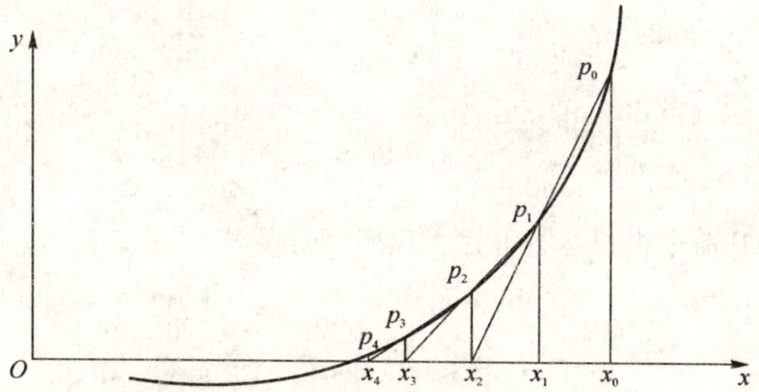

图 9-4 方程求根割线法原理示意图

过点$(x_0,f(x_0))$和$(x_1,f(x_1))$作函数 $y=f(x)$曲线的割线,交 x 轴于点 x_2,再过点$(x_1,f(x_1))$和$(x_2,f(x_2))$作曲线的割线,交 x 轴于点 x_3,……,一直做下去,则得到一系列割线与 x 轴的交点,这些交点序列将趋于方程的根 x^*。

9.5.2 割线法的 MATLAB 程序

根据割线法的基本思想,编写 MATLAB 程序实现该算法,函数 newton 的源代码中对程序的输入输出均做了说明,见如下源代码:

```
function [p1, err, k, y] = secant(fun, p0, p1, delta, max1)
%  fun是给定的非线性函数.
%  p0,p1为初始值.
%  delta为给定误差界.
%  max1是迭代次数的上限.
%  p1为所求得的方程的近似解.
%  err为p1-p0的绝对值.
%  k为所需的迭代次数.
%  y=f(p1)
p0, p1, feval('fun', p0), feval('fun',p1), k = 0;
for  k = 1:max1
     p2 = p1 - feval('fun',p1) * (p1-p0)/(feval('f1042',p1) - feval('fun',p0));
     err = abs(p2-p1);
     p0 = p1;
     p1 = p2;
     y = feval('fun', p1);
     if (err < delta) | (y == 0),
        break,
```

```
        end
    end
    p1, err, k
```

例 9.6 用割线法求方程 $x^3-x+2=0$ 的一个近似解，给定初值为－1.5 和－1.52，误差界为 10^{-6}。

解 先用 M 文件定义一个名为 f924.m 的函数文件

```
function y = f924 (x)
y = x^3 - x + 2;
```

建立一个主程序 prog924.m

```
clear;clc;
secant('f1042',-1.5,-1.52,10^(-6),11)
```

然后在 MATLAB 命令窗口运行上述主程序，即：

```
prog1042
```

计算结果如下：

```
p1  =
       -1.5214
err  =
       2.4318e-008
k  =
       3
ans  =
       -1.5214
```

这就表明，经过 3 次迭代得到满足精度要求的近似解－1.5214。

9.6 常见非线性方程数值方法的优缺点

非线性方程的数值解法还有许多，这里仅介绍了几种基本方法的优缺点。

二分法简单方便，但收敛速度慢；

迭代法虽然收敛速度稍微快点，但需要判断能否收敛；

只要初值选取得当，切线法具有恒收敛且收敛速度快的优点，但需要求出函数的导数；

弦截法不需要求导数，特别是前面介绍的快速弦截法，收敛速度很快，但是需要知道两个近似的初始根值才能作出弦，要求的初始条件较多。

这些方法各有千秋，需根据具体情况选用。

9.7　方程 $f(x)=0$ 数值解的 MATLAB 实现

MATLAB 中求方程数值解的办法很多，有的是专用指令，有的是根据方程性质而借用其他专用指令求得的。

9.7.1　求函数零点指令 fzero

求解方程 $f(x)=0$ 的实数根也就是求函数 $f(x)$ 的零点。MATLAB 中设有求函数 $f(x)$ 零点的指令 fzero，可用它来求方程的实数根。该指令的使用格式为：

```
fzero (fun, x0, options)
```

其中输入参数 fun 为函数 $f(x)$ 的字符表达式、内联函数名或 M 函数文件名；输入参数 $x0$ 为函数某个零点的大概位置（不要取零）或存在的区间 $[x_i, x_j]$，要求函数 $f(x)$ 在 x_0 点左右变号，即 $f(x_i)\cdot f(x_j)<0$；输入参数 options 可有多种选择，若用 optimset ('disp', 'iter')代替 options 时，将输出寻找零点的中间数据；该指令无论对多项式函数还是超越函数都可以使用，但是每次只能求出函数的一个零点，因此在使用前需摸清函数零点数目和存在的大体范围。为此，一般先用绘图指令 plot，fplot 或 ezplot 画出函数 $f(x)$ 的曲线，从图上估计出函数零点的位置。下面通过例子来说明这个命令的使用方法。

9.7.2　fzero 的使用举例

例 9.7　求方程 $x^2+4\sin(x)=25$ 的实数根（$-2\pi<x<2\pi$）。

方法一　fun 为函数 $f(x)$ 的字符表达式

首先要确定方程实数根存在的大致范围。为此，先将方程变成标准形式

$$f(x)=x^2+4\sin(x)-25=0$$

作 f(x)的曲线图，如图 9-5 所示。

```
x = - 2 * pi:0.1:2 * pi;
f = x.^2 + 4 * sin(x) - 25;
plot(x,f);grid on;
```

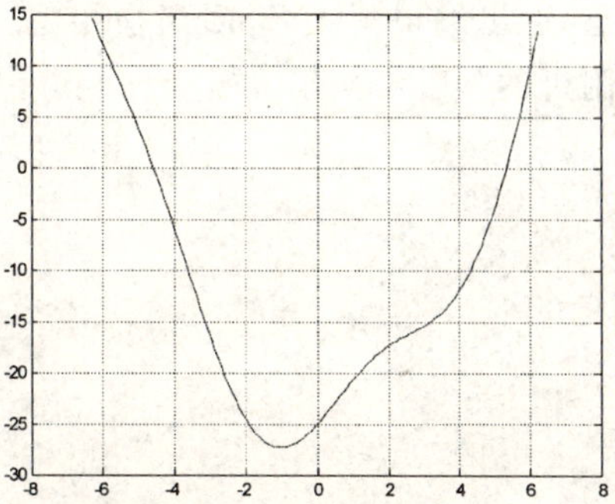

图 9-5　$y=f(x)$ 的曲线图

从曲线上可以看出，函数的零点大约在 $x_1 \approx -4$ 和 $x_2 \approx 5$ 附近。直接使用指令 fzero 求出方程在 $x_1 \approx -4$ 时的根。

```
x1 = fzero ('x^2 + 4 * sin(x) - 25', - 4)
```

输出结果为：

```
x1 =

    - 4.5861
```

方程在 $x_1 \approx -4$ 时的根为 -4.5861，若键入：

```
fzero ('x^2 + 4 * sin(x) - 25', - 4, optimset('disp', 'iter'))
```

将显示迭代过程。

中间数据表明，求根过程中不断缩小探测范围，最后得出 -4 附近满足精度的近似根。同样可求 $x_2 \approx 5$ 的根：

```
x2 = fzero ('x^2 + 4 * sin(x) - 25',5)
```

结果为：

```
x2 =

    5.3186
```

方法二　fun 为函数 $f(x)$ 的 M 函数文件名

将方程 $x^2 + 4\sin(x) = 25$ 编成 M 函数文件（实用中在函数较为复杂、而又多次重复调用时这种方法比较适用），再用 fzero 求解。

首先在 M 文件编辑调试窗中键入：

```
function yy = fun931(x)
yy = x^2 + 4 * sin(x) - 25;
```

以 fun931.m 为文件名存盘，退出编辑调试窗，回到指令窗。确定根的大体位置后在指令窗中键入下述指令可求出 -4 附近的根：

```
x1 = fzero('fun931', - 4)
```

键入下述指令可求出 5 附近的根：

```
x2 = fzero('fun931',5)
```

显示结果为：

```
x1 =
    - 4.5861
x2 =
    5.3186
```

方法三　fun 为函数 $f(x)$的内联函数名

内联函数是 MATLAB 提供的一个对象(Object)。它的性状表现和函数文件一样,但内联函数的创建比较容易。

```
inline('CE')
```

'CE'是字符串,CE 为不包含赋值符号"="的表达式。上式把串表达式转化为输入宗量自动生成的内联函数。

上述调用格式将自动地对 CE 进行辨识,把 CE 中由字母/数字组成的连续字符认做变量,除"预定义变量名(如 i, j, pi)"和"常用函数名(如 sin)"以外的由字母/数字组成的连续字符将被认做变量。但注意:若连续字符后紧接"左圆括号",那么将不被当作输入变量。如 x(1),就不会认做输入变量处理。

```
inline('CE',arg1,arg2,…)
```

上述调用格式把串表达式转化为 arg1,arg2 等指定输入变量的内联函数;这种调用格式是创建内联函数的最稳妥、可靠途径。输入变量字符可表达得更自如。

将函数 $f(x)$写成内联函数的形式:

```
f = inline ('x^2 + 4 * sin(x) - 25')
```

这时内联函数名为 f。

分别求 $x_1 \approx -4$ 和 $x_2 \approx 5$ 时的根:

```
x1 = fzero(f, - 4), x2 = fzero(f,5)
```

输出结果与前面相同。

例 9.8　求 $f(x)=x-10^x+2=0$ 在 $x_0=0.5$ 附近的根。

解　绘制 $f(x)$的曲线,代码为:

```
x = - 2.5:0.01:0.5;
fx = x - 10.^x + 2;
plot(x,fx))
```

图形如图 9-6 所示。

曲线的零点有两个,一个在 $x=-2$ 附近,另一个在 $x=0.5$ 附近。

首先建立函数文件 fun932.m (function [输出变量列表]=函数名(输入变量列表))

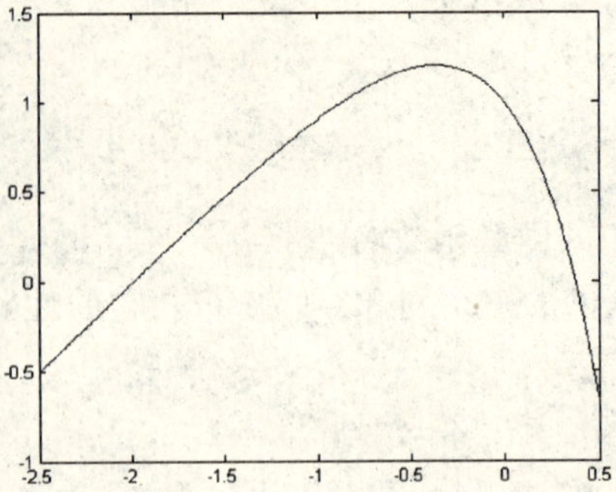

图 9-6 函数 $f(x)=x-10^x+2$ 的曲线图

```
function fx = fun922(x)
fx = x - 10.^x + 2;
```

再调用 fzero 函数求根

```
z = fzero('fun922',0.5)
```

显示结果为：

```
z =
    0.3758
```

9.8 求解非线性方程组 MATLAB 命令

9.8.1 符号方程组求解

在 MATLAB 中，求解用符号表达式表示的方程组仍然可由函数 solve 实现，其调用格式与解用符号表达式表示的方程一样。

例 9.9 解下列方程组
$$\begin{cases}\dfrac{1}{x^3}+\dfrac{1}{y^3}=28\\[2mm]\dfrac{1}{x}+\dfrac{1}{y}=4\end{cases}$$

```
[x y] = solve('1/x^3 + 1/y^3 = 28','1/x + 1/y = 4', 'x,y')
```

输出结果为：

```
x =
    1
  1/3
y =
  1/3
    1
```

求解方程组 $\begin{cases} u^3+v^3=98 \\ u+v=2 \end{cases}$，命令

```
[u v] = solve('u^3 + v^3 = 98', 'u + v = 2', 'u,v')
```

输出结果为：

```
u =
-3
 5
v =
 5
-3
```

方程组 $\begin{cases} x+y=98 \\ \sqrt[3]{x}+\sqrt[3]{y}=2 \end{cases}$ 的求解时

```
[x y] = solve('x + y = 98', 'x^(1/3) + y^(1/3) = 2', 'x,y')
```

回车后出现下面的提示

```
Warning: Explicit solution could not be found.
> In D:\MATLAB\toolbox\symbolic\solve.m at line 136
```

如果做代换：$x \to u^3$，$y \to v^3$，该方程就变成了前一个方程，可解。这个问题说明，符号求解并不是万能的。如果用 MATLAB 得出无解或未找到所期望的解时，应该用其他方法试探求解。

二元二次方程组 $\begin{cases} x^2+y^2=5 \\ 2x^2-3xy-2y^2=0 \end{cases}$

```
[x y] = solve('x^2 + y^2 = 5', '2 * x^2 - 3 * x * y - 2 * y^2')    % 变量由默认规则确定
```

输出结果为：

```
x =
-1
 1
 2
-2
y =
 2
-2
 1
-1
```

9.8.2　求解非线性方程组的基本方法

对于非线性方程组（以二元方程组为例，其他可以类推）

$$\begin{cases} f_1(x,y)=0 \\ f_2(x,y)=0 \end{cases} \tag{9.13}$$

的数值解求法，跟一元非线性方程的切线法（牛顿法）雷同，也是把非线性函数线性化，近似替代原方程得出数值解，所以也叫作牛顿迭代法。

假设式(9.13)的初始估计值为(x_0,y_0)，可以把式(9.13)中的两个函数$f_1(x,y)$和$f_2(x,y)$在(x_0,y_0)处用二元泰勒级数展开，取线性部分，移项得出：

$$\left.\begin{aligned} \frac{\partial f_1(x_0,y_0)}{\partial x}(x-x_0)+\frac{\partial f_1(x_0,y_0)}{\partial y}(y-y_0)=-f_1(x_0,y_0) \\ \frac{\partial f_2(x_0,y_0)}{\partial x}(x-x_0)+\frac{\partial f_2(x_0,y_0)}{\partial y}(y-y_0)=-f_2(x_0,y_0) \end{aligned}\right\} \tag{9.14}$$

若系数矩阵行列式 $J_0=\begin{vmatrix} \frac{\partial f_1(x_0,y_0)}{\partial x} & \frac{\partial f_1(x_0,y_0)}{\partial y} \\ \frac{\partial f_2(x_0,y_0)}{\partial x} & \frac{\partial f_2(x_0,y_0)}{\partial y} \end{vmatrix}\neq 0$，则式(9.14)的解为：

$$x_1=x_0+\frac{1}{J_0}\begin{vmatrix} \frac{\partial f_1(x_0,y_0)}{\partial x} & f_1(x_0,y_0) \\ \frac{\partial f_2(x_0,y_0)}{\partial y} & f_2(x_0,y_0) \end{vmatrix},\quad y_1=y_0+\frac{1}{J_0}\begin{vmatrix} f_1(x_0,y_0) & \frac{\partial f_1(x_0,y_0)}{\partial x} \\ f_2(x_0,y_0) & \frac{\partial f_2(x_0,y_0)}{\partial y} \end{vmatrix}$$

式(9.13)中的两个函数$f_1(x,y)$和$f_2(x,y)$在(x_1,y_1)处，再用二元泰勒级数展开，只取线性部分，……如此继续替代下去，直到方程组的根达到所要求的精度，就完成了方程组的求解。

求解式(9.13)还有许多其他办法，如“最速下降法”，它是利用式(9.13)构成所谓模函数$\Phi(x)=[f_1(x,y)]^2+[f_2(x,y)]^2$，通过求模函数极小值的方法得到方程组的数值解，诸如此类在此不再一一列举。

9.8.3 求方程组的数值解

fsolve 是用最小二乘法求解非线性方程组 $\boldsymbol{F}(X)=0$ 的指令，变量 $\boldsymbol{X}$ 可以是向量或矩阵，方程组可以由代数方程或者超越方程构成。它的使用格式为：

```
fsolve ( 'fun' , X0 , OPTIONS )
```

参数 fun 是编辑并存盘的 M 函数文件的名称，可以用@代替单引号对它进行标识。M 函数文件主要内容是方程 $\boldsymbol{F}(\boldsymbol{X})=0$ 中的函数 $\boldsymbol{F}(\boldsymbol{X})$，即方程左边的函数；参数 $\boldsymbol{X}_0$ 是向量或矩阵，为探索方程组解的起始点。求解将从 $\boldsymbol{X}_0$ 出发，逐渐趋向，最终得到满足精度要求、最接近 $\boldsymbol{X}_0$ 的近似根 X^*：$F(x^*)\approx 0$。由于 $\boldsymbol{X}_0$ 是向量或矩阵，无法用画图方法进行估计，实际问题中常常是根据专业知识、物理意义等进行估计；该指令输出一个与 $\boldsymbol{X}_0$ 同维的向量或矩阵，为方程组的近似数值解；参数 OPTIONS 为设置选项，用它可以设置过程显示与否、误差、算法等，具体内容可用 help 查阅。通常可以省略该项内容。

例 9.10 求方程组$\begin{cases} x^2+y^2+z+7=10x \\ xy^2=2z \\ x^2+y^2+z^2=3y \end{cases}$在$\begin{cases} x_0=1 \\ y_0=1 \\ z_0=1 \end{cases}$附近的数值解。

解 首先在文本编辑调试窗中编辑 M 函数文件。首先将方程组变换成 $F(X)=0$ 的形式，

$$\begin{cases} x^2-10x+y^2+z+7=0, \\ xy^2-2z=0 \\ x^2+y^2-3y+z^2=0 \end{cases}$$

x，y，z 看成向量 $\boldsymbol{X}$ 的三个分量.

```
function ms = fun941(X)
ms(1) = X(1).^2 - 10 * X(1) + X(2).^2 + X(3) +7;
ms(2) = X(1). * X(2).^2 - 2 * X(3);
ms(3) = X(1).^2 + X(2).^2 - 3 * X(2) + X(3).^2;
```

这里，$X_{(1)}=x$，$X_{(2)}=y$，$X_{(3)}=z$，输出参量 ms 也有三个分量，用 fun941. m 为 M 函数文件名存盘. 接下来在指令窗中键入：

```
fsolve('fun941',[1 1 1])
```

其输出结果为

```
Optimization terminated: first - order optimality is less than options.TolFun.
ans =
    1.1042    1.3485    1.0039
```

若键入：

```
x = fsolve(@fun941,[1 1 1], optimset('Display','iter'))
```

则得出求解过程。该方程也可以用 MATLAB 的符号指令 solve 求解，但结果非常冗长。

例 9.11 求解方程组

$$\begin{cases} 2x^2-81(y+0.1)^2+\sin z+1.06=0 \\ 3x=\cos(yz)+0.5 \\ e^{-xy}+20z+\dfrac{10}{3}\pi=1 \end{cases}$$

在 $x_0=0.1$、$y_0=0.1$ 和 $z_0=0.1$ 附近的数值解。

解 这个方程组用符号指令 solve 无法得出最终结果，只能使用 fsolve 命令。首先将方程组变换成 $f_j(x,y,z)=f(x)=0(j=1,2,3)$的形式，设 X 为一个三维向量，令 $X_{(1)}=x$，$X_{(2)}=y$，$X_{(3)}=z$，则三维向量 $yy3=f(x)=f_j(x,y,z)(j=1,2,3)$，然后编程计算。首先在文本编辑调试窗中编辑 M 函数文件。

```
function yy3 = fun942(X)
yy3(1) = 3 * X(1) - cos(X(2) * X(3)) - 0.5;
yy3(2) = 2 * X(1)^2 - 81 * (X(2) + 0.1)^2 + sin(X(3)) + 0.06;
yy3(3) = exp( - X(1) * X(2)) + 20 * X(3) + 10 * pi/3 - 1;
```

接下来在指令窗中键入：

```
fsolve('fun942',[0.1 0.1 -0.1])
```

其输出结果为：

```
Optimization terminated: first-order optimality is less than options.TolFun.

ans =

    0.4998   -0.0733   -0.5255
```

这个方程组用符号指令 solve 无法得出最终结果。

例 9.12 求解方程组 $\begin{cases} \sin x + y + z^2 e^x = 0 \\ x + y + z = 0 \\ xyz = 0 \end{cases}$ 在(1,1,1)附近的解，并对结果进行验证。

解 建立函数文件 fun943. m

```
function F = fun943(X)    % X、F 是性质相同的向量
x = X(1);
y = X(2);
z = X(3);
F(1) = sin(x) + y + z^2.* exp(x);
F(2) = x + y + z;
F(3) = x.* y.* z;
```

在给定的初值 x0＝1，y0＝1，z0＝1 下，调用 fsolve 函数求方程的根。

```
X = fsolve('fun943',[1,1,1],optimset('Display','off'))
```

输出结果为：

```
X =

    0.0224   -0.0224   -0.0000
```

将求得的解代回原方程，可以检验结果是否正确，命令如下：

```
q = fun943(X)
```

输出结果为：

```
q =

  1.0e-006 *

   -0.5931   -0.0000    0.0006
```

由 q 的值非常接近于 0 可以看到，前面所求出的解是非常精确的。

例 9.13　求非线性方程组 $\begin{cases} x-0.6\sin x-0.3\cos x=0 \\ y-0.6\cos x+0.3\sin y=0 \end{cases}$ 在(−0.5,0.5)附近的数值解。

解　建立函数文件 fun944.m

```
function F = fun944(X)
x = X(1);
y = X(2);
F(1) = x - 0.6 * sin(x) - 0.3 * cos(y);
F(2) = y - 0.6 * cos(x) + 0.3 * sin(y);
function F = myfun1(X)
x = X(1);
y = X(2);
F(1) = x - 0.6 * sin(x) - 0.3 * cos(y);
F(2) = y - 0.6 * cos(x) + 0.3 * sin(y);
```

在给定的初值 $x_0=0.5$，$y_0=0.5$ 下，调用 fsolve 函数求方程的根。

```
X = fsolve('fun944',[0.5,0.5]',optimset('Display','off'))
```

输出为：

```
X =
    0.6354
    0.3734
```

将求得的解代回原方程，可以检验结果是否正确，命令如下：

```
q = fun944(X)
```

输出为：

```
q =
  1.0e-009 *
    0.2375    0.2957
```

第 10 章 偏微分方程数值解

在科学技术日新月异的发展过程中，人们研究的许多问题用一个自变量的函数来描述已经显得不够了，不少问题有多个变量的函数来描述。这些量不仅和时间有关系，而且和空间坐标也有联系，这就要用多个变量的函数来表示，这样就产生了研究某些物理现象的多个变量的函数方程，这种方程就是偏微分方程，相对于常微分方程，偏微分方程的求解更加复杂，本章研究的是偏微分方程的数值解法及如何利用 MATLAB 求解偏微分方程。

10.1 基本概念

已知 $u=u(t,x)$，其中的 x 可以是一个变量，也可以是多维向量。偏微分方程最常见的有三类方程。

双曲型方程

$$\frac{\partial^2 u}{\partial t^2}-\nabla(a^2\nabla u)+gu=f(x,t) \tag{10.1}$$

特殊情况，当 a 为常数，$g=0$ 时就是在外力 $f(x,t)$ 作用下的受迫波动方程

$$\frac{\partial^2 u}{\partial t^2}=a^2\Delta u+f(x,t) \tag{10.2}$$

尤其，当 $f\equiv 0$ 时方程称为齐次的，即自由振动方程

$$\frac{\partial^2 u}{\partial t^2}=a^2\Delta u \tag{10.3}$$

常见的定解条件为(以一维为例)

$$\begin{cases}\dfrac{\partial^2 u}{\partial t^2}=a^2\dfrac{\partial^2 u}{\partial x^2},0<x<l,t>0\\ u(0,t)=f_1(t),u(l,t)=f_2(t)\\ u(x,0)=\varphi(x),\left.\dfrac{\partial u}{\partial t}\right|_{t=0}=\psi(x)\end{cases} \tag{10.4}$$

抛物型方程

$$\frac{\partial u}{\partial t}-\nabla(a^2\nabla u)+gu=f(x,t) \tag{10.5}$$

同样当 a 为常数，$g=0$ 时即为热传导方程

$$\frac{\partial u}{\partial t}=a^2\Delta u+f(x,t) \tag{10.6}$$

尤其，当 $f\equiv 0$ 时方程称为齐次的热传导方程

$$\frac{\partial u}{\partial t}=a^2\Delta u \tag{10.7}$$

常见定解条件为(以一维为例)

$$\begin{cases}\dfrac{\partial u}{\partial t}=a^2\dfrac{\partial^2 u}{\partial x^2},0<x<l,t>0\\ u(0,t)=f_1(t),u(l,t)=f_2(t)\\ u(x,0)=\varphi(t)\end{cases}\tag{10.8}$$

椭圆型方程(二维情形)

$$-\left[\frac{\partial}{\partial x}\left(p\frac{\partial u}{\partial x}\right)+\frac{\partial}{\partial y}\left(p\frac{\partial u}{\partial y}\right)\right]+gu=f\qquad (x,y)\in\Omega\tag{10.9}$$

当 p 为常数且 $g=0$ 时就是最简单的位势方程

$$\Delta u=f\qquad (x,y)\in\Omega\tag{10.10}$$

的形式,当 $f\equiv 0$ 时方程称为齐次的(Laplace 方程)

$$\Delta u=0\qquad (x,y)\in\Omega\tag{10.11}$$

其边界条件为

$$u|_{\Gamma}=\varphi\tag{10.12}$$

或

$$\left(\frac{\partial u}{\partial n}+\delta u\right)\bigg|_{\Gamma}=\gamma\tag{10.13}$$

其中的 Γ 为二维区域 Ω 的边界,n 为 Γ 的外法线方向。

10.2 有限差分法

利用差分近似地代替微分,可将微分方程化为差分方程的形式,即可求得方程的数值解。

10.2.1 椭圆方程的差分形式

利用二阶导数的中心差分公式

$$\frac{\partial^2 u}{\partial x^2}\approx\frac{u(x+\Delta x,y)-2u(x,y)+u(x-\Delta x,y)}{(\Delta x)^2}$$

并将 u,x,y 离散化,则二维 Laplace 方程 $\Delta u=\frac{\partial^2 u}{\partial x^2}+\frac{\partial^2 u}{\partial y^2}=0$(式(10.11))化为

$$\frac{u(x+\Delta x,y)-2u(x,y)+u(x-\Delta x,y)}{(\Delta x)^2}+\frac{u(x,y+\Delta y)-2u(x,y)+u(x,y-\Delta y)}{(\Delta y)^2}=0\tag{10.14}$$

记 $\Delta x=\Delta y\triangleq h,x=ih,y=jh$,其中 $i,j=0,1,2,\cdots,n-1$ 得 Laplace 方程的显示格式

$$u_{i,j}=\frac{1}{4}(u_{i+1,j}+u_{i-1,j}+u_{i,j+1}+u_{i,j-1})\tag{10.15}$$

当 $\frac{\Delta y}{\Delta x}\leqslant 1$ 时,解是稳定的,截断误差为 $O((\Delta x)^2,(\Delta y)^2)$。

根据上述的差分显示形式,可根据实际问题编写相应的 MATLAB 程序,MATLAB 实现的过程实际上是一个迭代的过程。

例 10.1　已知一个正方形的温度场[0,1]×[0,1],其边界条件为在 y 轴的一边上温度为 0,其他各边上的温度均为 1,可知各点处的温度值 $u(x,y)$ 满足 Laplace 方程,将区域分为 50×50 份,并首先假定内部改革点处的温度均为 0,给定误差限为 0.005,最后利用图像显示出各

点处的温度值，编写 MATLAB 程序如下：

```
u = zeros(50,50);
u(:,50) = 1.0;
u(1,:) = 1.0;
u(50,:) = 1.0;
ub = u + 8;
u_next = u;
while max(max(abs(u - ub)))> 0.005
        u_next(2:49,2:49) = (u(3:50,2:49) + u(1:48,2:49)
                          + u(2:49,3:50) + u(2:49,1:48))/4;

    ub = u;
    u = u_next;
end
surf(u)
```

程序运行后的 u 值即为方程的数值解，surf(u)画出图像如图 10－1 所示。

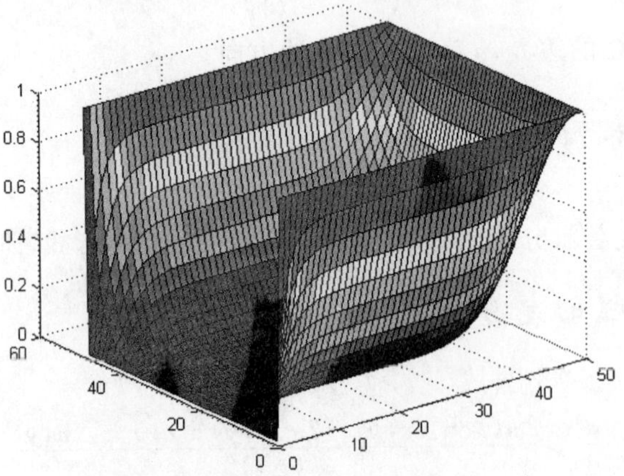

图 10－1　正方形区域温度场示意图

10.2.2　抛物方程的差分形式

分别利用一阶和二阶差分代替一阶和二阶导数，将一维热传导方程(式(10.7))化为

$$\frac{u(x,t+\Delta t)-u(x,t)}{\Delta t}=a^2\ \frac{u(x+\Delta x,y)-2u(x,y)+u(x-\Delta x,y)}{(\Delta x)^2}$$

变形得

$$u(x,t+\Delta t)=u(x,t)+\frac{\Delta t}{(\Delta x)^2}a^2[u(x+\Delta x,y)-2u(x,y)+u(x-\Delta x,y)] \quad (10.16)$$

记 $x=i\Delta x,t=j\Delta t,i,j=0,1,2,\cdots,n-1,r=\frac{\Delta t}{(\Delta x)^2}a^2$，由式(10.16)可得显示差分公式(10.13)

$$u_{i,j+1}=(1-2r)u_{i,j}+r(u_{i+1,j}-2u_{i,j}+u_{i-1,j}) \quad (10.17)$$

当 $\frac{2\Delta t}{(\Delta x)^2}a^2\leqslant 1$ 时，解是稳定的，截断误差为 $O((\Delta x)^2,\Delta t)$。

例 10.2 有一细杆传热问题的定解问题(式(10.8))中的 $f_1(t)=\sin t, f_2(t)=\cos t, l=1$, $a^2=0.1, \varphi(x)=x$,将 x 的范围[0,1]分为 100 份,时间 $t\in[0,1]$分为 100 份,则 $\Delta x=\Delta t=0.01$,根据式(10.13)编写 MATLAB 程序如下:

```
u = zeros(100,100);
for i = 1:100
    u(i,1) = sin(i/100.0);
    u(i,100) = cos(i/100.0);
    u(1,i) = i/100.0;
end
a2 = 0.001;
deltax = 0.01;
deltat = 0.01;
r = a2 * deltat/deltax/deltax;
for j = 1:100
    u(2:99,j + 1) = (1 - 2 * r) * u(2:99,j) + r * ( u(1:98,j) + u(3:100,j));
    plot(u(:,j));
    pause(0.1);
end
surf(u)
```

直接运行该程序,可以得到如图 10-2 所示的传导过程示意图。在图像上显示出了杆上各点处的温度变化过程图(10-2(a)与图 10-2(b)),最后的 surf(u)给出了整个的变化过程(图 10-2(c))。

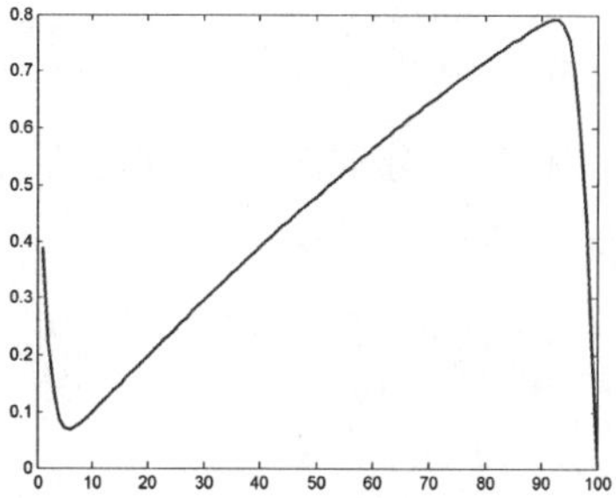

(a) x=0.40点处的温度变化

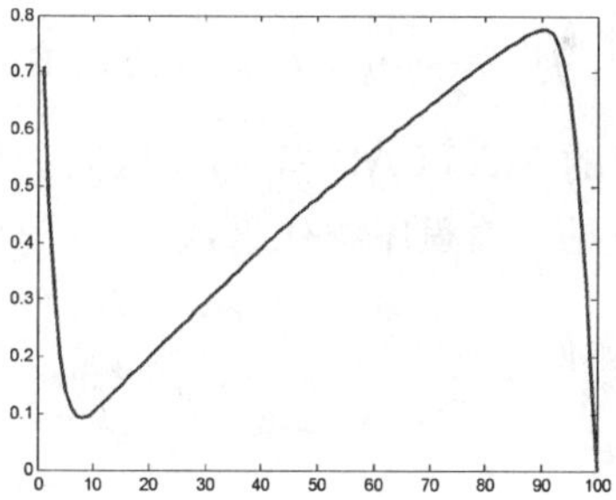

(b) x=0.72点处的温度变化

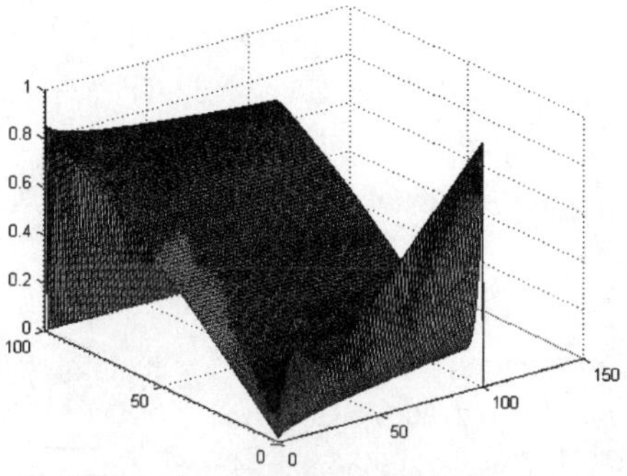

(c) 各点的温度变化

图 10-2 杆上的热传导过程示意图

10.2.3 双曲方程的差分形式

利用二阶差分代替一阶和二阶导数，将一维波动方程(式(10.3))化为

$$\frac{u(x,t+\Delta t)-2u(x,t)+u(x,t-\Delta t)}{(\Delta t)^2}=a^2\frac{u(x+\Delta x,t)-2u(x,t)+u(x-\Delta x,t)}{(\Delta x)^2} \tag{10.18}$$

记 $x=i\Delta x, t=j\Delta t$，其中，$i,j=0,1,2,\cdots,n-1$，由式(10.18)可得显示差分公式

$$u_{i,j+1}=c(u_{i+1,j}+u_{i-1,j})+2(1-c)u_{i,j}-u_{i,j-1} \tag{10.19}$$

式中，$c=a^2\left(\frac{\Delta t}{\Delta x}\right)^2$，当 $c<1$ 时解是稳定的；当 $c=1$ 时，可得到正确的数值解；当 $c>1$ 时，解是不稳定的。截断误差为 $O((\Delta x)^2,(\Delta t)^2)$。

$t=0$ 时对应 $j=1$，则可将初始位移 $\varphi(x)$ 和初始速度 $\psi(x)$ 离散化后的 φ_i 及 ψ_i，于是根据初始位移有 $u_{i1}=\varphi_i$，初始速度利用中心差分公式可表示为

$$\frac{\partial u_{i,1}}{\partial t}=\frac{u_{i,2}-u_{i,0}}{2\Delta t}=\psi_i$$

得

$$u_{i,0}=u_{i,2}-2\psi_i\Delta t \tag{10.20}$$

令式(10.19)中的 $j=1$ 并将式(10.20)代入，整理可得

$$u_{i,2}=\frac{1}{2}[c(u_{i+1,1}+u_{i-1,1})+2(1-c)u_{i,1}+2\psi_i\Delta t] \tag{10.21}$$

例 10.3 弦振动方程的定解问题(式(10.4))中的 $l=1, a^2=0.01, f_1(t)=\sin t, f_2(t)=0$，$\varphi(x)=\frac{x(1-x)}{10}$，$\psi(x)=\sin 2\pi x$，差分公式中 $\Delta x=\frac{1}{300}$，$\Delta t=\frac{1}{300}$，并取 $c=0.01$，利用上面的差分公式编写相应的 MATLAB 程序，将区间 x 的范围(0,1)分成 300 份，可得到弦振动在(0,1)秒的变化过程。见下面程序源代码：

```
%%初始化
u = zeros(301,301);
c = 0.05;
x = linspace(0,1,301);
%%初值
u(:,1) = x.*(1 - x)/10;
%%边值
u(1,:) = sin(x)';
%%初始速度
v = sin(x.*2*pi);
deltat = 1.0/300;
%%计算 u(i,2)
u(2:300,2) = 1/2*( c*(u(1:299,1) + u(3:301,1) )
 + 2*(1 - c)*u(2:300,1) + 2*v(2:300)'*deltat);
%%差分公式的计算过程，计算 u(i,j),j>3
for i = 3:301
    u(2:300,i) = c*(u(1:299,i - 1) + u(3:301,i - 1)) + 2*(1 - c)*u(2:300,i - 1) - u(2:
300,i - 2);
```

```
    plot(u(:,i));
    axis([0,301,-1,1]);
    pause(0.1);
end
```

程序运行的截图如图 10－3 所示。

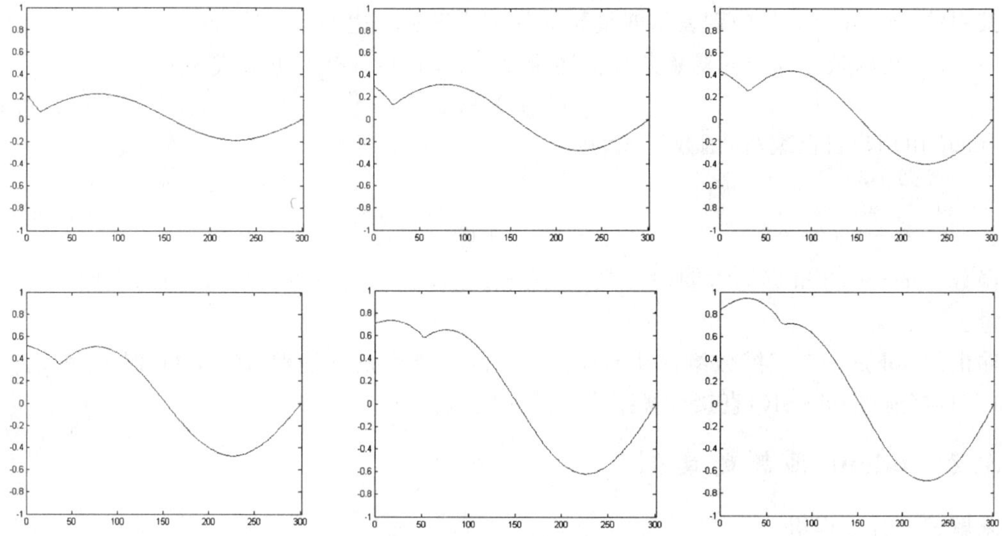

图 10－3　弦振动方程程序运行过程图

10.3　MATLAB 的 pdepe 函数

10.3.1　pdepe 函数的说明

MATLAB 软件提供了 pdepe 函数，该函数不但可以用来求解偏微分方程，也可以用来求解偏微分方程组，函数的调用格式为：

```
sol = pdepe(m,@pdefun,@pdeic,@pdebc,x,t)
```

输入的参数中

@pdefun 是偏微分方程的描述函数，方程必须具有如下形式

$$c\left(x,t,u,\frac{\partial u}{\partial x}\right)\frac{\partial u}{\partial t}=x^{-m}\frac{\partial}{\partial x}\left[x^m f\left(x,t,u,\frac{\partial u}{\partial x}\right)\right]+s\left(x,t,u,\frac{\partial u}{\partial x}\right) \tag{10.22}$$

函数 pdefun 由用户自己编写，函数形式为：

```
[c,f,s] = pdepe(x,t,u,du)
```

其输出的 c,f,s 即为式(10.22)中的三个已知函数 c、f 及 s，它们也可以是向量值函数，x，t,u 与方程(10.22)中的参数意义相同，du 表示的是 u 对 x 的一阶导数。

@pdebc 是偏微分方程的边界条件描述函数，函数必须具有如下形式

$$p(x,t,u)+q(x,t,u)\cdot f\left(x,t,u,\frac{\partial u}{\partial x}\right)=0 \tag{10.23}$$

函数 pdebc 由用户自己编写，函数形式为：

```
[pa,qa,pb,qb] = pdebc(xa,ua,xb,ub,t)
```

其中的 xa,xb,va,vb 分别表示变量 x,u 的下边界和上边界。

@pdeic 是偏微分方程的初始条件描述函数，函数必须具有如下形式

$$u(x,t_0)=u_0 \tag{10.24}$$

函数 pdeic 由用户自己编写，函数形式为：

```
u0 = pdeic(x)
```

函数 pdeic 中的 m 即为方程(10.22)中的 m。x,t 是偏微分方程的自变量，它们一般是多维向量。

输出的 sol 是一个三维数组，sol(i,j,k)表示的是自变量分别取 x(i),t(j)时 u_k 的值。由 sol 可以直接通过 pdeval()直接计算某个点的函数值。

10.3.2 pdepe 函数的实例

求解偏微分方程组

$$\begin{cases}\dfrac{\partial u_1}{\partial t}=a_1^2\dfrac{\partial^2 u_1}{\partial x^2}+e^{u_1+u_2}\\[2mm]\dfrac{\partial u_2}{\partial t}=a_2^2\dfrac{\partial^2 u_2}{\partial x^2}+e^{u_1-u_2}\end{cases} \tag{10.25}$$

其中 $a_1^2=\dfrac{1}{80},a_2^2=\dfrac{1}{91}$，初始条件

$$u_1(x,0)=\sin x,u_2(x,0)=\cos x \tag{10.26}$$

边界条件

$$\left.\frac{\partial u_1}{\partial x}\right|_{x=0}=0,u_1(1,t)=1,u_2(0,t)=0,\left.\frac{\partial u_2}{\partial x}\right|_{x=1}=0 \tag{10.27}$$

首先将式(10.25)改写成

$$\begin{pmatrix}1\\1\end{pmatrix}\frac{\partial}{\partial t}\begin{pmatrix}u_1\\u_2\end{pmatrix}=\frac{\partial}{\partial x}\begin{bmatrix}a_1^2\dfrac{\partial u_1}{\partial x}\\[2mm]a_2^2\dfrac{\partial u_2}{\partial x}\end{bmatrix}+\begin{pmatrix}e^{u_1+u_2}\\e^{u_1-u_2}\end{pmatrix} \tag{10.28}$$

有 $m=0,u=(u_1,u_2)^{\mathrm{T}},c=(1,1)^{\mathrm{T}},f=\left(a_1^2\dfrac{\partial u_1}{\partial x},a_2^2\dfrac{\partial u_2}{\partial x}\right),s=(e^{u_1+u_2},e^{u_1-u_2})^{\mathrm{T}}$

由(10.28)编写 pdefun 函数程序如下：

```
function [c f s] = pdefun(x,t,u,du)
c = [1 ;1];
f = [1.0/80 * du(1); 1.0/91 * du(2)];
s = [exp(u(1) + u(2); exp(u(1) - u(2))];
```

将边界区间(10.27)改写为(10.23)的形式,下边界和上边界分别为

$$\begin{pmatrix}0\\u_2\end{pmatrix}+\begin{pmatrix}1\\0\end{pmatrix}f=\begin{pmatrix}0\\0\end{pmatrix},\begin{pmatrix}u_1-1\\0\end{pmatrix}+\begin{pmatrix}1\\0\end{pmatrix}f=\begin{pmatrix}0\\0\end{pmatrix} \tag{10.29}$$

根据式(10.29)编写 pdebc 函数程序如下:

```
function [pa,qa,pb,qb] = pdebc(xa,ua,xb,ub,t)
pa = [0;ua(2)];
qa = [1;0];
pb = [ub(1) - 1;0];
qb = [0,1];
```

再根据式(10.26)编写 pdeic 函数程序如下:

```
function u0 = pdeic(x)
u0 = [sin(x);cos(x)];
```

编写好这些 MATLAB 函数后执行

```
sol = pdepe(m,@pdefun,@pdeic,@pdebc,x,t);
```

得到了原方程组的数值解,通过命令 surf(sol(:,:,1))和 surf(sol(:,:,2))可看到 u_1 和 u_2 函数的图像,如图 10-4 所示。

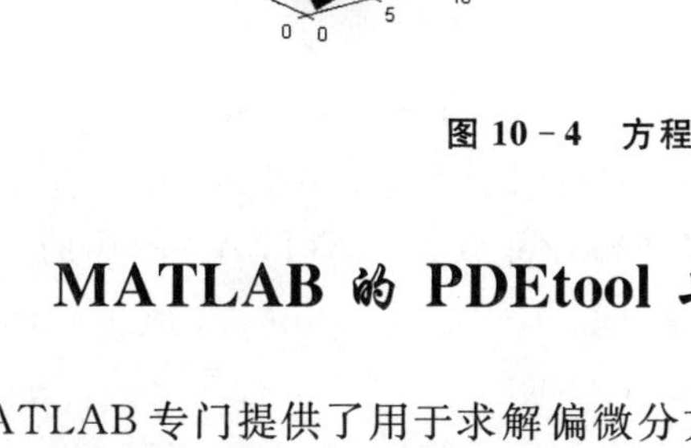

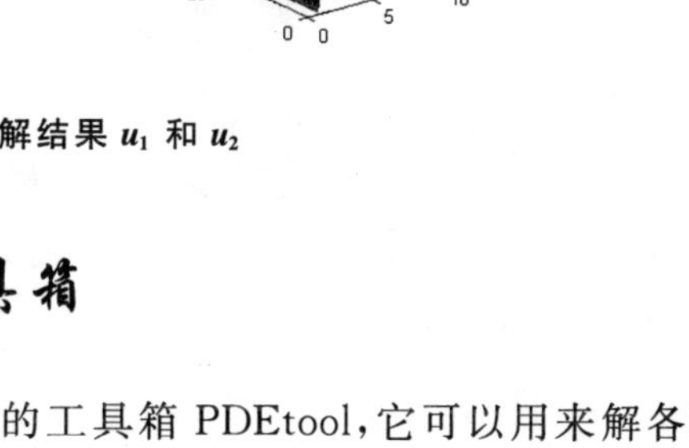

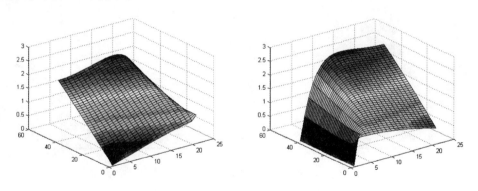

图 10-4　方程组求解结果 u_1 和 u_2

10.4　MATLAB 的 PDEtool 工具箱

MATLAB 专门提供了用于求解偏微分方程的工具箱 PDEtool,它可以用来解各种常见的二阶偏微分方程,但不能求解方程组。

工具箱对三种常见的二阶偏微分方程有一定的要求。

双曲型方程(式(10.1))

$$d\frac{\partial^2 u}{\partial t^2}-c\Delta u+au=f \tag{10.30}$$

式中,d,c,a,f 必须是常数;

抛物型方程(式(10.5))

$$d\frac{\partial u}{\partial t}-c\Delta u+au=f \tag{10.31}$$

式中,d,c,a,f 必须是常数;

椭圆型方程(式(10.9))

$$-c\Delta u+au=f \qquad (x,y)\in\Omega \tag{10.32}$$

式中,c,a,f 为给定的函数或常数。

MATLAB 的 PDEtool 采用的是有限元法求解,软件提供了交互界面。

10.4.1 PDEtool 的界面

在 MATLAB 命令行窗口利用命令

```
pdetool
```

打开 PDEtool 的交互窗口,如图 10-5 所示。

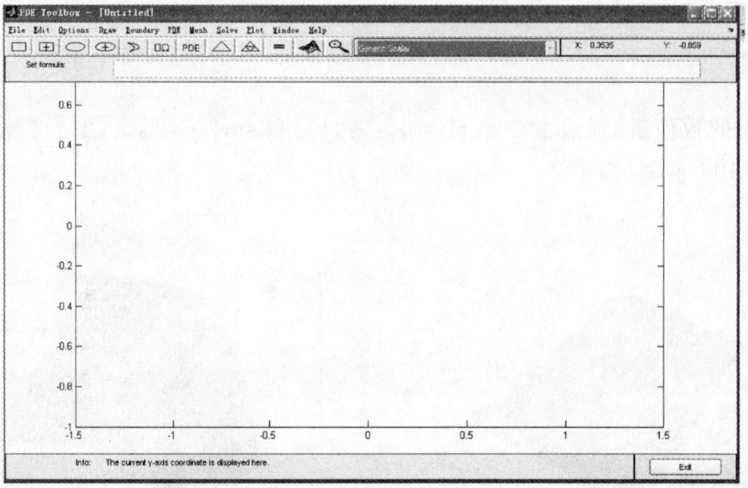

图 10-5 PDEtool 窗口

工具条上的下拉菜单 Generic Scalar 里面包含了所有可解得方程的类型,∂Ω 按钮用于设置边界,PDE 按钮用于输入方程,= 按钮用于求解方程,△ 及其右边的按钮 用于调节网格的大小,放大器按钮 可以将网格局部放大,MATLAB 图标的按钮 用于绘制方程解得图形。

10.4.2 PDEtool 的使用

下面通过一个具体的实例来说明如何使用 PDEtool 求解偏微分方程。

例 10.4 抛物型方程定解问题

$$\begin{cases}\dfrac{\partial u}{\partial t}-2\dfrac{\partial^2 u}{\partial x^2}-2\dfrac{\partial^2 u}{\partial y^2}+3u=0 & (\Omega=[0,1]\times[0,1])\\ u(0,x,y)=xy(x-1)(y-1) \\ u\big|_{\partial\Omega}=0\end{cases} \tag{10.33}$$

对比方程(10.33)和(10.31)可知，这里 $d=1, c=2, a=3, f=0$。

第一步：单击工具栏的“PDE”按钮，在弹出的窗口左侧方程类型里选择 Parabolic(抛物型)，在右侧输入相应的值，输入完成后单击“OK”按钮(图 10-6)。

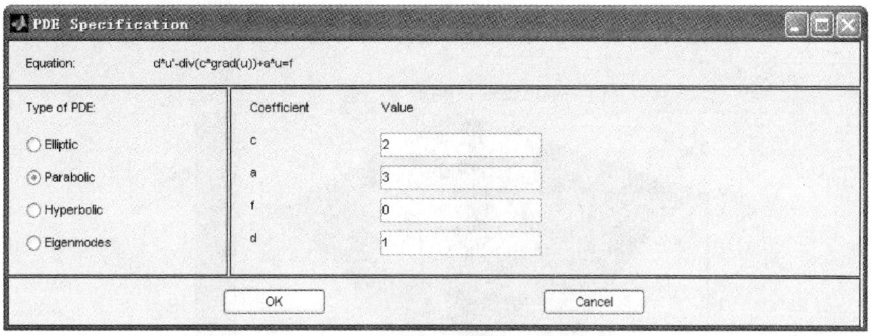

图 10-6　输入方程

第二步：设置绘制区域，在“Option”菜单中选择“Axis Limits”，打开设置绘制区域窗口，设置 x 和 y 的范围均为[0 1]，如图 10-7 所示。选中“Option”里面的“grid”使得绘制区域内画出网格。

第三步：设置初始条件，选择“Solve”菜单中的“parameters”，在弹出的求解参数窗口中设置初始值，如图 10-8 所示。

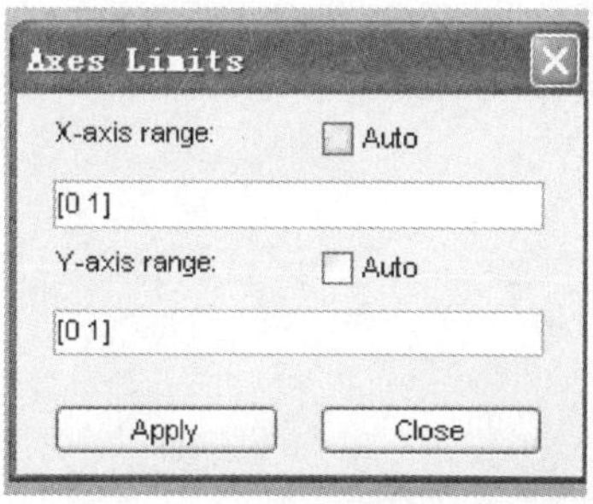

图 10-7　设置绘制区域

第四步：设置边界条件，首先选择“Boundary”菜单中的“Boundary Mode”进入边界条件设置模式。利用工具条左边椭圆，矩形等按钮选择要设置的区域，选择“Boundary”菜单中的“Secify Boundary Conditions…”设置该区域的边界条件，重复这个步骤直到设置好全部的边界条件。本题是矩形[0,1]×[0,1]上的 Dirichlet 边界条件，因此选中左侧的 Dirichlet 选项(图 10-9)。

图 10-8　求解参数窗口

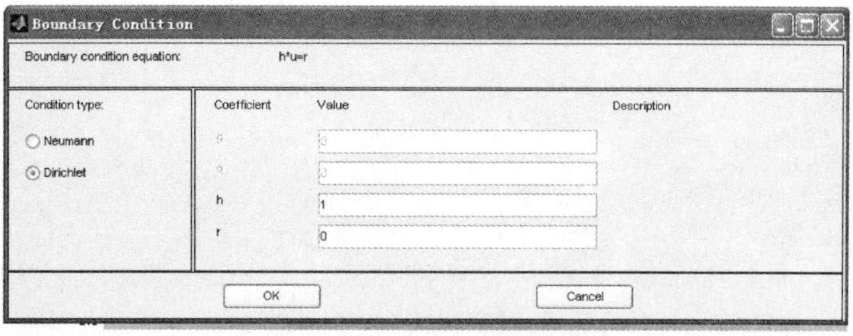

图 10-9　边值条件设置窗口

该工具箱中的边界条件包括两种：一种是 Dirichlet 条件

$$h\left(x,t,u,\frac{\partial u}{\partial x}\right)u\big|_{\Omega}=r\left(x,t,u,\frac{\partial u}{\partial x}\right)$$

如果边界是这种条件，只需给出 h 和 r 即可，它们既可以是常数也可以是函数，本例中 $h=1$，$r=0$ 另一种是 Neumann 条件

$$\left|\left[\left(\frac{\partial}{\partial n}c\ \nabla u\right)+qu\right]_{\Omega}=g\right. \tag{10.34}$$

第五步：单击"="按钮即可完成求解过程，结果窗口如图 10-10 所示。

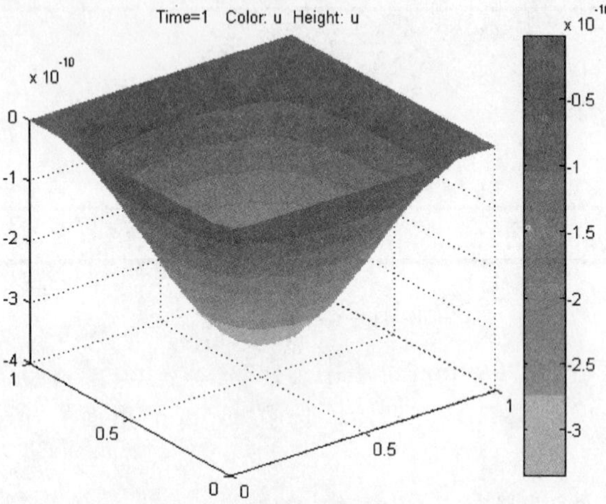

图 10-10 求解结果窗口

第 11 章 数值优化

在工程实践中，通过数学建模方法建立对象模型后，往往需要采用数值优化方法来得到模型的最优解。本章分别讲解了单变量数值优化和多变量数值优化算法，并介绍 MATLAB 中的数值优化函数。

11.1 单变量函数优化

11.1.1 基本数学原理

本节讨论只有一个变量时的函数最小化问题，即一维搜索算法。该算法在某些情况下可以直接应用于实际问题的求解，同时也是多维搜索算法的基础。单变量函数优化算法的数学模型表达式为

$$y=f(x,a,b) \tag{11.1}$$

式中，a、b 为输入参数，分别表示 x 取值的上下界。

一维搜索算法要求建立搜索规则，其搜索过程为

$$x_k=d(x,\alpha) \tag{11.2}$$

式中，x_k 为本次迭代的值，d 为搜索方向函数，α 为搜索方向上的步长参数. 从式(11.2)可知一维搜索算法的核心是利用本次迭代信息构造下次迭代条件。

求解单变量最优化问题的方法有很多，根据目标函数是否需要求导，可以分为两类：直接法和间接法. 直接法不需要用到目标函数的导数，而间接法需要用到目标函数的导数。

1. 直接法

常见的一维直接法主要包括消去法和近似法两种。下面简要介绍一下这两种方法。

消去法利用单峰函数具有的消去性质进行反复迭代，逐渐消去不包含极小点的区间，同时缩小搜索区间，直到搜索区间缩小到给定的精度条件为止。黄金分割法即为典型的消去法，该算法的思想是在单峰区间内适当插入两点，将区间分为三段，然后通过比较这两点函数值的大小来确定是去除左段区间还是右段区间，或同时去除左右两段区间只保留中间段区间，重复该过程将使区间无限缩小直至求得最优解。因为插入点的位置放在区间的黄金分割点及其对称点上，所以该方法称为黄金分割法。该方法的优点是算法简单，效率较高，稳定性好。

近似法即多项式近似法，一般用于求解复杂目标函数的最优解，该算法寻找与目标函数近似的多项式函数代替目标函数，并用近似函数的极小点作为原函数极小点的近似。常用的近似函数为二次和三次多项式。多项式近似法的计算速度比黄金分割法的快，但是对于一些复杂函数，该方法的收敛速度较慢，甚至会出现不收敛的情况。

2. 间接法

间接法求解目标函数最优解需要用到目标函数的导数。间接法的优点是计算速度较快，

常用的间接法包括牛顿切线法、对分法、割线法和三次插值多项式近似法等。

11.1.2 黄金分割法

黄金分割法也称 0.618 法，是通过对黄金分割点的函数值进行计算和比较，把初始区间逐次进行缩小直到满足给定的精度要求为止，即求得一维极小点的近似解 $\tilde{x}$。它是一种常见的单峰优化算法，其程序实现简单，速度快，计算量小，是一种很好的单变量优化算法。下面给出该方法的介绍。

1. 黄金分割法原理

已知 $f(x)$ 的单峰区间 $[a,b]$，即 $f(x)$ 在区间 $[a,b]$ 内存在极值。为了缩小区间，在 $[a,b]$ 内按指定规则对称地取 2 个内部点 x_1 和 x_2，并计算 $f(x_1)$ 和 $f(x_2)$。根据 $f(x_1)$ 和 $f(x_2)$ 的关系来决定区间的更新。

① $f(x_1)<f(x_2)$　去除区间 $[x_2,b]$，令 $b=x_2$，得新区间 $[a,b]$。

② $f(x_1)>f(x_2)$　去除 $[a,x_1]$，令 $a=x_1$，得新区间 $[a,b]$。

③ $f(x_1)=f(x_2)$　可归纳入上面任一种情况处理。

经过一次函数比较，区间便缩小一次. 在新区间内保留了较优点 x_i 和 $f(x_i)$，下一次只需再按指定规则，在新区间内找另一个与 x_i 对称的点 x_3，计算 $f(x_3)$，并与 $f(x_i)$ 比较. 如此反复循环，直到区间长度缩小到指定精度为止。

黄金分割法的关键是如何不间断找出区间内的 2 个对称点 x_1、x_2，保证极小点不会丢掉，并且收敛速度快。假设初始区间 $[a,b]$ 长度为 l，第一次区间缩小率为 $\lambda(0<\lambda<1)$，则缩小后的区间 $[a_1,b_1]$ 长度为 $l'=\lambda\cdot l$. 第二次区间缩小时，在新区间 $[a_1,b_1]$ 中取点 x_3，经比较后又得新区间 $[a_2,b_2]$. 由对称性可知，区间 $[a_2,b_2]$ 的长度为 $(1-\lambda)\cdot l$，则本次区间缩小率为

$$\lambda'=\frac{(1-\lambda)l}{\lambda l}$$

令这两次缩短率相等，即 $\lambda=\lambda'$，得方程

$$\lambda^2+\lambda-1=0$$

解方程，得合理的根为

$$\lambda=\frac{\sqrt{5}-1}{2}\approx 0.618$$

由此可知，黄金分割法的均匀缩短率为 0.618，即每经过一次函数值比较，都是淘汰本次区间的 0.382 倍。根据上式，黄金分割法的取点规则是

$$x_1=a+\left(1-\frac{\sqrt{5}-1}{2}\right)(b-a)\approx a+0.382(b-a)$$

$$x_2=a+\frac{\sqrt{5}-1}{2}(b-a)\approx a+0.618(b-a)$$

为了使最终区间收敛到给定的精度 ε 内，区间的缩小次数 N 必须满足：

$$\left(\frac{\sqrt{5}-1}{2}\right)^N(b-a)\leqslant\varepsilon$$

得到

$$N\geqslant\frac{\ln\left[\dfrac{\varepsilon}{b-a}\right]}{\ln 0.618}$$

这样就可以确定程序的迭代次数。

2. 黄金分割法代码

根据黄金分割法原理和黄金分割法做优化求解的步骤编写黄金分割法优化函数。

函数原型：[x, y, exitflag] = GoldenSectionFun(fun, a, b, eps, maxstep)

输入参数：fun为优化函数，a为取值区间左侧值，b为取值区间右侧值，eps为精度约束，maxstep为最大迭代次数约束。

输出参数：x为最优解，y为最小值，exitflag为退出标记。

```
function [x, y, exitflag] = GoldenSectionFun(fun, a, b, eps, maxstep)
% 黄金分割法优化函数
% 输入参数：
% fun 为优化函数
% a 为取值区间左侧值
% b 为取值区间右侧值
% eps 为精度约束
% maxstep 为最大迭代次数约束
% 输出参数：
% x 为最优解
% y 为最小值
% exitflag 为退出标记

% 输入参数检查
if nargin < 5
    maxstep = 500; % 默认步数
end
if nargin < 4
    eps = 1e-6; % 默认精度约束
end
% 黄金分割值，约为 0.618
golden = (sqrt(5) - 1)/2;
x = b - (b - a) * golden; % x 是离端点 a 较近的试探点
f = feval(fun,x); % 求 x 的函数值 f
% 赋初值
y = f;
exitflag = -1;
for k = 1 : maxstep
    % 作最大叠代次数为 maxstep 的循环
    % h 是区间长(当 b<a 时是负的)
    h = b - a;
    if abs(h) < eps
        % 区间长度小于 eps 时退出
        y = f;
        exitflag = 0;
        return;
    end
    % d 是离 d 较近的试探点，求 d 的函数值 f(d)
    d = a + h * golden;
    fd = feval(fun,d);
    % 当离 a 较近点 x 的函数值 f 大于等于离 a 较远的点 d 的函数值 f(d)时
    % 去掉含 a 的一段区间，以离 a 较近点 x 作为新区间的端点 a
    if f >= fd
```

```
            a = x;
            x = d; % 将 d 作为离新区间的点 a 端点较近的点
            f = fd; % 其函数值 f(d)作为 x 点的函数值
            % 当离 a 较近点 x 的函数值 f 小于离 b 较近的点 d 的函数值 f(d)时,去掉含
            % 端点 b 的一段区间,得区间[a,d]
        else
            b = a; % 令 a 为端点 b
            a = d; % 令 d 为端点 a
        end

    end
    y = f; % 最优函数值
```

3. 黄金分割法应用

例 11.1 求解函数 $f(x)=\cos(x)$于区间$[0,2\pi]$的最小值,采用黄金分割法计算,并绘图验证。

解 首先,根据题目要求编写程序文件。

```
% 求解 f(x) = cos(x)于区间[0, 2 * pi]内的最小值
% 采用黄金分割法计算
clc; clear all; close all;
fun = @(x) cos(x); % 目标函数
a = 0; % 区间左值
b = 2 * pi; % 区间右值
% 采用黄金分割法计算
[x, y, exitflag] = GoldenSectionFun(fun, a, b)
```

然后,在 MATLAB 命令窗口运行上述程序,计算结果如下:

```
x =
    3.1416
y =
   - 1.0000
exitflag =
     0
```

最后,绘制函数曲线并标记出最小值,如图 11 - 1 所示。

```
figure; hold on; box on;
% 取点
xt = linspace(0, 2 * pi);
yt = fun(xt);
% 绘图并标记
plot(xt, yt, 'k - ', x, y, 'ko');
legend('函数曲线', '最小值点', 'Location', 'Best');
title('黄金分割法求解最小值结果');
```

综合上述计算,当 $x=3.1416\approx\pi$ 时,$f(x)=\cos(x)$取最小值-1。

例 11.2 假设有正方形铁板,其边长为 3m。现于四个角处剪去相等的正方形以制成方形无盖水槽,问如何剪法使水槽的容积最大?试采用黄金分割法求解。

解 假设剪去的正方形的边长为 xm,则水槽的容积为

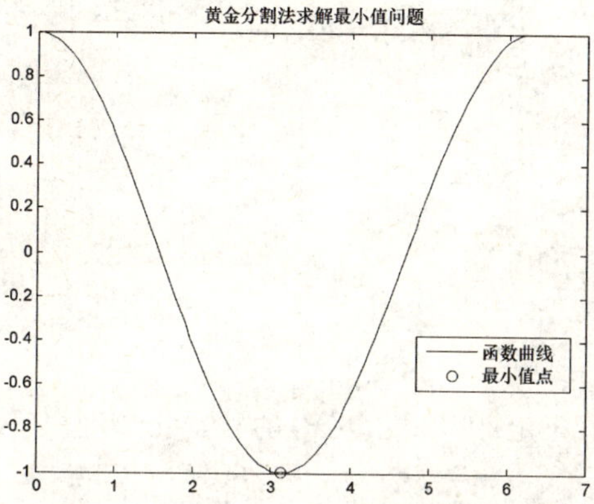

图 11-1　黄金分割法求解最小值结果

$$f=x(3-2x)^2$$

现要求在区间(0,1.5)上确定一个 x,使目标函数 f 取最大值。为了使用黄金分割法求解该最优化问题,需要对目标函数进行转换,即将最大值要求转化为最小值要求。

$$f=-x(3-2x)^2 \quad x\in(0,1.5)$$

计算上式的最小值,然后再将得到的结果取负号即可得到最大值。

首先,编写 M 文件,保存为 subfun1.m。

```
function f = subfun1(x)
% 目标函数
f = -(3-2*x).^2*x;
```

然后,根据题目要求编写程序文件。

```
% 采用黄金分割法求解最优化问题
clc; clear all; close all;
% 定义区间
a = 0;
b = 1.5;
% 最优化求解
x = GoldenSectionFun(@subfun1, a, b);
% 显示计算结果
disp([x -subfun1(x)]);
```

最后,在 MATLAB 命令窗口运行上述程序,计算结果如下:

```
0.5000    2.0000
```

综合上述计算,当剪掉的正方形的边长为 0.5m 时水槽的容积最大,且水槽的最大容积为 $2m^3$。

11.1.3　牛顿法

1. 牛顿法原理

考虑目标函数 $f(x)$在点 $x=x^k$ 处的二次逼近式

$$f(x)\approx Q(x)=f(x^k)+\nabla f(x^k)^T(x-x^k)+\frac{1}{2}(x-x^k)^T\nabla^2 f(x^k)(x-x^k)$$

式中，$\nabla f(x^k)=\begin{bmatrix}\dfrac{\partial f(x^k)}{\partial x_1}\\ \vdots \\ \dfrac{\partial f(x^k)}{\partial x_n}\end{bmatrix}$，$\nabla^2 f(x^k)=\begin{bmatrix}\dfrac{\partial^2 f(x^k)}{\partial x_1^2} & \cdots & \dfrac{\partial^2 f(x^k)}{\partial x_1\partial x_n}\\ \vdots & \cdots & \vdots \\ \dfrac{\partial^2 f(x^k)}{\partial x_n\partial x_1} & \cdots & \dfrac{\partial^2 f(x^k)}{\partial x_n^2}\end{bmatrix}$

假定 Hesse 阵$\nabla^2 f(x^k)$正定，则函数 $Q(x)$的驻点 x^{k+1}是 其极小点。为求此极小点，令

$$\nabla Q(x^{k+1})=\nabla f(x^k)+\nabla^2 f(x^k)(x^{k+1}-x^k)=0$$

即可解得

$$x^{k+1}=x^k-[\nabla^2 f(x^k)]^{-1}\nabla f(x^k)$$

对照基本迭代格式，可知从点 x^k 出发沿搜索方向：$P^k=-[\nabla^2 f(x^k)]^{-1}\nabla f(x^k)$

取步长为 1 即可得 $Q(x)$的最小点 x^{k+1}。一般的，把方向 P^k 叫做从点 x^k 出发的牛顿方向。从一初始点开始，每一轮从当前迭代点出发，沿牛顿方向并取步长为 1 的求解方法，称为牛顿法。其具体步骤如下：

① 选取起始点。选取起始点 x^0，给定终止误差 $\varepsilon>0$，令迭代步数 $k=0$。

② 计算梯度向量. 计算$\nabla f(x^k)$，若$\|\nabla f(x^k)\|\leqslant\varepsilon$，则停止迭代，输出 x^k。否则，进行步骤(3)。

③ 构造牛顿方向。计算$[\nabla^2 f(x^k)]^{-1}$，取 $P^k=-[\nabla^2 f(x^k)]^{-1}\nabla f(x^k)$。

④ 计算下一迭代点。令 $x^{k+1}=x^k+P^k$，$k=k+1$，转步骤(2)。

2. 牛顿法代码

根据牛顿法原理和牛顿法做优化求解的步骤编写牛顿法优化函数。

函数原型：[x, y, exitflag] = newton(fun, x0, a, b, MaxStep, Eps)

输入参数：fun 为优化函数，x0 为 x 的初值，a 为取值区间左侧值，b 为取值区间右侧值，MaxStep 为最大迭代次数，Eps 为精度约束。

输出参数：x 为最优解，y 为最小值，exitflag 为退出标记。

```
function [x, y, exitflag] = newton(fun, x0, a, b, MaxStep, Eps)
% 利用牛顿法寻找单变量函数的最小值
% 输入参数：
%   fun 为优化函数
%   x0 为 x 的初值
%   a 为取值区间左侧值
%   b 为取值区间右侧值
%   Eps 为精度约束
%   MaxStep 为最大迭代次数
% 输出参数：
%   x 为最优解
%   y 为最小值
%   exitflag 为退出标记

% 输入参数设置
if nargin < 6
    MaxStep = 500;
```

```
end
if nargin < 5
    Eps = 1e-6;
end
% 设定初值
x = x0;
exitflag = -1;
fx = fun;  % 当前函数
dfx = diff(fx,'x');  % 函数一阶导数
ddfx = diff(dfx,'x'); % 函数二阶导数
% 迭代过程
for i = 1:MaxStep
    % 计算一阶导数和二阶导数的值
    df = subs(dfx,'x', x);
    ddf = subs(ddfx,'x', x);
    % 当二阶导数值为 0 时,重新选择初值点
    if ddf == 0
        x0 = a;
        x = a+(b-a)*rand;
    else
        % 否则生成新的 x
        x = x - df/ddf;
    end
    % 判断 x 是否在取值区域内
    if x<a || x>b
        if x<a
            x = a;
        else
            x = b;
        end
        y = subs(fx,'x', x);
        exitflag = 1;
        return;
    end
    % 当两次的 x 差异很小时,得到最优解
    if abs(x-x0) < Eps
        y = subs(fx,'x', x);
        exitflag = 0;
        return;
    end
    x0 = x;
end
y = subs(fx,'x', x); % 计算最优值
```

3. 牛顿法应用

例 11.3　求解函数 $f(x)=\cos(x)$ 于区间 $[0,2\pi]$ 的最小值,采用牛顿法计算,并绘图验证。

解　首先,根据题目要求编写程序文件。

```
% 求解 f(x) = cos(x)于区间[0, 2*pi]内的最小值
% 采用牛顿法计算
```

```
clc; clear all; close all;
fun = 'cos(x)'; % 目标函数
x0 = 2; % 起始点
a = 0; % 区间左值
b = 2 * pi; % 区间右值
% 采用牛顿法计算
[x, y, exitflag] = newton(fun, x0, a, b)
```

然后,在 MATLAB 命令窗口运行上述程序,计算结果如下:

```
x =
    3.1416
y =
    -1
exitflag =
    0
```

最后,绘制函数曲线并标记出最小值,如图 11-2 所示。

```
figure; hold on; box on;
% 取点
xt = linspace(0, 2 * pi);
yt = cos(xt);
% 绘图并标记
plot(xt, yt, 'k-', x, y, 'ko');
legend('函数曲线', '最小值点', 'Location', 'Best');
title('牛顿法求解最小值结果');
```

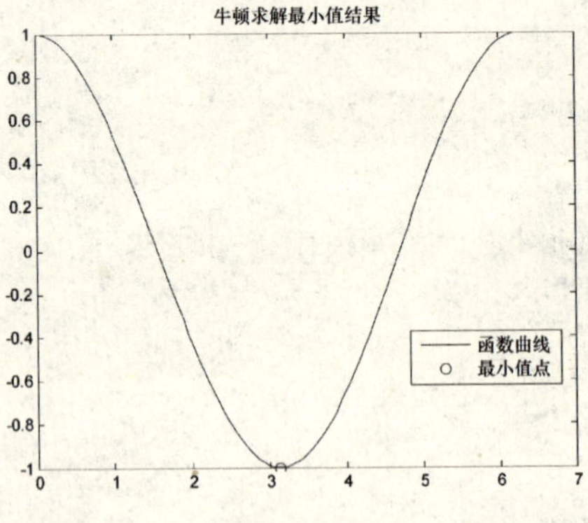

图 11-2　牛顿法求解最小值结果

综合上述计算,当 $x=3.1416\approx\pi$ 时,$f(x)=\cos(x)$ 取最小值 -1。

例 11.4　假设有正方形铁板,其边长为 3m. 现于四个角处剪去相等的正方形以制成方形无盖水槽,问如何剪法使水槽的容积最大?试采用牛顿法求解.

解　假设剪去的正方形的边长为 xm,则水槽的容积为

$$f=x(3-2x)^2$$

现要求在区间(0,1.5)上确定一个 x,使目标函数 f 取最大值。为了使用黄金分割法求解该最优化问题,需要对目标函数进行转换,即将最大值要求转化为最小值要求。

$$f=-x(3-2x)^2 \qquad x\in(0,1.5)$$

计算上式的最小值，然后再将得到的结果取负号即可得到最大值。

首先，根据题目要求编写程序文件。

```
 % 采用牛顿法求解最优化问题
clc; clear all; close all;
fun = '-(3-2*x)^2*x'; % 目标函数
x0 = 0.1; % 起始点
 % 定义区间
a = 0;
b = 1.5;
 % 最优化求解
x = newton(fun, x0, a, b);
 % 显示计算结果
disp([x -eval(fun, x)]);
```

然后，在 MATLAB 命令窗口运行上述程序，计算结果如下：

```
    0.5000    2.0000
```

最后，综合上述计算可知当剪掉的正方形的边长为 0.5m 时水槽的容积最大，且水槽的最大容积为 2m^3。

11.1.4 最速下降法

1. 最速下降法原理

根据上一节对牛顿法的介绍，考虑基本迭代格式

$$x^{k+1}=x^k+t_kP^k \tag{11.3}$$

在此需要考虑的是从点 x^k 出发沿哪一个方向 P^k，使得目标函数 $f(x)$ 下降的最快。根据微积分相关理论，点 x^k 的负梯度方向 $P^k=-\nabla f(x^k)$ 是从点 x^k 出发使得 $f(x)$ 下降最快的方向。因此，称负梯度方向 $-\nabla f(x^k)$ 为 $f(x)$ 在点 x^k 处的最速下降方向。

按基本迭代格式(11.3)，每次迭代从点 x^k 出发沿最速下降方向 $-\nabla f(x^k)$ 作一维搜索，来建立求解无约束极值问题的方法，称之为最速下降法。

最速下降法的主要特点是每次迭代的搜索方向都是目标函数在当前点下降最快的方向。同时，采用 $\nabla f(x^k)=0$ 或 $\|\nabla f(x^k)\|\leqslant\varepsilon$ 作为停止条件。其具体步骤如下：

① 选取初始点。选取初始点 x^0，给定终止误差 ε，令迭代步数 $k=0$。

② 计算梯度向量。计算 $\nabla f(x^k)$，若 $\|\nabla f(x^k)\|\leqslant\varepsilon$，则停止迭代，输出 x^k。否则，进行步骤(3)。

③ 构造负梯度方向。取 $P^k=-\nabla f(x^k)$。

④ 进行一维搜索。计算 t_k 使得 $f(x^k+t_kP^k)=\min\limits_{t\geqslant 0}f(x^k+tP^k)$，令 $x^{k+1}=x^k+t_kP^k$，$k=k+1$，转步骤(2)。

2. 最速下降法代码

根据最速下降法原理和最速下降法做优化求解的步骤编写最速下降法优化函数。

函数原型：[x, y, exitflag] = Steepest(fun, diff_fun, x0, a, b, t, MaxStep, Eps, Tol)

输入参数：fun 为优化函数，diff_fun 为优化函数一阶导函数，x0 为起始点，a 为取值区间

左侧值，b 为取值区间右侧值，t 为搜索方向设置，MaxStep 为最大迭代次数，Eps、Tol 为精度约束。

输出参数：x 为最优解，y 为最小值，exitflag 为退出标记。

```
function [x, y, exitflag] = Steepest(fun, diff_fun, x0, a, b, t, MaxStep, Eps, Tol)
% 利用最速下降法寻找最小值
% 输入参数：
% fun 为优化函数
% diff_fun 为优化函数的导函数
% x0 为起始点
% a 为取值区间左侧值
% b 为取值区间右侧值
% t 为搜索方向设置
% Eps 为精度约束
% Tol 为精度约束
% MaxStep 为最大迭代次数
% 输出参数：
% x 为最优解
% y 为最小值
% exitflag 为退出标记

% 输入参数设置
if nargin < 9
    Tol = 1e-6;
end
if nargin < 8
    Eps = 1e-6;
end
if nargin < 7
    MaxStep = 500;
end
if nargin < 6
    t = 1;
end
% 初值设定
x = x0;
exitflag = -1; % 退出标记
fx = fun; % 当前函数
dfx = diff_fun;  % 函数一次导数

% 迭代过程
for i = 1:MaxStep
    % 计算一阶导数值
    df = dfx(x);
    % 当一阶导数的模小于设定值，则退出
    if norm(df) <= Eps
        y = fx(x);
        exitflag = 0;
        return;
        % 生成新的 x
    else
        x0 = x;
```

```
        x = x0 + t * ( - df);
    end
    % 判断x是否在取值区域内,并更新x的值
    x = max(x, a);
    x = min(x, b);
    % 当两次的x差异很小时,得到最优解
    if abs(x - x0) < Tol
        y = fx(x);
        exitflag = 0;
        return;
    end
end
y = fx(x); % 计算最优值
```

3. 最速下降法应用

例 11.5 求解函数 $f(x)=\cos(x)$ 于区间 $[0,2\pi]$ 的最小值,采用最速下降法计算,并绘图验证。

解 首先,根据题目要求编写程序文件。

```
% 采用最速下降法求解最优化问题
clc; clear all; close all;
fun = @(x) cos(x); % 目标函数
diff_fun = @(x) - sin(x);
x0 = 1; % 起始点
% 定义区间
a = 0;
b = 2 * pi;
% 最优化求解
[x, y, exitflag] = Steepest(fun, diff_fun, x0, a, b)
```

然后,在 MATLAB 命令窗口运行上述程序,计算结果如下:

```
x =
    3.1416
y =
    - 1.0000
exitflag =
     0
```

最后,绘制函数曲线并标记出最小值,如图 11-3 所示。

```
figure; hold on; box on;
% 取点
xt = linspace(0, 2 * pi);
yt = fun(xt);
% 绘图并标记
plot(xt, yt, 'k-', x, y, 'ko');
legend('函数曲线', '最小值点', 'Location', 'Best');
title('最速下降法求解最小值结果');
```

综合上述计算,当 $x=3.1416\approx\pi$ 时,$f(x)=\cos(x)$ 取最小值 -1。

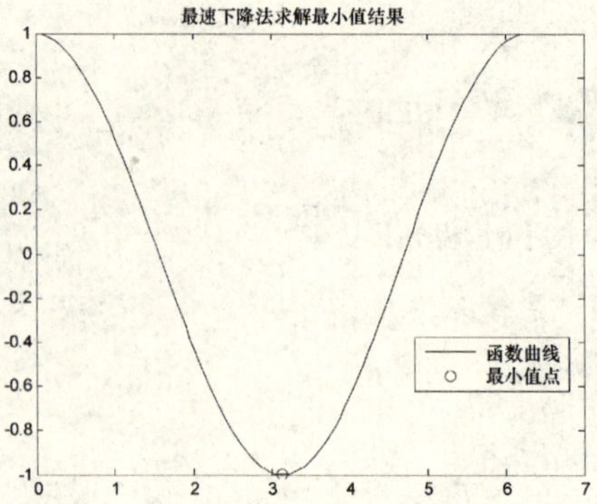

图 11－3　最速下降法求解最小值结果

11.1.5　共轭梯度法

1. 共轭梯度法原理

共轭梯度法是介于最速下降法与牛顿法之间的一个方法，它仅需利用一阶导数信息，既克服了最速下降法收敛慢的缺点，又避免了牛顿法需要存储和计算 Hesse 矩阵并求逆的缺点。共轭梯度法不仅是解决大型线性方程组最有用的方法之一，也是解大型非线性最优化最有效的算法之一。

共轭梯度法最早是由 Hestenes 和 Stiefle(1952)提出来的，用于求解正定系数矩阵的线性方程组，在这个基础上，Fletcher 和 Reeves(1964)首先提出了解非线性最优化问题的共轭梯度法。由于共轭梯度法不需要矩阵存储，并且有较快的收敛速度和二次终止性等优点，现在共轭梯度法已经广泛地应用于实际问题中。

共轭梯度法是一个典型的共轭方向法，它的每一个搜索方向是互相共轭的，而这些搜索方向仅仅是负梯度方向与上一次迭代的搜索方向的组合，因此，共轭梯度法具有存储量少并且计算方便的优点。

2. 共轭梯度法代码

根据共轭梯度法原理和共轭梯度法做优化求解的步骤编写共轭梯度优化函数。

函数原型：[xf, yf, exitflag] = ConjGradMethod(fun, x0, MaxStep, Eps)

输入参数：fun 为优化函数，x0 为 x 的初值，MaxStep 为最大迭代次数，Eps 为精度约束。

输出参数：xf 为最优解，yf 为最小值，exitflag 为退出标记。

```
function [xf, yf, exitflag] = ConjGradMethod(fun, x0, MaxStep, Eps)
% 利用共轭梯度法寻找函数最优值
% 输入参数：
%   fun 为优化函数
%   x0 为 x 的初值
%   MaxStep 为最大迭代次数
%   Eps 为精度约束
% 输出参数：
%   x 为最优解
%   y 为最小值
```

```
%   exitflag 为输出标志,0 表示正常寻优,-1 表示未找到最优值

% 输入参数设置
if nargin < 4
    Eps = 1e-2;
end
if nargin < 3
    MaxStep = 500;
end
% 初始值
syms a;
xt = x0;
fn = fun;
exitflag = -1;
[symx, symy] = strread(findsym(fun),'%s %s','delimiter',',');
fx0 = diff(fn, symx{1}); % 偏导数
fy0 = diff(fn, symy{1}); % 偏导数
fx = subs(fx0, findsym(fx0), xt); % 取值
fy = subs(fy0, findsym(fy0), xt); % 取值
fi = [fx, fy];
count = 0; % 统计步数
while double(sqrt(fx^2 + fy^2)) > Eps
    if count <= 0
        s = -fi;
    else
        s = s1;
    end
    if count > MaxStep
        break;
    end
    xt = xt + a*s; % 迭代值
    fun = subs(fun, findsym(fun), xt); % 取值
    f1 = diff(fun); % 计算导数
    f1 = solve(f1); % 求解方程
    if f1 ~= 0
        ai = double(f1);
    else
        break
    end
    xt = subs(xt, a, ai); % 取值
    fun = fn; % 原函数
    fxi = fx0; % 偏导函数
    fyi = fy0; % 偏导函数
    fxi = subs(fxi, findsym(fxi), xt); % 取值
    fyi = subs(fyi, findsym(fyi), xt); % 取值
    fii = [fxi, fyi];
    d = (fxi^2 + fyi^2)/(fx^2 + fy^2); % 搜索方向
    s1 = -fii + d*s; % 更新 s
    count = count + 1; % 统计步数
    fx = fxi;
    fy = fyi;
end
exitflag = 0;
```

```
xf = xt; % 最优解
yf = subs(fn, findsym(fn), xt); % 计算最优值
```

3. 共轭梯度法应用

例 11.6 求解函数 $f(x)=x(x-y-5)+y(y-4)$ 最小值，要求采用共轭梯度法。

解 首先，根据题目要求编写程序文件。

```
% 采用共轭梯度法求解最优化问题
clc; clear all; close all;
syms x y
fun = x*(x-y-5) + y*(y-4); % 函数
x0 = [2 2]; % 起始点
% 优化函数求解
[x, y, exitflag] = ConjGradMethod(fun, x0)
```

然后，在 MATLAB 命令窗口运行上述程序，计算结果如下：

```
x =
    4.6667    4.3333
y =
  -20.3333
exitflag =
     0
```

最后，绘制函数曲线并标记出最小值，如图 11-4 所示。

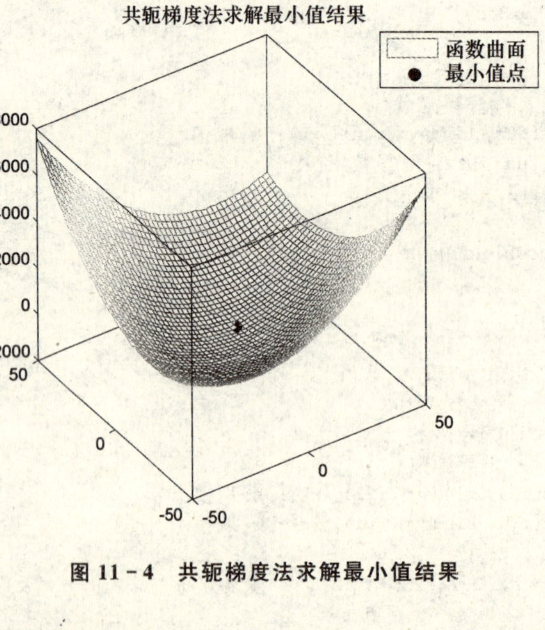

图 11-4 共轭梯度法求解最小值结果

```
figure; hold on; box on; view(3);
% 取点
t = linspace(-50, 50, 50);
[xt, yt] = meshgrid(t);
zt = xt.*(xt-yt-5) + yt.*(yt-4);
```

```
% 绘图并标记
mesh(xt, yt, zt);
plot3(x(1), x(2), y,'ko','MarkerFaceColor','k');
legend('函数曲面','最小值点','Location','Best');
title('共轭梯度法求解最小值结果');
axis square; view([-34 36]);
```

综合上述计算，当 $x=4.6667, y=4.3333$ 时，$f(x)=x(x-y-5)+y(y-4)$ 取最小值 -20.3333。

11.2 多变量函数优化

11.2.1 Nelder-mead 方法

Nelder-Mead 法也称下山单纯形法，不同于线性规划的单纯形法，它是用于求 n 元函数 $f(x_1,x_2,\cdots,x_n)$ 的无约束最小值的。该方法由 Nelder 和 Mead 发现(1965 年)，故该方法又简称 NM 法。其算法思想是在 n 维空间中，由 $n+1$ 个顶点可以组成“最简单”的图形，叫单纯形。NM 法就是先构建一个初始的，包罗给定点的单纯形(例如平面上的一个三角形，三维空间中的一个四面体)，然后施用可能的 3 种方式(反射，扩大，压缩)去替换函数最差的极点。在以上三种方式，施用收缩，直到该单纯形的半径足够的小。可见该方法主要包含 4 种手段对于单纯形进行变换，即反射(reflection)，扩大(expasion)，压缩(contraction)，收缩(shrink)。

算法过程为

第一步：初始化，首先给出单纯形边长 a，反射系数 $\alpha(\alpha>0)$，收缩系数 $\beta(0<\beta<1)$，延伸系数 $\gamma(\gamma>1)$，并给出迭代的初始点 $\boldsymbol{X}^{(0)}=(x_1^{(0)},x_2^{(0)},\cdots,x_n^{(0)})$。

第二步：形成初始单纯形，除 $\boldsymbol{X}^{(0)}$ 外，单纯形的其他 n 个顶点由下式确定

$$\begin{cases}\boldsymbol{X}^{(1)}=(x_1^{(0)}+p,x_2^{(0)}+q,\cdots,x_n^{(0)}+q)\\ \boldsymbol{X}^{(2)}=(x_1^{(0)}+q,x_2^{(0)}+p,\cdots,x_n^{(0)}+q)\\ \vdots\\ \boldsymbol{X}^{(n)}=(x_1^{(0)}+q,x_2^{(0)}+q,\cdots,x_n^{(0)}+p)\end{cases} \tag{11.4}$$

其中

$$p=\frac{\sqrt{n+1}+n-1}{\sqrt{2}n}a,\qquad q=\frac{\sqrt{n+1}-1}{\sqrt{2}n}a=p-\frac{a}{\sqrt{2}}$$

第三步：计算 $f_i=f(\boldsymbol{X}^{(i)})(i=0,1,2,\cdots,n)$，并记

$$\begin{aligned}f(\boldsymbol{X}^{(h)})&=\max\{f(\boldsymbol{X}^{(0)}),f(\boldsymbol{X}^{(1)}),\cdots,f(\boldsymbol{X}^{(n)})\}\\ f(\boldsymbol{X}^{(l)})&=\min\{f(\boldsymbol{X}^{(0)}),f(\boldsymbol{X}^{(1)}),\cdots,f(\boldsymbol{X}^{(n)})\}\end{aligned} \tag{11.5}$$

第四步：求反射点

$$\boldsymbol{X}^{(n+2)}=\boldsymbol{X}^{(n+1)}+\alpha(\boldsymbol{X}^{(n+1)}-\boldsymbol{X}^{(h+2)}) \tag{11.6}$$

其中 $\boldsymbol{X}^{(n+1)}=\frac{1}{n}\left(\sum_{i=0}^{n}\boldsymbol{X}^{(i)}-\boldsymbol{X}^{(h)}\right)$，即单纯形顶点中除 $\boldsymbol{X}^{(h)}$ 点以外其他点的中心点。

第五步：延伸，如果 $f(\boldsymbol{X}^{(n+2)})\leqslant f(\boldsymbol{X}^{(l)})$，则计算点

$$\boldsymbol{X}^{(n+3)}=\boldsymbol{X}^{(n+1)}+\gamma(\boldsymbol{X}^{(n+2)}-\boldsymbol{X}^{(n+1)}) \tag{11.7}$$

如果 $f(\boldsymbol{X}^{(n+3)})<f(\boldsymbol{X}^{(l)})$ 则以 $\boldsymbol{X}^{(n+3)}$ 代替 $\boldsymbol{X}^{(h)}$，否则以 $\boldsymbol{X}^{(n+2)}$ 代替 $\boldsymbol{X}^{(h)}$。

第六步：收缩，若对满足 $i\neq h$ 的所有 i，都有 $f(\boldsymbol{X}^{(h)})>f(\boldsymbol{X}^{(n+2)})>f(\boldsymbol{X}^{(i)})$ 或 $f(\boldsymbol{X}^{(n+2)})\geqslant f(\boldsymbol{X}^{(i)})$，则将向量 $\boldsymbol{X}^{(h)}-\boldsymbol{X}^{(n+1)}$ 收缩（对于 $f(\boldsymbol{X}^{(h)})>f(\boldsymbol{X}^{(n+2)})$ 的情况，先以 $\boldsymbol{X}^{(n+2)}$ 代替 $\boldsymbol{X}^{(h)}$），令

$$\boldsymbol{X}^{(n+4)}=\boldsymbol{X}^{(n+1)}+\beta(\boldsymbol{X}^{(h)}-\boldsymbol{X}^{(n+1)}) \tag{11.8}$$

如果 $f(\boldsymbol{X}^{(n+4)})<f(\boldsymbol{X}^{(h)})$，以 $f(\boldsymbol{X}^{(n+4)})$ 代替 $f(\boldsymbol{X}^{(h)})$。

第七步：缩小边长，如果 $f(\boldsymbol{X}^{(n+4)})\geqslant f(\boldsymbol{X}^{(h)})$，则将所有向量 $\boldsymbol{X}^{(l)}-\boldsymbol{X}^{(i)}$ 缩小一半，即令

$$\boldsymbol{X}^{(i)}=\boldsymbol{X}^{(l)}+\frac{1}{2}(\boldsymbol{X}^{(l)}-\boldsymbol{X}^{(i)})=\frac{1}{2}(\boldsymbol{X}^{(l)}+\boldsymbol{X}^{(i)}) \quad (i=0,1,2,\cdots,n) \tag{11.9}$$

第八步：判断，如果 $\max\limits_{1\leqslant i\leqslant n}|f(\boldsymbol{X}^{(i)})-f(X^{(n+1)})|<\varepsilon$，则计算终止，否则，转第三步。

11.2.2 Nelder-mead 方法的 MATLAB 实现

根据上述的原理可以编写相应的 MATLAB 代码，而 MATLAB 软件本身将该算法的计算过程内嵌在了 fminsearch 命令之中，该命令的调用格式是：

```
x = fminsearch(fun,x0)    % x0 为初始点，fun 为目标函数的表达式字符串或 MATLAB 自定义函数的函数柄。
x = fminsearch(fun,x0,options)    % options 见 MATLAB 的 optimset
[x,fval] = fminsearch(…)    % 最优点的函数值
[x,fval,exitflag] = fminsearch(…)    % 程序运行的结束时的状态
[x,fval,exitflag,output] = fminsearch(…)    % output 包含了程序运行中的信息
```

命令的作用就是利用 Nelder-mead 方法求函数'fun'的最小值，其中的 x0 为迭代的初始点，算法中的其他参数由系统根据函数及初始值特点指定。

例 11.7 求 $y=2x_1^3+4x_1x_2^3-10x_1x_2+x_2^2$ 的最小值点。

以(1,1)为初始点，在 MATLAB 命令窗口直接输入：

```
X = fminsearch('2 * x(1)^3 + 4 * x(1) * x(2)^3 - 10 * x(1) * x(2) + x(2)^2',  [1,1])
```

输出为：

```
X =
    1.0016    0.8335
```

即 y 的最小值点为(1.0016,0.8335)。如果输入：

```
[x,fval,exitflag,output] = fminsearch('2 * x(1)^3 + 4 * x(1) * x(2)^3 - 10 * x(1) * x(2) + x(2)^
2',  [1,1])
```

输出结果为：

```
x =
    1.0016    0.8335

fval =
```

```
    -3.3241

exitflag =
    1

output =
    iterations: 26
    funcCount: 51
    algorithm: 'Nelder-Mead simplex direct search'
      message: [1x196 char]
```

由这些输出结果可知，y 的最小点为(1.0016,0.8335)，最小值为 $y_{\min}=-3.3241$，程序找到了最小值(exitflag=1 表示找到最小值，exitflag=0 表示达到了最大迭代次数或达到了终止的条件，exitflag=-1 表示程序由外部函数结束)，程序使用 Nelder-Mead 方法迭代了 26 次，期间共代入了 51 次函数值。

当然也可以采用如下方式：或在 MATLAB 编辑器中建立函数文件

```
function  f = myfun(x)
f = 2 * x(1)^3 + 4 * x(1) * x(2)^3 - 10 * x(1) * x(2) + x(2)^2;
```

保存为 myfun.m，在命令窗口键入：

```
X = fminsearch(@myfun,  [0,0])
```

输出结果相同，这种方法在函数 fun 比较复杂时比较适用。

Nelder－Mead 方法是一种无导数优化技术. 该算法通过反射、延伸、收缩和压缩等一系列基本操作对状态空间中的一个单纯形不断进行置换，使问题的最优点最终落在该单纯形内. 其优点就是不需要对目标函数求导，节省时间，并且可以解决一些无法求导的优化问题。

与其他无导数最优化技术相比，单纯形置换算法计算极其简单。但单纯形算法在置换过程中可能产生退化。即单纯形的所有顶点包含在同一个低维仿射子空间中，使算法失去对该子空间以外点的搜索能力。由于这一原因，对于高维的最优化问题，Nelder-Mead 方法通常是无效的。

11.2.3 Powell 方法

Powell 算法是一种直接寻查目标函数极小值的有效方法，它实际上是一种改进的共轭梯度法，也是用于求 n 元函数 $f(x_1,x_2,\cdots,x_n)$ 的无约束最小值的。其方法是取 n 个 n 维的共轭向量，并沿每一向量的方向进行最优值搜索，那么任何一个 n 元函数都可用一维搜索方法求其最优值。它专门针对当目标函数特别复杂，因而没有办法掌握目标函数特性的一类优化问题。在实际工程与科学计算中十分有用。

Powll 其求解的过程为：

第一步：选定初始值 $\boldsymbol{X}^{(0)}$ 与 n 个初始寻查方向 $\boldsymbol{S}_1^{(0)},\boldsymbol{S}_2^{(0)},\cdots,\boldsymbol{S}_n^{(0)}$，一般取为单位坐标向量，即第 i 个方向 $\boldsymbol{S}_i^{(0)}$ 的第 i 个分量为 1，其余向量为 0。

第二步：由 $\boldsymbol{X}^{(0)}$ 出发进行 n 个方向上的一维搜索，以 $f_k=f(x_k)$ 表示点 x_k 上的目标函数值，即沿 $\boldsymbol{S}_1^{(0)}$ 方向进行一维寻查，求得极小点 $X_1^{(0)}$，再以 $X_1^{(0)}$ 出发沿 $S_2^{(0)}$ 方向进行一维寻查，

依此进行，最终由 x_{n-1} 出发沿 P_n 方向求得极小点 x_n，依次确定 λ_i 使得

$$f_i = f(X_{i-1}^{(0)} + \lambda_i S_i^{(0)}) = \min_{\lambda} f(X_{i-1}^{(0)} + \lambda S_i^{(0)}) \tag{11.10}$$

令 $X_i^{(0)} = X_{i-1}^{(0)} + \lambda_i S_i^{(0)}$，其中 $X_0^{(0)} = X^{(0)}$。

第三步：比较前后两次目标函数的差值，即比较 $f_0 - f_1, f_1 - f_2, \cdots, f_{n-1} - f_n$ 的大小，并用 Δ 表示前后两次目标函数差值最大者，令 $f_1 = f(X^{(0)})$，$f_2 = f(X_n^{(0)})$，$f_3 = f(2X_n^{(0)} - X^{(0)})$，记

$$\Delta = f(X_{m-1}^{(0)}) - f(X_m^{(0)}) = \max_{1\leqslant i\leqslant n}\{f(X_{i-1}^{(0)}) - f(X_i^{(0)})\} \tag{11.11}$$

第四步：如果

$$\frac{f_1 - 2f_2 + f_3}{2} < \Delta \tag{11.12}$$

成立，则令 $S^* = X_n^{(0)} - X^{(0)}$，由 $X^{(0)}$ 出发沿 S^* 方向作一维搜索，即确定 λ^* 使得

$$f^* = f(X^{(0)} + \lambda^* S^{(0)}) = \min_{\lambda} f(X^{(0)} + \lambda S^{(0)})$$

令

$$X^{(1)} = X^{(0)} + \lambda^* S^*,$$
$$S_i^{(1)} = S_i^{(0)} \qquad i = 1, 2, \cdots, m-1$$
$$S_i^{(1)} = S_{i+1}^{(0)} \qquad i = m, m+1, \cdots, n-1$$
$$S_n^{(1)} = S^*$$

如果(11.12)不成立则令

$$X^{(1)} = X_n^{(0)}, \quad S_i^{(1)} = S_i^{(0)} \qquad i = 1, 2, \cdots, n$$

第五步：判断，在满足下面几种情形之一时终止迭代，

- $|f(X^{(1)})| < \varepsilon Z$ 且 $|f(X^{(1)}) - f(X^{(0)})| < \varepsilon$ 时，对所有的 $1 \leqslant i \leqslant n$ 均有 $|X^{(1)}| < \varepsilon$，同时 $|X^{(1)} - X_i^{(0)}| < \varepsilon$。
- $|f(X^{(1)})| < \varepsilon Z$ 且 $|f(X^{(1)}) - f(X^{(0)})| < \varepsilon$ 时，对所有的 $1 \leqslant i \leqslant n$ 均有 $|X^{(1)}| \geqslant \varepsilon$，同时
$$\frac{X^{(1)} - X_i^{(0)}}{X^{(1)}} < \varepsilon$$
- $|f(X^{(1)})| \geqslant \varepsilon$ 且 $\left|\dfrac{f(X^{(1)}) - f(X^{(0)})}{f(X^{(1)})}\right| < \varepsilon$ 时，对所有的 $1 \leqslant i \leqslant n$ 均有 $|X^{(1)}| < \varepsilon$，同时 $|X^{(1)} - X_i^{(0)}| < \varepsilon$。
- $|f(X^{(1)})| \geqslant \varepsilon$ 且 $\left|\dfrac{f(X^{(1)}) - f(X^{(0)})}{f(X^{(1)})}\right| < \varepsilon$ 时，对所有的 $1 \leqslant i \leqslant n$ 均有 $|X^{(1)}| \geqslant \varepsilon$，同时
$$\left|\frac{X^{(1)} - X_i^{(0)}}{X^{(1)}}\right| < \varepsilon$$
- 迭代达到最大次数。

否则令 $X^{(0)} = X^{(1)}$，$S_i^{(0)} = S_i^{(1)}$ 返回第一步。

11.2.4 Powell 方法的 MATLAB 实现

MATLAB 软件中没有内嵌 Powell，因此，根据 Powell 算法的思想，编写 MATLAB 代码，下面的代码中的注释行解释了各个参数的意义以及输出的结果的意义，程序设定精度值为

0.001,最大迭代次数为 200。

```
function [xo, ot, nS] = powell(S, x0)
% 利用 Powell 算法寻找优化函数的最小值
% 输出参数:
% xo 为最优解
% ot 为最小值
% nS 为优化迭代次数
% 输入参数:
% S 为目标函数
% x0 为 x 的初始点

% 参数检查
if nargin < 2,
    error('输入参数过少,请输入目标函数及初始值');
end
epsilon = 0.001;
y0 = S(x0);
n = size(x0,1);
%向量
D = eye(n);

xo = x0;
yo = y0;
it = 0;
mxit = 200;

while it < mxit
    delta = -1;
%沿各个方向进行搜索,求解一元最优问题
    for i = 1:n
        [t,ot] = myfminbnd(S,xo,D(:,i));
        di = yo - ot;
        if di > delta
            delta = di;
            k = i;
        end
        yo = ot;
        xo = xo + t * D(:,i);
    end
    % 前进
    xx = xo;
    xo = 2 * xo - x0;
    ot = S(xo);
    di = y0 - ot;
    j = 0;
    if di >= 0 || 2 * (y0 - 2 * yo + ot) * ((y0 - yo - delta)/di)^2 <= delta
        if ot <= yo,
            yo = ot;
        else
            xo = xx;
            j = 1;
        end
```

```
        else
            if k < n
                D(:,k:n-1) = D(:,k+1:n);
            end
            D(:,n) = (xx - x0)/norm(xx - x0);
            [t,ot] = myfminbnd(S,xo,D(:,i));
            yo = ot;
        end
    %精度判断
        if norm(xo - x0) < epsilon * (0.1 + norm(x0)) && abs(yo - y0) < epsilon * (0.1 + abs(y0))
            break;
        end
        y0 = yo;
        x0 = xo;
        it = it + 1;
    end

    nS = it;
    ot = yo;

    if it == mxit,
        disp('达到了最大迭代次数,未找到最小值');
    end
```

其中的 myfminbnd 函数用于求解一元函数的最优值，函数里面调用了 MATLAB 自带的 fminbnd 函数，并且使用到了嵌套函数，源代码如下：

```
    %一元函数最小值
    function [x,ot] = myfminbnd(my_fun,xo,v)
        function f = subfun(t)
            f = my_fun(xo + t * v);
        end
      [x,ot] = fminbnd(@subfun, -1,1);
    end
```

例 11.8　求三元函数 $f=x^2+y^2+\sin(x+4)+e^x\cos y-yz(1-z)$ 的最小值。

解　首先，编写函数 my_fun 用于计算 f 的值：

```
    function f = my_fun(x)
    f = x(1)^2 + x(2)^2 + sin(x(1) + 4) + exp(x(1)) * cos(x(2)) - x(2) * x(3) * (1 - x(3));
```

以(−3,1,1)为初始向量，保存后在命令行窗口执行如下命令可得到输出结果。

```
    x = [-3;1;1];    [xo, ot, nS] = powell(@my_fun,x)
    xo =
        -0.0875
        0.2289
        0.4999


    ot =
        0.1984
    nS =
        8
```

由输出结果可知当$(x,y,z)=(-0.0875,0.2289,0.4999)$时函数取得最小值 $f_{min}=0.1984$，程序执行过程中共迭代了8次. Powell 方法的执行速度和收敛与否与初值都有关系，如果选取原点为初值的话程序需要迭代11次，如果选取$(-3,1,10)$为初值则算法不收敛。

例 11.9 求 $y=2x_1^3+4x_1x_2^3-10x_1x_2+x_2^2$ 的最小值点。

解 这个是前面 Nelder-Mead 方法的例子，修改 my_fun 函数为：

```
function f = my_fun(x)
f = 2 * x(1)^3 + 4 * x(1) * x(2)^3 - 10 * x(1) * x(2) + x(2)^2;
```

选取(1,1)为初值，程序迭代2次，运算的结果与前面的 Nelder-Mead 方法相同：

```
x = [1;1];[xo, ot, nS] = powell(@my_fun,x)

xo =
     1.0016
     0.8334
ot =
     - 3.3241
nS =
     2
```

11.3 MATLAB 最优化函数

本节将主要介绍 MATLAB 中内置的最优化函数，以及它们的应用实例。

11.3.1 MATLAB 最优化工具箱介绍

MATLAB 中有专用的最优化工具箱(Optimization Toolbox)，包含了求解多种最优化问题的函数。可以将最优化工具箱的函数分成三大类：最小值函数、等式求解函数、最小二乘函数。具体内容如表 11-1 所列。

表 11-1 最优化工具箱的函数

最小值函数	
函数名	用　途
fminbnd	求解函数于给定区间的最小值点
fmincon	求解非线性带约束函数的最小值点
fminsearch	求解无约束函数的最小值点
fminunc	求解无约束函数的最小值点(基于梯度方法求解)
fseminf	求解非线性带约束半无限函数的最小值点
linprog	求解线性规划问题
quadprog	求解二次规划问题
bintprog	求解二进制整数规划问题
fgolattain	求解多目标实现问题
fminmax	求解最小最大值问题

续表 11-1

等式求解函数	
函数名	用　途
fsolve	求解非线性方程(组)
fzero	求解函数方程零解
最小二乘函数	
函数名	用　途
lsqcurvefit	求解非线性曲线最小二乘拟合问题
lsqlin	求解带约束最小二乘问题
lsqnonlin	求解非线性最小二乘问题
lsqnonneg	求解非负最小二乘问题

其中,输入参数中可以用 options 来设置函数内部选项。一般包括如下参数。

① Display:结果显示方式参数,off 不显示;iter 显示每次迭代的信息;final 为最终结果;notify 只有当求解不收敛的时候才显示结果。

② MaxFunEvals:允许函数计算的最大次数,取值为正整数。

③ MaxIter:允许迭代的最大次数,取值为正整数。

④ TolFun:函数值(计算结果)精度,取值为正整数。

⑤ TolX:自变量的精度,取值为正整数。

可以用函数 optimset 创建和修改 options。

此外,模型输入时需要注意以下问题:

① 目标函数最小化;

② 约束非正;

③ 避免使用全局变量。

11.3.2 MATLAB 最优化函数介绍

MATLAB 最优化函数功能强大,这里简要介绍几个常用的函数。更多的函数可以参考 MATLAB 自带的 help 参考文档。

fminbnd

功能

求解固定区间内单变量函数的最小值。

语法

```
x = fminbnd(fun,x1,x2)
x = fminbnd(fun,x1,x2,options)
x = fminbnd(fun,x1,x2,options,P1,P2,...)
[x,fval] = fminbnd(...)
[x,fval,exitflag] = fminbnd(...)
[x,fval,exitflag,output] = fminbnd(...)
```

描述:

fminbnd 求取固定区间内单变量函数的最小值。

x = fminbnd(fun,x1,x2)返回函数 fun 于区间[x_1,x_2]上的最小值 x。

x = fminbnd(fun,x1,x2,options)使用 options 参数指定的优化参数进行最小化。

[x,fval] = fminbnd(...)返回 fval 表示 x 处目标函数的值。

[x,fval,exitflag] = fminbnd(...)返回 exitflag 值描述 fminbnd 函数退出条件。

[x,fval,exitflag,output] = fminbnd(...)返回包含优化信息的结构输出。

参数

函数的输入变量在表 11-2 中进行描述。

表 11-2 参数描述表

参 数	描 述
fun	需要最小化的目标函数. fun 函数要求输入标量参数 x,返回 x 处的目标函数标量值 f. 可以将 fun 函数指定为命令行,如 x = fminbnd(inline('sin(x)'), x0) 同样,fun 参数可以是一个包含函数名的字符串. 对应的函数可以是 M 文件、内部函数或 MEX 文件. 若 fun ='myfun',则 M 文件函数 myfun. m 必须右下面的形式. function f = myfun(x)
options	优化参数选项. 可以用 optimset 函数设置或改变这些参数的值 options 参数有以下几个选项: · Display - 显示的水平. 选择'off',不显示输出;选择'iter',显示每一步迭代过程的输出;选择'final',显示最终结果 · MaxIter - 最大允许迭代次数 · TolX - 精度控制
exitflag	描述退出条件: · exitflag>0 表示目标函数收敛于解 x 处 · exitflag=0 表示已经达到函数评价或迭代的最大次数 · exitflag<0 表示目标函数不收敛
output	该参数包含下列优化信息: · output. iterations - 迭代次数 · output. algorithm - 所采用的算法 · output. funcCount - 函数评价次数

算法

fminbnd 是一个 M 文件。其算法基于黄金分割法和二次插值法。

局限性

① 目标函数必须是连续的。

② fminbnd 函数可能只给出局部最优解。

③ 当问题的解位于区间边界上时,fminbnd 函数的收敛速度常常很慢。此时,fmincon 函数的计算速度更快,计算精度更高。

④ fminbnd 函数只用于实数变量。

fminsearch

功能

求解多变量无约束函数最小值点。

语法

```
x = fminsearch(fun, x0)
x = fminsearch(fun, x0, options)
[x, fval] = fminsearch(…)
[x, fval, exitflag] = fminsearch(…)
[x, fval, exitflag, output] = fminsearch(…)
```

描述

fminsearch 求解多变量无约束函数最小值点。

x = fminsearch(fun, x0)返回函数 fun 于起始点 x_0 出发得到的最小值 x。

x = fminsearch(fun, x0, options)使用 options 参数指定的优化参数进行最小化。

[x, fval] = fminsearch(…)返回 fval 表示 x 处目标函数的值。

[x,fval,exitflag] = fminsearch (...)返回 exitflag 值描述 fminsearch 函数退出条件。

[x,fval,exitflag,output] = fminsearch (...)返回包含优化信息的结构输出。

算法

fminsearch 是一个 M 文件。其算法基于 Nelder 算法,该算法不涉及偏导的计算。

fmincon

功能

求解非线性带约束函数的最小值点。

语法

```
[xo, fo] = fmincon(fun, x0, A, b)
[xo, fo] = fmincon(fun, x0, A, b, Aeq, beq)
[xo, fo] = fmincon(fun, x0, A, b, Aeq, beq, low, up)
[xo, fo] = fmincon(fun, x0, A, b, Aeq, beq, low, up, nlcon, options, p1, p2)
```

描述

fmincon 求解非线性带约束函数的最小值点。

fun 表示目标函数 f(x),通常用 M 文件定义,也可以通过 inline 函数定义。

x0 为解的初始估计值。

A,b 为线性不等式约束 Ax≤b,如果不需要此约束,可以用[]来代替。

Aeq,beq 为等式约束 Aeqx=beq,如果不需要此约束,可以用[]来代替。

low,up 为上限、下限向量,使得 $low \leqslant x \leqslant up$,如果不需要此约束,可以用[]来代替。如果 x 无上限或下限,可以通过 up=inf 或 low=inf 来设置。

nlcon 为通过 M 文件定义的非线性约束函数,该函数返回两个输出值,一个为不等式约束 $c(x) \leqslant 0$,另一个为等式约束 $ceq(x)=0$,如果不需要此约束,可以用[]来代替。

options 为优化参数选项,如果不需要此项,可以用[]来代替。

p1、p2 为需要传给目标函数 $f(x)$ 和非线性约束函数 $c(x)$、$ceq(x)$ 以及优化问题相关的参数。

xo 为满足约束条件的在指定区域内的最小值点。

fo 为函数 fun 在最小值处的值。

11.3.3 MATLAB 最优化工具介绍

MATLAB 有功能强大的 GUI 优化工具，用户交互简洁高效，这里将从工具启动到应用实例给出介绍。

(1) 启动

命令行输入 optimtool，或者在 MATLAB 右下角的“Start”菜单中寻找 Start→Toolboxes→Optimization→Optimization tool(optimtool)。

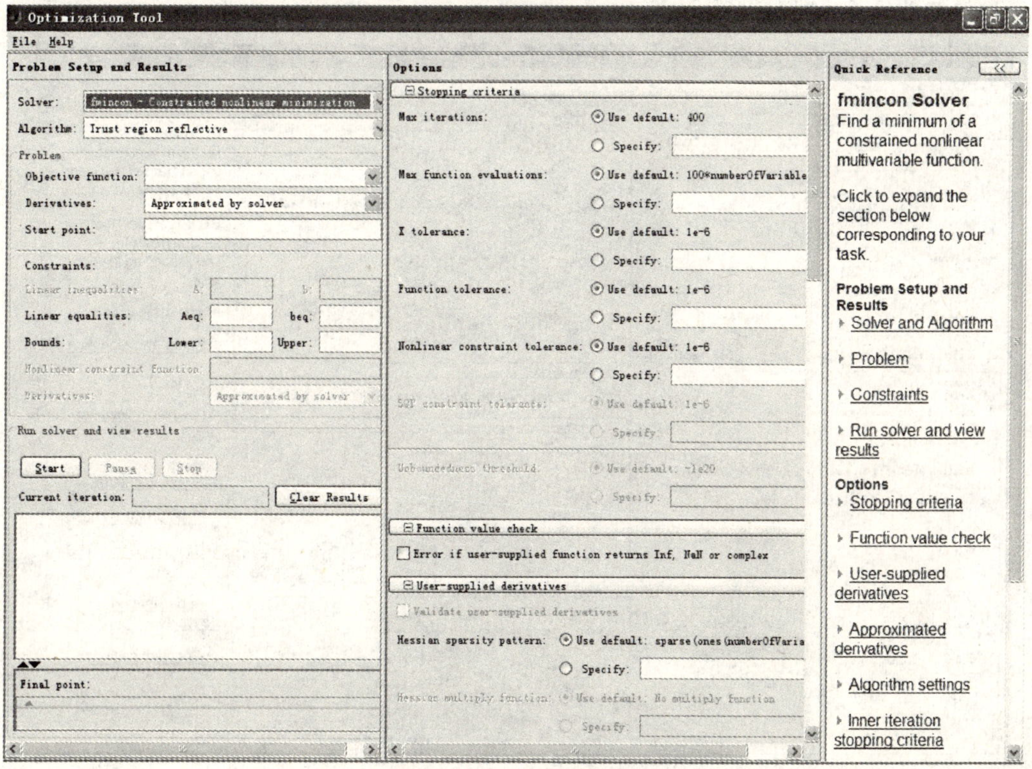

图 11-5　GUI 优化工具的界面

(2) 界面

GUI 优化界面分为三块：最左边是优化问题的描述及计算结果显示，中间为优化选项的设置，右边是帮助(可隐藏，点击右上角的<<)。

(3) 使用步骤

选择求解器 Solver 和优化算法 Algorithm；

选定目标函数(Objective function)；

设定目标函数的相关参数；

设置优化选项；

单击“Start”按钮，运行求解；

查看求解器的状态和求解结果；

将目标函数、选项和结果导入\导出。

(4) 应用实例

· 无约束优化(fminunc 求解器)

例 11.10 求 $f(x)=x^2+4x-6$ 极小值,初始点取 $x=0$。

解 首先,建立目标函数文件 FunUnc.m 文件。

```
function y = FunUnc(x)
y = x^2 + 4*x - 6;
```

然后,启动优化工具(图 11-6)。

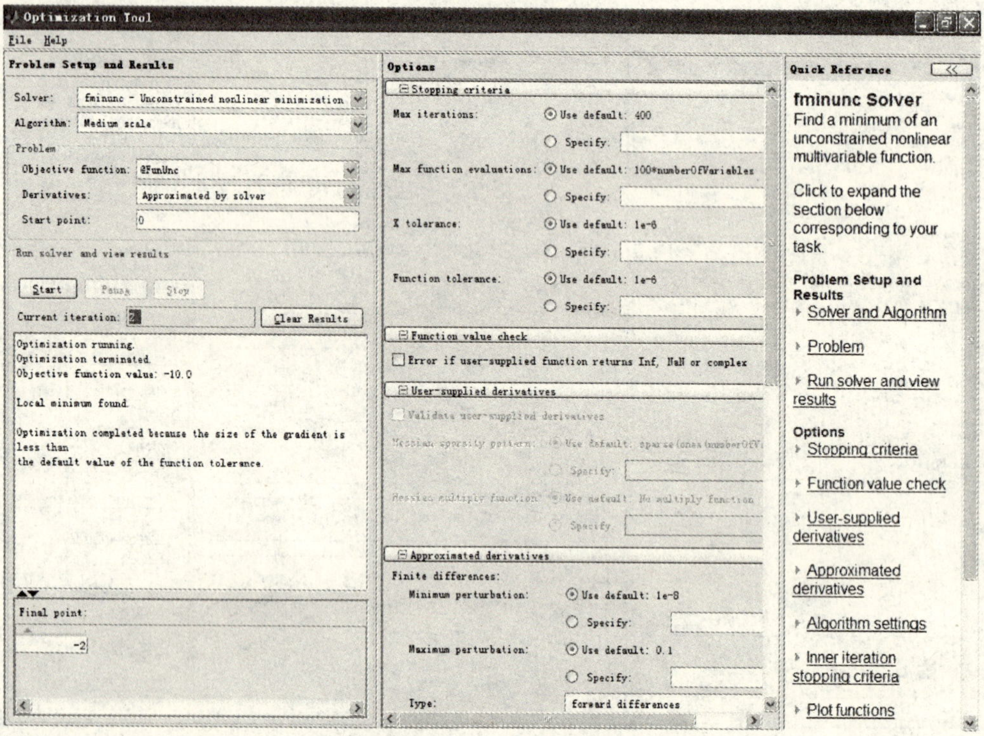

图 11-6 优化工具箱实例

其中 Algorithm 有两个选择:Large scale 和 Medium scale,本例选择 Medium scale。设置完参数单击 Start 即可得到如图 11-6 所示的结果。

· 无约束优化(fminsearch 求解器)

例 11.11 求 $f(x)=|x^2-3x+2|$ 的极小值,初始点取 $x=-7$,比较 fminunc 和 fminsearch 的差别。

解 首先,建立目标函数文件 FunUnc.m 文件。

```
function y = FunUnc(x)
y = abs(x^2 - 3*x + 2);
```

然后,启动优化工具(图 11-7)。

用 fminunc 时如图 11-7 所示。

设置完成后,单击 Start 得到结果。

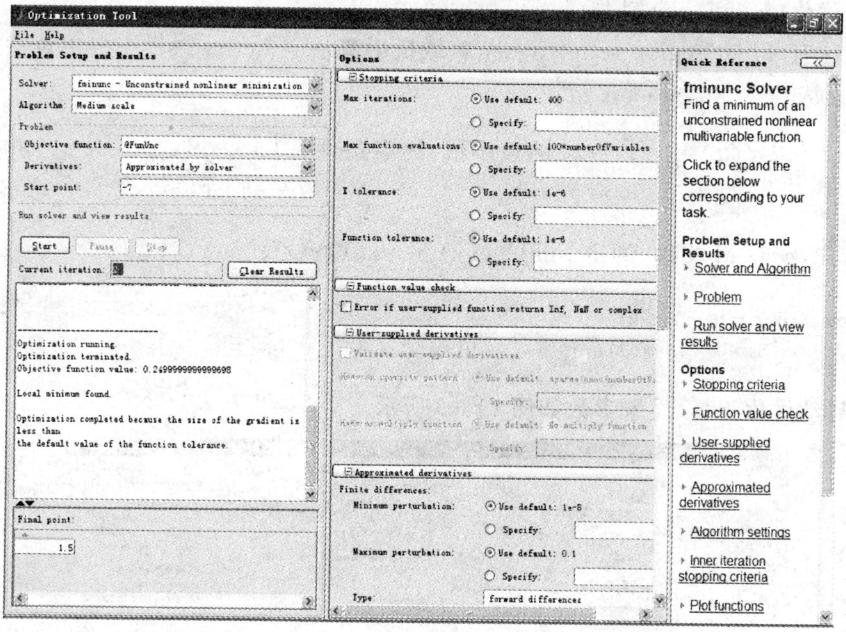

图 11-7 优化工具箱实例

使用 fminsearch 函数时改为如图 11-8 所示。

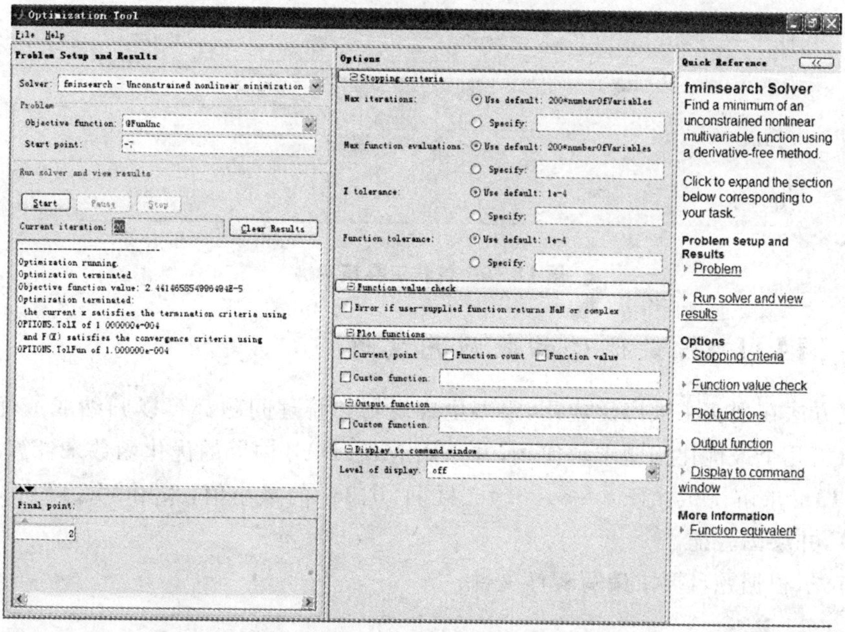

图 11-8 优化工具箱实例

设置完成后，单击 Start 得到结果。

用 fminunc 时结果是 1.5，而用 fminsearch 时结果是 2。计算原等式有极小值为 2，由此看出对于非光滑优化问题 fminunc 可能求不到正确的结果，而 fminsearch 却能很好地解决这类问题的求解。

· 约束优化(fmincon 求解器)

可用算法有 Trust region reflective(信赖域反射算法)、Active set(有效集算法)、Interior point(内点算法)。

例 11.12 求 $f(x)=-x_1x_2x_3$ 的极小值,约束条件是 $\begin{cases}-x_1-2x_2-2x_3\leqslant 0\\ x_1+2x_2+2x_3\leqslant 72\end{cases}$,初始点(10,10,10)。

解 首先,编写 M 文件,约定 FunUnc(x)=−x(1)*x(2)*x(3)。

```
function y = FunUnc(x)
y = -x(1) * x(2) * x(3);
```

然后,启动优化工具,设置参数如图 11-9 所示。

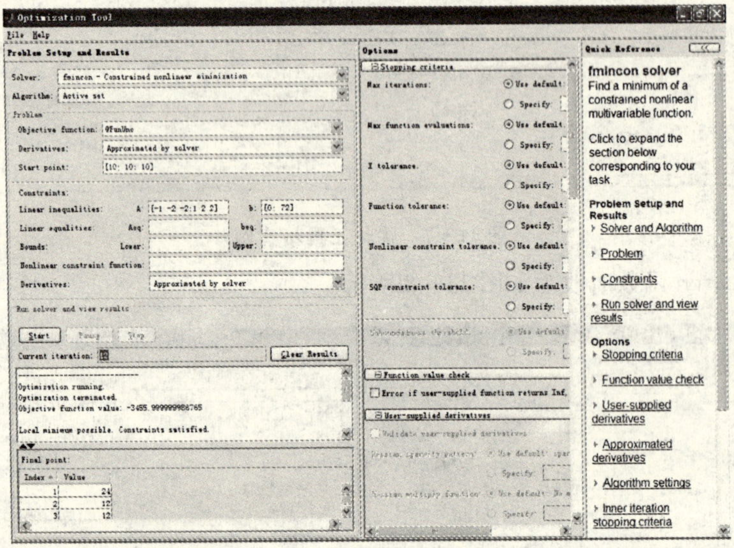

图 11-9 优化工具箱实例

11.3.4 MATLAB 最优化函数应用实例

最优化方法在现实中被广泛应用,很多生成规划和管理问题都可以归纳成最优化求解问题。下面给出几个最优化问题求解实例,并采用 MATLAB 内置的优化函数来计算。

例 11.13 求解函数 $f(x)=\cos(x)$ 于区间 $[0,2\pi]$ 的最小值,采用 MATLAB 内置最优化函数计算,并绘图验证。

解 首先,根据题目要求编写程序文件。

```
% 求解 f(x) = cos(x)于区间[0, 2 * pi]内的最小值
% 采用 MATLAB 内置最优化函数计算
clc; clear all; close all;
fun = @(x) cos(x); % 目标函数
a = 0; % 区间左值
b = 2 * pi; % 区间右值
% 采用 fminbnd 计算
[x, y, exitflag] = fminbnd(fun, a, b)
```

然后，在 MATLAB 命令窗口运行上述程序，计算结果如下：

```
x =
    3.1416
y =
    -1
exitflag =
    1
```

最后，绘制函数曲线并标记出最小值，如图 11－10 所示。

```
figure; hold on; box on;
% 取点
xt = linspace(0, 2 * pi);
yt = fun(xt);
% 绘图并标记
plot(xt, yt, 'k-', x, y, 'ko');
legend('函数曲线', '最小值点', 'Location', 'Best');
title('fminbnd 求解最小值结果');
```

综合上述计算，当 $x=3.1416\approx\pi$ 时，$f(x)=\cos(x)$ 取最小值 -1。

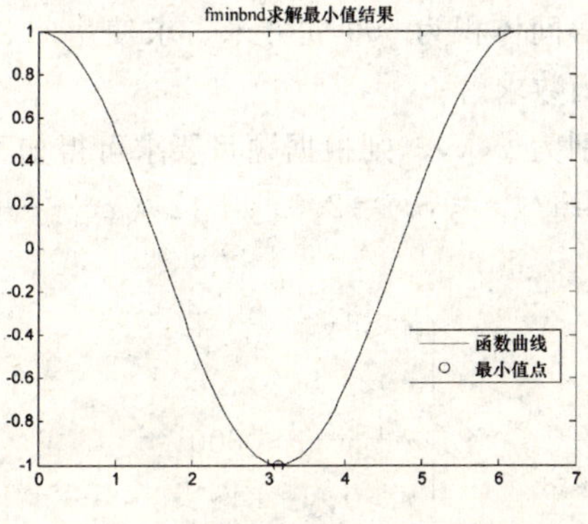

图 11－10　fminbnd 求解最小值结果

例 11.14　假设有正方形铁板，其边长为 3m. 现于四个角处剪去相等的正方形以制成方形无盖水槽，问如何剪法使水槽的容积最大？试采用 MATLAB 内置最优化函数求解.

解　假设剪去的正方形的边长为 xm，则水槽的容积为

$$f=x(3-2x)^2$$

现要求在区间 $(0,1.5)$ 上确定一个 x，使目标函数 f 取最大值。为了使用黄金分割法求解该最优化问题，需要对目标函数进行转换，即将最大值要求转化为最小值要求。

$$f=-x(3-2x)^2, x\in(0,1.5)$$

计算上式的最小值，然后再将得到的结果取负号即可得到最大值。

首先，编写 M 文件，保存为 subfun1.m。

```
function f = subfun1(x)
% 目标函数
f = -(3 - 2 * x).^2 * x;
```

然后，根据题目要求编写程序文件。

```
% 采用 fminbnd 求解最优化问题
clc; clear all;
% 定义区间
a = 0;
b = 1.5;
% 最优化求解
x = fminbnd(@subfun1, a, b);
% 显示计算结果
disp([x - subfun1(x)]);
```

最后，在 MATLAB 命令窗口运行上述程序，计算结果如下：

```
    0.5000    2.0000
```

综合上述计算，当剪掉的正方形的边长为 0.5m 时水槽的容积最大，且水槽的最大容积为 $2m^3$。

例 11.15 假设需要设计一间厂房，该房间可以理解为长方体：它的长不大于宽的 5 倍，长宽高三边之和不大于 300 米，房间天花板和地板的材料是每平方米 100 元，房间的四周墙面的材料是每平方米 60 元，且房间体积为 500 立方米。求使房间装修耗费最低的长、宽、高. 试采用 MATLAB 内置最优化函数求解。

解 假设房间长宽高分别为 x,y,z，则根据题目要求可得如下最优化问题：

$$\min f(x,y,z)=200xy+120(xz+yz)$$

约束条件：

$$\begin{cases} x\leqslant 3y \\ xyz=500 \\ x+y+z\leqslant 300 \\ x>0,y>0,z>0 \end{cases}$$

首先，编写目标函数 M 文件，保存为 subfun1. m。

```
function f = subfun1(x)
% 目标函数
f = 200 * x(1) * x(2) + 120 * (x(1) * x(3) + x(2) * x(3));
```

然后，编写非线性约束 M 文件，保存为 subfun2. m。

```
function [c, ceq] = subfun2(x)
% 编写非线性约束条件
c = [x(1) - 3 * x(2)
     x(1) + x(2) + x(3) - 300];
ceq = x(1) * x(2) * x(3) - 500;
```

最后，根据题目要求编写程序文件。

```
% 采用 fmincon 求解最优化问题
% [xo, fo] = fmincon(fun, x0, A, b, Aeq, beq, low, up, nlcon, options, p1, p2)
clc; clear all;
fun = @subfun1; % 目标函数
x0 = [1 1 1]; % 起始点
A = [];
b = [];
Aeq = [];
beq = [];
low =[0 0 0]; % 下限
up = [];
nlcon = @subfun2; % 非线性约束
% 采用 fmincon 进行最优化求解
[xo, fo] = fmincon(fun, x0, A, b, Aeq, beq, low, up, nlcon)
```

在 MATLAB 命令窗口运行上述程序，计算结果如下：

```
xo =
    6.6943    6.6943   11.1572
fo =
  2.6888e+004
```

综合上述计算，当长、宽、高分别为 6.6943 米、6.6943 米、11.1572 米时，所需费用最少，为 26888 元。

第 12 章 特征值和特征向量

工程上很多问题会归结为线性代数中求解特征值与特征向量的问题，排队论、层次分析法等数学问题也会涉及特征值与特征向量的计算，很多时候直接通过定义来解高次方程高次的特征多项式方程是无法求得的，因此利用数值方法求解是很重要的手段，计算机上常用的有幂法及反幂法、Jacobi 法和 Householder 法。

12.1 特征值与特征向量

12.1.1 特征值与特征向量的定义

定义 12.1 设 $\boldsymbol{A}$ 为 n 阶方阵，如果数 λ 和非零向量 $\boldsymbol{x}$ 满足

$$\boldsymbol{A}\boldsymbol{x}=\lambda\boldsymbol{x} \tag{12.1}$$

则称 λ 为 $\boldsymbol{A}$ 的特征值，$\boldsymbol{x}$ 称为矩阵 $\boldsymbol{A}$ 的属于特征值 λ 的特征向量。

数学上，矩阵 $\boldsymbol{A}$ 所代表的线性变换的特征向量是一个非退化的向量，其方向在该变换下不变。该向量在此变换下缩放的比例即为其特征值。

12.1.2 特征值与特征向量的计算

根据定义 12.1，特征值 λ 与特征向量 $\boldsymbol{x}$ 应满足

$$(\lambda\boldsymbol{I}-\boldsymbol{A})\boldsymbol{x}=0 \tag{12.2}$$

由 $x\neq 0$，式(12.2)有非零解，所以 $|\lambda\boldsymbol{I}-\boldsymbol{A}|=0$，且特征向量 $\boldsymbol{x}$ 即为式(12.2)的非零解。

由此可知要求一个方阵的特征值，只需求解代数方程

$$\varphi(\lambda)=|\lambda\boldsymbol{I}-\boldsymbol{A}|\triangleq\lambda^n+c_1\lambda^{n-1}+c_2\lambda^{n-2}+\cdots+c_n=0 \tag{12.3}$$

根据代数学基本定理，代数方程(式(12.3))，有 n 个根(含重根及复数根)，这 n 个根 $\lambda_1,\lambda_2,\cdots,\lambda_n$ 即为要求的特征值。根据代数学中的韦达定理有

$$\sum_{i=1}^{n}\lambda_i=c_1=\mathrm{tr}(\boldsymbol{A}),\qquad \prod_{i=1}^{n}\lambda_i=c_n=|\boldsymbol{A}|$$

其中 $\mathrm{tr}(A)$ 为 A 对角线上元素之和，称为 $\boldsymbol{A}$ 的迹。

对于特征值 λ，求解相应的齐次线性方程组(式(12.2))，得到的非零解 $\boldsymbol{x}$ 即为矩阵 $\boldsymbol{A}$ 的属于特征值 λ 的特征向量。

关于相似矩阵的特征值与特征向量，有

定理 12.1 已知 $\boldsymbol{A},\boldsymbol{B}$ 均为 n 阶方阵，如存在 n 阶非奇异矩阵 $\boldsymbol{P}$，使得 $\boldsymbol{B}=\boldsymbol{P}^{-1}\boldsymbol{A}\boldsymbol{P}$(称矩阵 $\boldsymbol{A}$ 与 $\boldsymbol{B}$ 相似)，则 $\boldsymbol{A}$ 与 $\boldsymbol{B}$ 具有相同的特征值，且如 $\boldsymbol{x}$ 是 $\boldsymbol{B}$ 的特征向量，则 $\boldsymbol{P}\boldsymbol{x}$ 为 $\boldsymbol{A}$ 的特征向量。

关于特征值的范围，有

定理 12.2(Gerschgorin's 定理) n 阶方阵 $\boldsymbol{A}=(a_{ij})_{n\times n}$ 的每个特征值必属于下列某个圆

盘之中

$$|\lambda - a_{ii}| \leqslant \sum_{\substack{j=1 \\ j\neq i}}^{n} |a_{ij}| \quad (i=1,2,\cdots,n)$$

而且如果一个特征向量的第 i 个分量最大，则对应的特征值一定属于第 i 个圆盘之中。

n 阶实对称矩阵必有 n 个实特征值，且属于不同特征值的特征向量一定正交，于是该矩阵的特征向量可以组成一个规范化的正交组，由于其特殊的性质，其特征值有如下结论：

定理 12.3 对于实对称矩阵 $\boldsymbol{A}=(a_{ij})_{n\times n}$，将其特征值按大小次序记为 $\lambda_1 \geqslant \lambda_2 \geqslant \cdots \geqslant \lambda_n$，对应的特征向量 $\boldsymbol{x}_1, \boldsymbol{x}_2, \cdots, \boldsymbol{x}_n$ 组成规范化正交组（$(\boldsymbol{x}_i, \boldsymbol{x}_j)=\boldsymbol{\delta}_{ij}$），记 $R(x)=\dfrac{(\boldsymbol{Ax},\boldsymbol{x})}{(\boldsymbol{x},\boldsymbol{x})}$，称为向量 $\boldsymbol{x}$ 的 Rayleigh 商，则

$$(1)\ \lambda_n \leqslant R(x) \leqslant \lambda_1; \quad (2)\ \lambda_1 = \max_{\substack{x\in \mathbf{R}^n \\ x\neq 0}} R(x); \quad (3)\ \lambda_n \leqslant \min_{\substack{x\in \mathbf{R}^n \\ x\neq 0}} R(x)$$

12.1.3 MATLAB 的 eig 命令

MATLAB 自带有 eig 命令，该命令返回的是矩阵的特征值与特征向量，调用格式是

```
[P,lambda] = eig(A)
```

其中 A 是 n 阶方阵，返回的 P 是所用的正交变换，其各个列就是 A 的特征向量，lambda 是一个 n 阶对角阵，其对角线上的元素就是对应于 P 的 A 的全部特征值。如

```
A = [-4 -3 -7;2 3 2;4 2 7];
[v,lambda] = eig(A)

v =

    0.8165    0.7071    0.4472
   -0.4082    0.0000   -0.8944
   -0.4082   -0.7071   -0.0000


lambda =

    1.0000         0         0
         0    3.0000         0
         0         0    2.0000
```

由结果可知，矩阵 $\boldsymbol{A}=\begin{pmatrix} -4 & -3 & -7 \\ 2 & 3 & 2 \\ 4 & 2 & 7 \end{pmatrix}$ 的全部特征值分别为 1、2 和 3，它们所对应的特征向量分别为（0.8165，−0.4082，−0.4082）、（0.7071，0.0000，−0.7071）和（0.4472，−0.8944，0.0000）。

12.2 幂法与反幂法

工程上有时只需求出绝对值（模）最大的特征值（称为矩阵的主特征值）及相应的特征向

量，对于这类问题可以应用幂法。幂法是一种迭代方法，计算简单，对于稀疏矩阵更加合适，但有时收敛较慢。

12.2.1 幂法的原理

设矩阵 $\boldsymbol{A}=(a_{ij})_{n\times n}$ 的主特征值是实值，且各特征值满足 $|\lambda_1|>|\lambda_2|\geqslant\cdots\geqslant|\lambda_n|$，并设它们对应的特征向量分别为 $\boldsymbol{x}_1,\boldsymbol{x}_2,\cdots,\boldsymbol{x}_n$，并且假设它们是线性无关的，幂法的思想是任意给定一个初始的非零向量 $\boldsymbol{x}^{(0)}$，构造一向量序列

$$\boldsymbol{x}^{(1)}=\boldsymbol{A}\boldsymbol{x}^{(0)},\boldsymbol{x}^{(2)}=\boldsymbol{A}\boldsymbol{x}^{(1)},\cdots,\boldsymbol{x}^{(n)}=\boldsymbol{A}\boldsymbol{x}^{(n-1)}=\boldsymbol{A}^n\boldsymbol{x}^{(0)},\cdots$$

由线性关系，$\boldsymbol{x}^{(0)}$ 可以由向量组 $\boldsymbol{x}_1,\boldsymbol{x}_2,\cdots,\boldsymbol{x}_n$ 线性表示，即存在 $a_1,a_2,\cdots,a_n$ 使得

$$\boldsymbol{x}^{(0)}=a_1\boldsymbol{x}_1+a_2\boldsymbol{x}_2+\cdots+a_n\boldsymbol{x}_n \quad (\text{设 } a_1\neq 0)$$

于是

$$\begin{aligned}\boldsymbol{x}^{(n)}&=\boldsymbol{A}^{n-1}\boldsymbol{A}\boldsymbol{x}^{(0)}=\boldsymbol{A}^{n-1}(a_1\lambda_1\boldsymbol{x}_1+a_2\boldsymbol{\lambda}_2\boldsymbol{x}_2+\cdots+a_n\lambda_n\boldsymbol{x}_n)\\&=\cdots=a_1\lambda_1^n\boldsymbol{x}_1+a_2\lambda_2^n\boldsymbol{x}_2+\cdots+a_n\lambda_n^n\boldsymbol{x}_n\\&=\lambda_1^n\left[a_1\boldsymbol{x}_1+a_2\left(\frac{\lambda_2}{\lambda_1}\right)^n\boldsymbol{x}_2+\cdots+a_n\left(\frac{\lambda_2}{\lambda_1}\right)^n\boldsymbol{x}_n\right]\end{aligned} \tag{12.4}$$

由于 $|\lambda_1|>|\lambda_2|\geqslant\cdots\geqslant|\lambda_n|$，所以 $n\to\infty$ 时有

$$\lim_{n\to\infty}\frac{\boldsymbol{x}^{(n)}}{\lambda_1^n}=a_1\boldsymbol{x}_1$$

即当 n 充分大时 $\boldsymbol{x}^{(n)}\approx a_1\lambda_1^n\boldsymbol{x}_1$ 可作为为 λ_1 的特征向量的近似值。以 $(\boldsymbol{x}^{(n)})_k$ 表示向量 $\boldsymbol{x}^{(n)}$ 的第 k 个分量，则

$$\lim_{k\to\infty}\frac{(\boldsymbol{x}^{(n)})_k}{(\boldsymbol{x}^{(n-1)})_k}=\lambda_1$$

即相邻迭代向量分量的比值收敛到主特征值。由式(12.4)可知，收敛的速度由 $r=\left|\frac{\lambda_2}{\lambda_1}\right|$ 确定，r 越小则收敛越快，如果 $r\approx 1$ 则收敛速度会非常慢。

12.2.2 幂法的 MATLAB 实现

直接使用幂法有时会使 $\boldsymbol{x}^{(n)}$ 的某个分量越来越大而导致“溢出”或越来越小而被“吃掉”，因此，需要对每个迭代步骤进行修正。

定理 12.4 设矩阵 $\boldsymbol{A}=(a_{ij})_{n\times n}$ 有 n 个线性无关的特征向量，主特征值满足 $|\lambda_1|>|\lambda_2|\geqslant\cdots\geqslant|\lambda_n|$，$\boldsymbol{x}_1$ 为属于 λ_1 的特征向量，则对应于非零初始向量 $\boldsymbol{x}^{(0)}$，构造迭代序列

$$\boldsymbol{x}^{(1)}=\frac{\boldsymbol{A}\boldsymbol{x}^{(0)}}{\boldsymbol{M}_0},\boldsymbol{x}^{(2)}=\frac{\boldsymbol{A}\boldsymbol{x}^{(1)}}{\boldsymbol{M}_1},\cdots,\boldsymbol{x}^{(n)}=\frac{\boldsymbol{A}\boldsymbol{x}^{(n-1)}}{\boldsymbol{M}_{n-1}},\cdots$$

则有

$$\lim_{n\to\infty}\boldsymbol{x}^{(n)}=\frac{\boldsymbol{x}_1}{\boldsymbol{M}},\lim_{n\to\infty}\boldsymbol{M}_k=\lambda_1$$

式中，$\boldsymbol{M}_k$ 表示的是 $\boldsymbol{A}\boldsymbol{x}^{(k)}$ 中绝对值最大的分量，$\boldsymbol{M}$ 表示向量 $\boldsymbol{x}_1$ 的绝对值最大的分量。

按照定理 12.4 的算法，可以编写 MATLAB 程序完成幂法的计算，本程序要求用户输入矩阵 **A** 及精度要求，程序在判断输入的正确性后，直接通过矩阵的乘法来完成迭代，精度由向量的 2—范数来控制，输出的 val 为绝对值最大的特征值，vec 为其对应的特征向量，程序代码如下：

```
function [vec,val] = powereig(A,epsilon)
%%A 为要求特征值的矩阵
%%epsilon 为用户所输入的精度要求
%%val 返回矩阵绝对值最大的特征值
%%vec 返回属于该特征值的特征向量
%%输入参数检查
    if nargin = = 1
        disp('请输入精度要求 epsilon')
        return
    end

    row = size(A,1);
    col = size(A,2);
    if ndims(A)~ = 2 | col~ = row
        disp('请输入一个 2 维的方阵')
        return
    end


    error = epsilon * 2;
    start = ones(row,1);
    xknext = start;
%%迭代过程
    while error > epsilon
        xk = xknext;
        xknext = A * xk;
        maxabs = max(abs(xknext));
        xknext = xknext/maxabs;
        if min(xknext) = = -1
            xknext = xknext * (-1);
            maxabs = maxabs * (-1);
        end
        error = norm(xk - xknext);
    end
    vec = xknext;
    val = maxabs;
```

例 12.1　求矩阵 $\boldsymbol{A}=\begin{pmatrix}-4 & -3 & -7\\ 2 & 3 & 2\\ 4 & 2 & 7\end{pmatrix}$ 的主特征值及特征向量，在命令行窗口输入

```
A = [-4 -4 -7; 2 3 2; 4 2 7];
[vec,val] = powereig(A,0.001)
```

输出结果为：

```
vec =

    1.0000
   -0.0004
   -0.9995


val =

    2.9997
```

由输出结果可知，矩阵 $\boldsymbol{A}$ 的主特征值为 $\lambda=2.9997$，所对应的特征向量为(1.0000，−0.0004，−0.9995)。

12.2.3 反幂法

与幂法相反，反幂法用来计算的是非奇异矩阵的模最小的特征值及其对应的特征向量，以及计算对应于一个给定的近似特征值的特征向量。

对于一个非奇异的 n 阶方阵 $\boldsymbol{A}$，特征值按模的大小次序记为 $|\lambda_1|\geqslant|\lambda_2|\geqslant\cdots\geqslant|\lambda_n|>0$，相应的特征向量为 $\boldsymbol{x}_1,\boldsymbol{x}_2,\cdots,\boldsymbol{x}_n$，根据线性代数的相关理论 $\boldsymbol{A}^{-1}$ 的特征值按模的大小次序分别为 $\left|\frac{1}{\lambda_n}\right|\geqslant\left|\frac{1}{\lambda_{n-1}}\right|\geqslant\cdots\geqslant\left|\frac{1}{\lambda_1}\right|>0$，相应地，特征向量分别为 $\boldsymbol{x}_n,\boldsymbol{x}_{n-1},\cdots,\boldsymbol{x}_1$，因此计算 $\boldsymbol{A}$ 的模最小特征值的过程实际上就是利用幂法来计算 $\boldsymbol{A}^{-1}$ 的主特征值 $\frac{1}{\lambda_n}$。

定理 12.5 设矩阵 $\boldsymbol{A}=(a_{ij})_{n\times n}$ 有 n 个线性无关的特征向量，其特征值满足 $|\lambda_1|\geqslant\cdots\geqslant|\lambda_{n-1}|>|\lambda_n|>0$，$\boldsymbol{x}_n$ 为属于 λ_n 的特征向量，则对应于非零初始向量 $\boldsymbol{x}^{(0)}$，构造迭代序列

$$\boldsymbol{x}^{(1)}=\frac{\boldsymbol{A}^{-1}\boldsymbol{x}^{(0)}}{\boldsymbol{M}_0},\boldsymbol{x}^{(2)}=\frac{\boldsymbol{A}^{-2}\boldsymbol{x}^{(1)}}{\boldsymbol{M}_1},\cdots,\boldsymbol{x}^{(n)}=\frac{\boldsymbol{A}^{-n}\boldsymbol{x}^{(n-1)}}{\boldsymbol{M}_{n-1}},\cdots$$

则有

$$\lim_{n\to\infty}\boldsymbol{x}^{(n)}=\frac{\boldsymbol{x}_n}{\boldsymbol{M}},\lim_{n\to\infty}\boldsymbol{M}_n=\frac{1}{\lambda_n}$$

式中，$\boldsymbol{m}_k$ 表示的是 $\boldsymbol{A}^{-1}\boldsymbol{x}^{(k)}$ 中绝对值最大的分量，$\boldsymbol{M}$ 表示向量 $\boldsymbol{x}_n$ 的绝对值最大的分量。

反幂法的迭代速度由 $\left|\frac{\lambda_n}{\lambda_{n-1}}\right|$ 决定。

反幂法也可以利用原点平移法求其他的特征值与特征向量，对于数 p，如果 $\boldsymbol{B}=\boldsymbol{A}-p\boldsymbol{I}$ 可逆，则 $\boldsymbol{B}^{-1}$ 的特征值分别为 $\frac{1}{\lambda_1-p},\frac{1}{\lambda_2-p},\cdots,\frac{1}{\lambda_n-p}$，特征向量分别为 $\boldsymbol{x}_1,\boldsymbol{x}_2,\cdots,\boldsymbol{x}_n$，如果 $\frac{1}{\lambda_i-p}$ 是 $\boldsymbol{B}^{-1}$ 的主特征值，则可利用反幂法求得距离 p 最近的特征值及对应的特征向量。

定理 12.6 设矩阵 $\boldsymbol{A}=(a_{ij})_{n\times n}$ 有 n 个线性无关的特征向量，其特征值分别为 $\lambda_1,\lambda_2,\cdots,\lambda_n$，特征向量分别为 $\boldsymbol{x}_1,\boldsymbol{x}_2,\cdots,\boldsymbol{x}_n$，对于数 p，$\boldsymbol{B}=\boldsymbol{A}-p\boldsymbol{I}$，且 $|\lambda_i-p|<|\lambda_j-p|\ (i\neq j)$，给定非零的初始向量 $\boldsymbol{x}^{(0)}$，构造迭代序列

$$\boldsymbol{x}^{(1)}=\frac{(\boldsymbol{A}-p\boldsymbol{I})^{-1}\boldsymbol{x}^{(0)}}{\boldsymbol{M}_0},\boldsymbol{x}^{(2)}=\frac{(\boldsymbol{A}-p\boldsymbol{I})^{-2}\boldsymbol{x}^{(1)}}{\boldsymbol{M}_1},\cdots,\boldsymbol{x}^{(n)}=\frac{(\boldsymbol{A}-p\boldsymbol{I})^{-n}\boldsymbol{x}^{(n-1)}}{\boldsymbol{M}_{n-1}},\cdots$$

则有

$$\lim_{n\to\infty}\boldsymbol{x}^{(n)}=\frac{\boldsymbol{x}_i}{\boldsymbol{M}},\lim_{n\to\infty}\boldsymbol{M}_n=\frac{1}{\lambda_i-p}$$

式中，m_k 表示的是 $(\boldsymbol{A}-p\boldsymbol{I})^{-1}x^{(k)}$ 中绝对值最大的分量，$\boldsymbol{M}$ 表示向量 $\boldsymbol{x}_i$ 的绝对值最大的分量。

迭代速度由 $r=\max\limits_{i\neq j}\left|\frac{\lambda_i-p}{\lambda_j-p}\right|$ 决定。

12.2.4 反幂法的 MATLAB 实现

按照定理 12.5 和 12.6 的算法，可以编写 MATLAB 程序完成反幂法的计算，本程序要求用户输入矩阵 **A** 及精度要求，如果用户输入数 p，则利用反幂法给出距离 p 最近的特征值及相应的特征向量，程序在判断输入的正确性后，先通过求矩阵的逆，再通过矩阵的乘法来完成迭代，精度由向量的 2－范数来控制，程序代码如下：

```
function solution =  invpowereig(A,epsilon,p)
%%A为要求特征值的矩阵
%%epsilon为用户所输入的精度要求
%%val返回矩阵最接近于p的特征值
%%vec返回属于该特征值的特征向量
%%输入参数检查
  if nargin == 1
      disp('请输入精度要求 epsilon')
      return
  end

  if nargin == 2
      p = 0
  end

  row = size(A,1);
  col = size(A,2);
  if ndims(A)~ = 2 | col~ = row
      disp('请输入一个2维的方阵')
      return
  end
  n = row;

  if abs(det(A) - eye(n) * p)< eps
      disp('det(A)或 det(A - pI)为零,不能使用反幂法')
      return
  end

  B = (A - eye(row) * p)^( - 1);

  %%反幂法的迭代过程
  error = epsilon * 2;
  start = ones(n,1);
  xknext = start;
  maxabs = 1;
  while error > epsilon
      xk = xknext;
```

```
        xknext = B * xk;
        maxabs = max(abs(xknext));
        xknext = xknext/maxabs;
        if min(xknext) = = - 1
            xknext = xknext * ( - 1);
            maxabs = maxabs * ( - 1);
        end
        error = norm(xk - xknext);
    end
    val = 1/maxabs + p
    vec = xknext;
```

例 12.2 求矩阵 $A=\begin{pmatrix}-4 & -4 & -7\\ 2 & 3 & 2\\ 4 & 2 & 7\end{pmatrix}$ 的最接近于 2 的特征值及其对应的特征向量。

```
A = [ - 4  - 4  - 7; 2 3 2; 4 2 7];
[vec,val] = invpowereig(A,0.0001,2)
```

输出结果为

```
val =

    3.0000


ans =

    1.0000
    0.0000
   - 1.0000
```

由输出结果可知，矩阵 $\boldsymbol{A}$ 的最接近 2 的特征值为 $\lambda=3$，所对应的特征向量为(1.0000,0.0000,−1.0000)。

12.3 对称矩阵的特征值——Jacobi 方法

12.3.1 Jacobi 方法的原理

Jacobi 方法是用来求实对称矩阵的特征值与特征向量的，而且不同于幂法和反幂法，Jacobi 方法可以直接用数值方法求出矩阵的全部特征值与特征向量。

对于实对称矩阵线性代数中有如下结论：

定理 12.7 设矩阵 $\boldsymbol{A}=(a_{ij})_{n\times n}$ 为实对称矩阵，则必存在正交矩阵 $\boldsymbol{P}$ 及对角矩阵 $\boldsymbol{\Lambda}$，满足 $\boldsymbol{P}^{-1}\boldsymbol{A}\boldsymbol{P}=\boldsymbol{\Lambda}$。

定理 12.7 中 $\boldsymbol{\Lambda}$ 主对角线上的元素就是矩阵 $\boldsymbol{A}$ 的特征值，而正交矩阵 $\boldsymbol{P}$ 的列向量就是对应于 $\boldsymbol{\Lambda}$ 的特征向量。而 Jacobi 方法的思想就是利用一系列的正交变换将矩阵 $\boldsymbol{A}$ 化为对角形 $\boldsymbol{\Lambda}$，从而得到其全部特征值，这些正交变换矩阵的乘积就是 P。由于正交变换实际上就是 n 维空间上的旋转变换，可以分解为若干个平面旋转变换的复合。

引进 $\boldsymbol{R}^n$ 中的平面旋转变换 $\boldsymbol{P}_\theta(i,j)$，变换的作用是将向量在第 i 和第 j 个分量上进行坐标旋转（旋转角度为 θ），即，对于 $\boldsymbol{R}^n$ 中向量 $\boldsymbol{x}=(x_1,x_2,\cdots,x_n)^{\mathrm{T}}$，变换后的向量 $\boldsymbol{y}=(y_1,y_2,\cdots.y_n)^{\mathrm{T}}$ 满足

$$\begin{cases} y_i=x_i\cos\theta+x_j\sin\theta \\ y_j=-x_i\sin\theta+x_j\cos\theta \\ y_k=x_k(k\neq i,j) \end{cases}$$

变换相当于 $y=\boldsymbol{P}_\theta(i,j)x$，其中

$$\boldsymbol{P}_\theta(i,j)=\begin{bmatrix} 1 & & & & & & & \\ & \ddots & & & & & & \\ & & 1 & & & & & \\ & & & \cos\theta & & \sin\theta & & \\ & & & & \ddots & & & \\ & & & -\sin\theta & & \cos\theta & & \\ & & & & & & 1 & \\ & & & & & & & \ddots \\ & & & & & & & & 1 \end{bmatrix}\begin{matrix} \\ \\ \\ i \\ \\ j \\ \\ \\ \\ \end{matrix}$$

（第 i 列、第 j 列）

将平面旋转变换 $\boldsymbol{P}_\theta(i,j)$ 作用于矩阵 $\boldsymbol{A}$，令 $\boldsymbol{C}=\boldsymbol{P}_\theta(i,j)\boldsymbol{A}[P_\theta(i,j)]^{\mathrm{T}}$，则由矩阵乘法与初等变换的性质，矩阵 $\boldsymbol{C}$ 只有第 i,j 行与 i,j 列与 $\boldsymbol{A}$ 有所不同。

Jacobi 方法就是利用平面旋转变换 $\boldsymbol{P}_\theta(i,j)$ 将 $\boldsymbol{A}$ 的非对角线元素均化为 0，首先在 $\boldsymbol{A}$ 的非对角元中选择绝对值最大的元素 a_{ij}，即 a_{ij} 满足 $|a_{ij}|\geqslant|a_{ks}|(i\neq j,k\neq s)$，显然 $a_{ij}\neq0$，否则 $\boldsymbol{A}$ 已经是对角矩阵了，接下来选择一平面旋转变换 $\boldsymbol{P}_\theta(i,j)$，使得 $\boldsymbol{A}^{(1)}=\boldsymbol{P}_\theta(i,j)\boldsymbol{A}[\boldsymbol{P}_\theta(i,j)]^{\mathrm{T}}$ 的元素 $a_{ij}^{(1)}=a_{ji}^{(1)}=0$。

再选 $\boldsymbol{A}^{(1)}$ 的非对角元中绝对值最大的数，重复上述过程得到 $\boldsymbol{A}^{(2)}$，依次重复下去得到一个矩阵序列

$$\boldsymbol{A}^{(1)},\boldsymbol{A}^{(2)},\cdots,\boldsymbol{A}^{(n)},\cdots \tag{12.5}$$

关于该矩阵序列的收敛性，有

定理 12.8 设矩阵 $\boldsymbol{A}=(a_{ij})_{n\times n}$ 为实对称矩阵，对 $\boldsymbol{A}$ 施行上述的一系列平面旋转变换得到的矩阵序列(12.5)收敛到一个对角矩阵。

实际上平面旋转变换就是选择 θ 使得非对角线上的元素 a_{ij} 和 a_{ji} 变换后为 0，经计算可得

$$\begin{cases} d=\dfrac{a_{ii}-a_{jj}}{2a_{ij}} \\ \tan\theta=\dfrac{\operatorname{sign} d}{|d|+\sqrt{d^2+1}} \\ \cos\theta=\dfrac{1}{\sqrt{1+\tan^2\theta}} \\ \sin\theta=\tan\theta\cos\theta \end{cases}$$

12.3.2 Jacobi 方法的 MATLAB 实现

根据 Jacobi 方法的思想编写出 MATLAB 程序，本程序要求用户输入矩阵 $\boldsymbol{A}$ 及精度要

求，程序首先判断输入的矩阵是否为实对称矩阵，然后利用矩阵的乘法来完成整个迭代过程，再进行下一步迭代，输出的 ***P*** 的每一列为特征向量，输出的 *dia* 为所要求的特征值，用户可通过[e,v]=Jacobieig(A,epsilon)得到输出结果，程序代码如下：

```
function [dia,P] = Jacobieig(A,epsilon)
%%A为要求特征值的矩阵
%%epsilon为用户所输入的精度要求
%%dia返回实对称矩阵的相似对角阵
%%P  返回的是过渡矩阵,其各个列向量就是对应于dia的特征向量
%%输入参数检查
  if nargin = =1
       disp('请输入精度要求 epsilon')
       return
  end

   row = size(A,1);
   col = size(A,2);
   if ndims(A)~ = 2 | col - row~ = 0
        disp('矩阵的大小有误,无法求特征值与特征向量')
        return
   end
   if A~ = A'
        disp('矩阵不是实对称的,不能使用Jacobi方法')
        return
   end

   U = triu(A,1);
   B = A;
   PP = eye(row);
 %%迭代过程
   while max(max(abs(U)))> epsilon
        %%寻找非对角线的最大元素
        MAX = max(max(abs(U)));
        [ro,co] = find(abs(U) = = MAX);
        i = ro(1);
        j = co(1);

        d = (B(i,i) - B(j,j))/2/MAX;
        if d> = 0
            sd = 1;
        else
            sd = - 1;
        end
        t = sd/(abs(d) + sqrt(d * d + 1));
        c = 1/sqrt(1 + t * t);
        s = c * t;
        %%变换过程
        P0 = [c,s; - s,c];
        P = eye(row);
        P(i,i) = c;
        P(j,j) = c;
        P(i,j) = s;
```

```
        P(j,i) = -s;
        B = P * B * P';
        PP = P * PP;
        U = triu(B,1);
    end
    P = PP';
    dia = diag(B);
```

例 12.3　求矩阵 $\boldsymbol{A}=\begin{pmatrix}-4 & -4 & -7\\ -4 & 3 & 2\\ -7 & 2 & 7\end{pmatrix}$ 的相似对角形及所用的正交变换，精确到小数点后 3 位。

```
A = [-4 -4 -7; -4 3 2; -7 2 7];
[dia,p] = Jacobieig(A,0.001)
```

输出结果为：

```
dia =

   -8.1131
   11.8830
    2.2301


p =

    0.8903    -0.4517     0.0573
    0.2523     0.3846    -0.8879
    0.3790     0.8050     0.4564
```

由输出结果可知，矩阵 $\boldsymbol{A}$ 的对角形为 $\begin{pmatrix}-8.1131 & & \\ & 11.8830 & \\ & & 2.2301\end{pmatrix}$，所用的正交变换为 $\begin{pmatrix}0.8903 & -0.4517 & 0.0573\\ 0.2523 & 0.3846 & -0.8879\\ 0.3790 & 0.8050 & 0.4564\end{pmatrix}$。

12.4　Householder 方法

12.3 节是对称矩阵的特征值与特征向量问题进行讨论，对于一般的方阵，Householder 方法与 QR 方法相结合是一个非常有效的手段，可以求出全部的特征值。对于一个方阵 $\boldsymbol{A}\in\mathbf{R}^{n\times n}$，由代数学的相关理论有

定理 12.9　设 $\boldsymbol{A}\in\mathbf{R}^{n\times n}$，则存在正交矩阵 $\boldsymbol{R}$，使得 $\boldsymbol{R}^{\mathrm{T}}\boldsymbol{A}\boldsymbol{R}$ 具有如下形式

$$\boldsymbol{R}^{\mathrm{T}}\boldsymbol{A}\boldsymbol{R}=\begin{pmatrix}\boldsymbol{T}_{11} & \boldsymbol{T}_{12} & \cdots & \boldsymbol{T}_{1s}\\ & \boldsymbol{T}_{22} & \cdots & \boldsymbol{T}_{2s}\\ & & \ddots & \vdots\\ & & & \boldsymbol{T}_{ss}\end{pmatrix}$$

式中，$T_{11}, T_{22}, \cdots, T_{ss}$ 为一阶或二阶方阵，一阶方阵即为 A 的特征值，二阶方阵的特征值即为 A 的两个共轭的复特征值。

Householder 方法是利用正交相似变换将一般的实矩阵约化为上 Hessenberg 矩阵，将对称矩阵约化为三对角矩阵。上 Hessenberg 矩阵和三对角矩阵的特征值问题可用的 QR 方法解决具体参见 12.5 节。

定义 12.2 方阵 $B=(b_{ij})_{n\times n}$，如果 $j>j+1$ 时满足 $b_{ij}=0$，则称这样的矩阵为上 Hessenberg 矩阵，即

$$B=\begin{pmatrix} b_{11} & b_{12} & \cdots & b_{1,n-1} & b_{1n} \\ b_{21} & b_{22} & \cdots & b_{2,n-1} & b_{2n} \\ & b_{32} & \ddots & b_{3,n-1} & b_{3n} \\ & & \ddots & \ddots & \vdots \\ & & & b_{n,n-1} & b_{nn} \end{pmatrix}$$

12.4.1 初等反射矩阵

定义 12.3 设 ω 为单位向量，即 $\|\omega\|_2=1$，矩阵 $H=I-2\omega\omega^{\mathrm{T}}$ 称为 Householder 矩阵或初等反射矩阵，记为 $H(\omega)$。

根据定义很容易证明如下定理：

定理 12.10 初等反射矩阵 $H=H(\omega)$ 是对称的（$H^{\mathrm{T}}=H$），正交的（$H^{\mathrm{T}}=H^{-1}$），对合的（$H^2=I$）。

初等反射矩阵用约化矩阵. 如果向量 $x\neq y$，但 $\|x\|_2=\|y\|_2$，令

$$\omega=\frac{x-y}{\|x-y\|_2}$$

可以证明，$H=H(\omega)$ 满足 $Hx=y$，且 $\pm\omega$ 是使得 $Hx=y$ 成立的唯一的单位向量，取 y 为一个特殊的单位坐标向量 e_1，则有如下定理。

定理 12.11 设向量 $e_1=(1,0,\cdots,0)$，$x=(x_1,x_2,\cdots,x_n)$，$x\neq e_1$，记 $\sigma=\mathrm{sign}(x_1)\|x\|_2$，$u=x+\sigma e_1$，$\rho=\frac{\|u\|_2^2}{2}$，则初等反射矩阵

$$H=I-\frac{1}{\rho}uu^{\mathrm{T}}$$

满足 $Hx=-\sigma e_1$。

12.4.2 用正交相似变换约化矩阵

定理 12.11 实际上给出了一个利用正交相似变换约化矩阵的方法，设

$$A=\left(\begin{array}{c:ccc} a_{11} & a_{12} & \cdots & a_{1n} \\ \hdashline a_{21} & a_{22} & \cdots & a_{2n} \\ \cdots & \cdots & \cdots & \cdots \\ a_{n1} & a_{n2} & \cdots & a_{mn} \end{array}\right) \triangleq \begin{pmatrix} a_{11} & A_{12}^{(1)} \\ a_{21}^{(1)} & A_{22}^{(1)} \end{pmatrix}$$

如果 $a_{21}^{(1)}=0$ 则这一步不需要约化，反之，选择初等反射矩阵 H_1 可使得 $H_1a_{21}^{(1)}=-\sigma_1 e_1$，其中

$$\begin{cases} \sigma_1 = sign(a_{21})\sqrt{\sum_{i=2}^{n} a_{i1}^2} \\ \boldsymbol{u}_1 = a_{21}^{(1)} + \sigma_1 \boldsymbol{e}_1 \\ \rho_1 = \frac{1}{2}\|\boldsymbol{u}_1\|_2^2 = \sigma_1(\sigma_1 + a_{21}) \\ \boldsymbol{H}_1 = I - \frac{1}{\rho_1}\boldsymbol{u}_1\boldsymbol{u}_1^{\mathrm{T}} \end{cases}$$

令 $\boldsymbol{U}_1 = \begin{pmatrix} 1 & 0 \\ 0 & H_1 \end{pmatrix}$，显然其也是初等反射矩阵，则

$$\boldsymbol{A}_2 = \boldsymbol{U}_1\boldsymbol{A}_1\boldsymbol{U}_1 = \begin{pmatrix} a_{11} & \boldsymbol{A}_{12}^{(1)}\boldsymbol{H}_1 \\ \boldsymbol{H}_1 a_{21}^{(1)} & \boldsymbol{H}_1\boldsymbol{A}_{22}^{(1)}\boldsymbol{H}_1 \end{pmatrix} \triangleq \begin{pmatrix} \boldsymbol{A}_{11}^{(2)} & a_{12}^{(2)} & \boldsymbol{A}_{13}^{(2)} \\ 0 & a_{21}^{(2)} & A_{23}^{(2)} \end{pmatrix}$$

其中 $\boldsymbol{A}_{11}^{(2)} \in \mathbf{R}^{2\times 1}$，$a_{22}^{(2)} \in \mathbf{R}^{n-2}$，$\boldsymbol{A}_{23}^{(2)} \in \mathbf{R}^{(n-2)\times(n-2)}$。到此完成了第一步约化，设已经进行了第 $k-1$ 步的约化，即

$$\boldsymbol{A}_k = \boldsymbol{U}_{k-1}\boldsymbol{A}_{k-1}\boldsymbol{U}_{k-1} = \left(\begin{array}{cccc|c|ccc} a_{11} & a_{12}^{(2)} & \cdots & a_{1,k-1}^{(k-1)} & a_{1k}^{(k)} & a_{1,k+1}^{(k)} & \cdots & a_{1n}^{(k)} \\ -\sigma_1 & a_{22}^{(2)} & \cdots & a_{2,k-1}^{(k-1)} & a_{2k}^{(k)} & 2_{(2,k+1)}^{(k)} & \cdots & a_{2n}^{(k)} \\ & -\sigma_1 & \cdots & \vdots & \vdots & \vdots & \vdots & \vdots \\ & & \ddots & a_{k-1,k-1}^{(k-1)} & a_{k-1,k}^{(k)} & a_{k-1,k+1}^{(k)} & \cdots & a_{k-1,n}^{(k)} \\ & & & -\sigma_{k-1} & a_{kk}^{(k)} & a_{k,k+1}^{(k)} & \cdots & a_{kn}^{(k)} \\ \hline & & & & a_{k+1,k}^{(k)} & a_{k+1,k+1}^{(k)} & \cdots & a_{k+1,n}^{(k)} \\ & & & & \vdots & \vdots & \ddots & \vdots \\ & & & & a_{nk}^{(k)} & a_{n,k+1}^{(k)} & \cdots & a_{nn}^{(k)} \end{array}\right) \triangleq \begin{pmatrix} \boldsymbol{A}^{(k)} & a^{(k)} & \boldsymbol{A}_{13}^{(k)} \\ 0 & a_{21}^{(k)} & \boldsymbol{A}_{23}^{(k)} \end{pmatrix}$$

其中 $\boldsymbol{A}_{11}^{(k)} \in \mathbf{R}^{k\times(k-1)}$，$a_{22}^{(k)} \in \mathbf{R}^{n-k}$，$\boldsymbol{A}_{23}^{(k)} \in \mathbf{R}^{(n-k)\times(n-k)}$，如果 $a_{22}^{(k)} \neq 0$，则选择初等反射矩阵 $\boldsymbol{H}_k$，使得 $\boldsymbol{H}_k a_{22}^{(k)} = -\sigma_k \boldsymbol{e}_1$，其中

$$\begin{cases} \sigma_k = sign(a_{k+1,k}^{(k)})\sqrt{\sum_{i=k+1}^{n} a_{ik}^2} \\ \boldsymbol{u}_k = a_{22}^{(k)} + \sigma_k \boldsymbol{e}_1 \\ \rho_k = \frac{1}{2}\|\boldsymbol{u}_k\|_2^2 = \sigma_k(\sigma_k + a_{k+1,k}^{(k)}) \\ \boldsymbol{H}_k = \boldsymbol{I} - \frac{1}{\rho_k}\boldsymbol{u}_k\boldsymbol{u}_k^{\mathrm{T}} \end{cases}$$

令 $\boldsymbol{U}_k = \begin{pmatrix} \boldsymbol{I} & 0 \\ 0 & \boldsymbol{H}_k \end{pmatrix}$，显然其也为初等反射矩阵，则

$$\boldsymbol{A}_{k+1} = \boldsymbol{U}_k\boldsymbol{A}_k\boldsymbol{U}_k = \begin{pmatrix} A_{11}^{(k)} & a_{12}^{(k)} & A_{13}^{(k)} H_k \\ 0 & H_k a_{21}^{(k)} & H_k A_{23}^{(k)} H_k \end{pmatrix} \triangleq \begin{pmatrix} A_{11}^{(k)} & a_{12}^{(k)} & A_{13}^{(k)} H_k \\ 0 & -\sigma_k e_1 & H_k A_{23}^{(k)} H_k \end{pmatrix}$$

由上式可知，$\boldsymbol{A}_{k+1}$ 的左上角的 $k+1$ 阶子式为上 Hessenberg 矩阵. 重复这一过程，得到的 $\boldsymbol{A}_{n-1} = \boldsymbol{U}_{n-2}\cdots\boldsymbol{U}_2\boldsymbol{U}_1\boldsymbol{A}\boldsymbol{U}_1\boldsymbol{U}_2\cdots\boldsymbol{U}_{n-2}$ 就是上 Hessenberg 矩阵。

由上述过程可得到如下的定理

定理 12.12 如果 $\mathbf{A} \in \mathbf{R}^{n\times n}$，则存在初等反射矩阵 $\boldsymbol{U}_1, \boldsymbol{U}_2, \cdots, \boldsymbol{U}_{n-2}$，使得

$$\boldsymbol{U}_{n-2}\cdots\boldsymbol{U}_2\boldsymbol{U}_1\boldsymbol{A}\boldsymbol{U}_1\boldsymbol{U}_2\cdots\boldsymbol{U}_{n-2} = \boldsymbol{C}$$

为上 Hessenberg 矩阵;如果 **A** 为对称矩阵则 **C** 为对称的三对角矩阵,即

$$C=\begin{pmatrix} c_1 & b_1 & & & \\ b_1 & c_2 & b_2 & & \\ & b_2 & c_3 & \ddots & \\ & & \ddots & \ddots & b_{n-1} \\ & & & b_{n-1} & c_n \end{pmatrix}$$

12.4.3 算法的 MATLAB 实现

根据 12.3.2 节所给出的算法,编写 MATLAB 程序,算法首先判断输入是否为方阵,返回的是该方阵的上 Hessenberg 矩阵及所用的正交变换。程序源代码如下

```
function [Hessen,H] = Hessenberg(A)
%%A 为要求特征值的矩阵
%%Hessen 返回的是该矩阵的上 Hessen 矩阵
%%P  返回的是过渡矩阵
%%输入参数检查
    row = size(A,1);
    col = size(A,2);
    if ndims(A)~ = 2 | col - row~ = 0
        disp('矩阵的大小有误,不能使用 Hessenberg 法')
        return
    end

    n = col;
    H0 = eye(n);
    for k = 1:col - 2
        %%构造初等反射矩阵
        u = A(k + 1:n,k);
        Norm = norm(u);
        if Norm~ = 0
            if A(k + 1,k)< 0
                sigma = - Norm;
            else
                sigma = Norm;
            end
            r = sigma * (sigma + u(1));
            u(1) = u(1) + sigma;
            H = eye(n - k) - u * u'/r;
            U = eye(n);
            U(n - k:n,n - k:n) = H;
            H0 = H0 * U;
            %%变换过程
            A = U' * A * U;
        end

    end
    H = H0;
    Hessen = A;
```

例 12.4　矩阵 $\boldsymbol{A}=\begin{pmatrix}-4 & -3 & -7\\ 2 & 3 & 2\\ 4 & 2 & 7\end{pmatrix}$ 的上 Hessenberg，及所用到的初等反射变换，在命令行窗口输入：

```
A=[-4 -4 -7; 2 3 2; 4 2 7];
[Hessen,H] = Hessenberg(A)
```

输出结果为

```
Hessen =

  -4.0000    8.0498    0.4472
  -4.4721    7.8000   -0.4000
   0.0000   -0.4000    2.2000
H =

   1.0000         0         0
        0   -0.4472   -0.8944
        0   -0.8944    0.4472
```

由输出结果可知矩阵 $\boldsymbol{A}$ 的上 Hessenberg 矩阵为 $\begin{pmatrix}-4.0000 & 8.0498 & 0.4472\\ -4.4721 & 7.8000 & -0.4000\\ 0 & -0.4000 & 2.2000\end{pmatrix}$，所用的初等反射变换为 $\begin{pmatrix}1 & 0 & 0\\ 0 & -0.4472 & -0.8944\\ 0 & -0.8944 & 0.4472\end{pmatrix}$。

12.5　QR 分解与 QR 方法

QR 方法是一种变换法，是计算一般矩阵全部特征值的一种有效方法，且收敛快，算法稳定。一般情况下是将矩阵利用 Householder 法化为上 Hessenberg 矩阵，后再利用 QR 方法计算全部的特征值，QR 方法的基础是矩阵的 QR 分解。

12.5.1　矩阵的 QR 分解

设向量 $\boldsymbol{x}=(\alpha,\beta)^{\mathrm{T}}\neq 0$，可通过坐标旋转将第二个分量化为 0，即存在正交矩阵 $\boldsymbol{P}=\begin{pmatrix}c & s\\ -s & c\end{pmatrix}$，使得 $\boldsymbol{P}x=(v,0)$，其中 $c=\cos\theta, s=\sin\theta, v=\sqrt{\alpha^2+\beta^2}$，在实际计算中为防止溢出，常将 x 规范化为 $\bar{x}=\dfrac{x}{\max(|\alpha|,|\beta|)}$。

对于一般矩阵 $\boldsymbol{A}=(a_{ij})_{n\times n}$，子矩阵 $\boldsymbol{A}(i,j)=\begin{pmatrix}a_{ii} & a_{ij}\\ a_{ji} & a_{jj}\end{pmatrix}(j>i)$，可通过正交变换 $\boldsymbol{P}=\begin{pmatrix}c & s\\ -s & c\end{pmatrix}$ 将 a_{ji} 化为 0，即 $\boldsymbol{PA}(i,j)=\begin{pmatrix}a'_{ii} & a'_{ij}\\ 0 & a'_{jj}\end{pmatrix}$。于是对于非奇异矩阵 $\boldsymbol{A}\in\mathbf{R}^{n\times n}$，存在一系列平面旋转矩阵 $\boldsymbol{P}_1,\boldsymbol{P}_2,\cdots,\boldsymbol{P}_s$，使得 $\boldsymbol{P}_s\cdots\boldsymbol{P}_2\boldsymbol{P}_1\boldsymbol{A}$ 为上三角矩阵，即

$$\boldsymbol{P}_s\cdots\boldsymbol{P}_2\boldsymbol{P}_1\boldsymbol{A}=\begin{pmatrix} r_{11} & r_{12} & \cdots & r_{1n} \\ & r_{22} & \cdots & r_{2n} \\ & & \ddots & \vdots \\ & & & r_{nn} \end{pmatrix}\triangleq\boldsymbol{R}$$

定理 12.10 设 $\boldsymbol{A}\in\mathbf{R}^{n\times n}$为非奇异矩阵，则 $\boldsymbol{A}$ 可唯一地分解为一个正交矩阵 $\boldsymbol{Q}$ 与上三角矩阵 $\boldsymbol{R}$ 的乘积，即 $\boldsymbol{A}=\boldsymbol{QR}$，且当 $\boldsymbol{R}$ 的对角元素均为正数时分解唯一。

12.5.2 计算矩阵特征值的 QR 方法

设 $A=A_1=(a_{ij})\in\mathbf{R}^{n\times n}$，对 A 进行 QR 分解，由于 Q 为正交矩阵，于是得到一个新的矩阵 $A_2=RQ=Q^{\mathrm{T}}AQ$，显然，A_2 与 A 具有相同的特征值，再对 A_2 进行 QR 分解，依次进行下去，得到一个矩阵序列

$$\begin{cases} A_1=A, \\ A_k=Q_{k-1}^{\mathrm{T}}A_{k-1}Q_{k-1} \end{cases}$$

关于这个矩阵序列有如下定理：

定理 12.11 设 $\boldsymbol{A}\in\mathbf{R}^{n\times n}$为非奇异矩阵，且 $\boldsymbol{A}$ 的特征值满足 $|\lambda_1|>|\lambda_2|>\cdots>|\lambda_n|>0$，则由 QR 方法产生的序列 $\{A_k\}$ 收敛于一个上三角矩阵，且该上三角矩阵对角线的元素就是 A 的全部特征值。

QR 方法不仅仅局限于上 Hessenberg 矩阵的特征值计算，但对于上 Hessenberg 矩阵算法效率更高，收敛更快。

12.5.3 QR 方法的 MATLAB 实现

由 12.5.2 节可以看出，通过不断的 QR 分解，可最终得到原矩阵的全部特征值，利用该方法的思想课编写相应的 MATLAB 程序，QReig(A，epsilon)中，要求用户输入原矩阵及精度要求。程序首先判断是否为方阵，接着进行循环，以满足精度要求为程序终止的条件，输出的就是该矩阵的全部特征值，源代码如下：

```
function dia = QReig(A,epsilon)
% %A 为要求特征值的矩阵
% %epsilon 是精度要求
% %dia 返回的是该矩阵的相似上三角阵，如果 A 为是对称的，则 dia 为对角阵

% %输入参数检查
    if nargin = = 1
        disp('请输入精度要求 epsilon')
        return
    end

    row = size(A,1);
    col = size(A,2);
    if ndims(A)~ = 2 | col - row~ = 0
        disp('矩阵的大小有误，无法求特征值与特征向量')
        return
    end
    n = row;
    L = tril(A, - 1);
```

```
B = A;
PP = eye(n);
while max(max(abs(L)))> epsilon
    % %QR分解的过程
    Q = eye(n);
    for j = 1:n-1
        for i = j+1:n

            if B(i,j)~ = 0
                alpha = B(j,j);
                beta = B(i,j);
                M = max(abs(B(j,j)),abs(B(i,j)));
                alpha = B(j,j)/M;
                beta = B(i,j)/M;
                v = sqrt(alpha * alpha + beta * beta);
                c = alpha/v;
                s = beta/v;
                P = eye(row);
                P(i,i) = c;
                P(j,j) = c;
                P(i,j) = -s;
                P(j,i) = s;
                B = P * B;
                Q = P * Q;
            end
        end
    end
    % %得到相似矩阵
    B = B * Q';
    L = tril(B,-1);
end
dia = diag(B)';
```

例 12.5　利用 QR 分解法矩阵 $\boldsymbol{A}=\begin{pmatrix}-4 & -3 & -7\\ 2 & 3 & 2\\ 4 & 2 & 7\end{pmatrix}$ 的特征值，在命令行窗口输入

```
A = [-4 -3 -7;2 3 2;4 2 7];
d = QReig(A,0.00001)
```

输出结果为：

```
d =

    3.0000    2.0000    1.00002
```

输出结果即为矩阵的全部特征值。

参 考 文 献

[1] 李红. 数值分析[M]. 武汉:华中科技大学出版社,2003.

[2] 钟益林,彭乐群,刘炳文. 常微分方程及其 Maple MATLAB 求解[M]. 北京:清华大学出版社,2007.

[3] Moler,Cleve B. Numerical Computing with MATLAB[M]. London:Cambridge University Press, 2004.

[4] Cleve B. Moler. Experiments with MATLAB[OL]. 2008,4. http://www.mathworks.com/moler.

[5] Shampine, L. F. , I. Gladwell and S. Thompson. Solving ODEs with MATLAB[M]. London:Cambridge University Press, 2003.

[6] 薛定宇, 陈阳泉. 高等应用数学问题的 MATLAB 求解. [M]北京:清华大学出版社,2004.

[7] 张志涌. 精通 MATLAB 6.5 版[M]. 北京:北京航空航天大学出版,2003.

[8] william. h. press. Numerical recipes: the art of scientific computing[M]. London:Cambridge University Press,2007.

[9] 姜启源,谢金星,叶俊. 数学模型[M]. 3 版. 北京:清华大学出版社,2003.

[10] 蓝以中. 高等代数简明教程[M]. 2 版. 北京:北京大学出版社,2007.

[11] 李庆扬,王能超,易大义. 数值分析[M]. 武汉:华中科技大学出版社,2001.

[12] 曹弋. MATLAB 教程及实训[M]. 北京:机械工业出版社,2010.